AF704727

NEUE CUTS VOM RIND

CHRISTOPH GRABOWSKI

LEIDENSCHAFT FLEISCH

NEUE CUTS VOM RIND

CHRISTOPH GRABOWSKI

MIT FOTOGRAFIEN VON TOBIAS OEHLKE

dfv Mediengruppe
Fachbuch

VORWORT

Vielleicht haben Sie schon mal von mir gehört. Ich bin Christoph Grabowski und habe das große Glück, dass ich meinen Beruf mit Leidenschaft leben darf. Der Grundstein für diese Leidenschaft wurde schon in meiner frühesten Kindheit gelegt.

Meine Eltern hielten hinter unserem Haus Kaninchen, Hühner und ein Schwein. Keine Seltenheit für eine Familie in den sechziger Jahren im Ruhrgebiet. Mein Vater, der Bergmann war, und meine Mutter zählten damit schon damals zu den Selbstversorgern. Jedes Tier hatte einen Namen. Ich habe von klein auf gelernt, respektvoll mit ihnen umzugehen. Dieser Respekt, verbunden mit dem Wissen, dass wir dieses Tier schlachten werden und es gut zubereitet auf unseren Esstisch kommen wird, hat mich fasziniert – das haben mir meine Eltern jedenfalls erzählt. Und diese Erfahrungen haben mich so geprägt, dass meine Berufswahl schon früh feststand: Ich wollte Metzger werden, um die Tiere so zu zerlegen und zu verwerten, wie es mir beigebracht wurde: mit Wertschätzung und Respekt.

Da Sie sich dieses Buch gekauft haben, nehme ich an, dass Sie den aktuellen Trend „From nose to tail" kennen. Ich mag diese neumodische Wortschöpfung ja überhaupt nicht – man tut so, als sei das eine vollkommen revolutionäre und neue Idee. Dabei ist es ja das komplette Gegenteil – eher eine Rückbesinnung. Die Komplettverwertung eines Tieres hat es in unserem Handwerk schon immer gegeben. Sie wird von sehr vielen meiner Kolleginnen und Kollegen auch heute noch praktiziert. Auch meine Eltern wären nie auf die Idee gekommen, nicht das ganze Tier zu verwerten. Ich fand es sehr bemerkenswert, dass die Innereien bei uns zu Hause einen sehr hohen Stellenwert hatten und nicht nur wegen der kürzeren Haltbarkeit immer als erstes zubereitet wurden.

Genau diese Haltung und den dazugehörigen Respekt vor dem Lebewesen und dem Lebensmittel Fleisch möchte ich mit diesem Buch vermitteln. Und ich gehe noch einen Schritt weiter. Roastbeef, Filet, Entrecôte und Hüfte sind Teilstücke, die immer nachgefragt werden und schnell über die Theke des Metzgers gehen. Welcher Kunde aber weiß, dass ein Rind so viel mehr an schmackhaften Fleischstücken zu bieten hat? Gemeinsam müssen wir aufhören, uns nur auf die sogenannten „Edelteile" zu konzentrieren, und das Rind als wertvolles Gesamtprodukt betrachten.

> Für mich ist das ganze Tier ein Edelteil!

Vor rund drei Jahren, im Februar 2016, wurde ich von der Metzgerei Edelbeef (Marcel Speidel) nach Mainz eingeladen, um ein Bio-Wagyu-Rind zu zerlegen. Mitgebracht hatte das Rind mein Freund Lucki Maurer, ein Wagyu-Züchter aus Rattenberg, der in der Szene mittlerweile überall bekannt ist. Ebenfalls dabei waren zwei Fleischermeister (und mittlerweile sehr gute Freunde), Dirk Ludwig aus Schlüchtern und Heiko Brath aus Karlsruhe. Ihre Kunden fahren schon mal einige hundert Kilometer, um sich beraten zu lassen und einzukaufen. Also allesamt Leute vom Fach und absolute Fleischexperten, die so schnell nichts überraschen kann. Dennoch gelang es mir, ungläubiges Staunen bei ihnen hervorzurufen: „Was macht

Niggemann
Christoph Grabowski
Fleischermeister
Dipl. Fleischsommelier

der denn da?", fragten sie sich, während sie mir beim Zurechtschneiden der Fleischstücke des Wagyu zusahen. Denn zu den Teilstücken, die jeder Fleischer in seiner Lehre kennengelernt hat, kam ein riesiges Repertoire an weiteren Stücken hinzu, die – richtig zubereitet – den bekannteren in nichts nachstehen, wie beispielsweise Flapmeat, Cap of Rib-Eye und viele mehr. Für einige davon habe ich noch nicht einmal einen Namen. Ich probiere einfach aus, mit welchem Schnitt ich das beste Resultat erzielen kann, ich experimentiere. Dieses unkonventionelle Vorgehen hat meine Kollegen beeindruckt, und Lucki Maurer lud mich daraufhin sogar ein, erneut eines seiner Rinder zu zerlegen – dieses Mal auf einer Bühne auf der Hamburger Reeperbahn während einer Veranstaltung der Zeitschrift BEEF!. Dadurch kam es zu einem Schneeballeffekt: Durch Mundpropaganda verbreitete sich meine Sichtweise, meine neue Art der Schnittführung in der Fleischszene, denn die Leute spürten, dass ich dem Tier, so wie ich es zerlege, nicht nur Respekt und Wertschätzung entgegenbringe, sondern ihm darüber hinaus einen vollkommen anderen Wert gebe.

Und genau dieser übergesprungene Funke war es, der mich als Fleischermeister und diplomierten Fleischsommelier motivierte, mein Wissen weiterzugeben. Jetzt unterstütze ich immer wieder gerne die Ausbildung der angehenden Fleischsommeliers an der Fleischerschule in Augsburg, ich halte Vorträge und bin bei vielen Veranstaltungen zu finden. Und nun möchte ich mein Praxiswissen in diesem Buch auch mit Ihnen teilen. Vielleicht haben Sie sich die Frage gestellt: Was ist so besonders an diesem Buch? Was macht es für mich interessant? Es gibt doch schon genug Bücher, die sich mit dem Thema Fleisch beschäftigen. Und jetzt auch noch eins vom Grabowski? Glauben Sie mir, auch ich war skeptisch, als die Idee aufkam, mein Fachwissen in einem Buch festzuhalten, da ich doch eher der „Praktiker" bin. Deswegen konzentriere ich mich in meinem Buch auch auf das, was ich am besten kann: das Zerlegen und Zurechtschneiden von Fleischteilen. Rezepte lasse ich ganz bewusst weg, denn dazu gibt es wirklich schon viele sehr gute Bücher.

Die neuen Cuts vom Rind führt Sie durch meine Philosophie und mein Wissen um Zuschnitte und Teilstücke eines Rindes. Dieses Wissen und meine Erfahrungen möchte ich nicht für mich behalten, sondern mit vielen Kolleginnen und Kollegen teilen, und natürlich mit Ihnen, die Sie sich für das Thema Fleisch und die damit verbundene Wertschätzung genauso begeistern können wie ich. Freuen würde ich mich auch über Ihre konstruktiven Anregungen und Erfahrungen zu diesem Thema. Sie erreichen mich auf Facebook und Instagram unter „Leidenschaft Fleisch".

Auf den folgenden Seiten erhalten Sie nicht nur das nötige Know-how, sondern hoffentlich auch das Selbstvertrauen und die Motivation, Ihren Kunden diese „neuen" Stücke schmackhaft zu machen, sie ausgiebig zu beraten und somit als Stammkunden zu gewinnen. Dabei wünsche ich Ihnen von Herzen viel Erfolg!

Ihr

Christoph Grabowski

GRUSSWORTE

Tim Mälzer

STARKOCH, HAMBURG

Als Koch bin ich immer wieder auf Lieferanten und Partner angewiesen, die in ihrem Streben nach Perfektion unermüdlich in ihrem jeweiligen Metier arbeiten, um mir die bestmöglichen und nachhaltigsten Produkte zu gewährleisten, mit denen ich meine Gäste beglücken kann. Auf der Suche nach diesen „Verrückten" stieß ich im Rahmen eines Metzgerevents auf der Reeperbahn auf Christoph. Christoph ist eine absolute Koryphäe auf seinem Gebiet. Gefüllt mit Fachwissen, das seinesgleichen sucht, beeindruckt er mich mit seiner kämpferischen, authentischen und leidenschaftlichen Ader immer wieder aufs Neue.

Dieses Grußwort für eine „lebende Legende" in der Fleischszene schreiben zu dürfen, erfüllt mich mit großer Freude. Wer jemals in den Genuss kommt, mit Christoph über Zucht, Schlachtung und Zerlegung zu fachsimpeln, nehme sich Zeit: Es gibt viel von Christoph zu lernen. Und denjenigen, denen diese Chance verwehrt bleibt, empfehle ich von Herzen das vorliegende Werk, in dem nicht nur für Profis klar und verständlich die Fleischzuschnitte abseits von Filet & Co. beschrieben werden. Ich wünsche Ihnen viel Vergnügen beim Entdecken und Lernen. Ein Muss für diejenigen, bei denen Produkt und Handwerk im Vordergrund stehen!

Ludwig Maurer

MEATINGPOINT, RATTENBERG

Ich kenne Christoph mittlerweile schon ein paar Jahre und habe einige Aktionen und Veranstaltungen mit ihm gestaltet. Wir standen zusammen auf der Bühne der großen Freiheit in Hamburg, haben Wagyu-Ochsen von mir zerlegt und etliche Workshops miteinander gehalten.

In der Vergangenheit wurde der Beruf des Metzgers oftmals in ein falsches Licht gerückt und auf den „Killer mit den weißen Gummistiefeln" reduziert. Mittlerweile hat sich dieser Berufsstand aber durch eine kleine, regelrechte Revolution neu erfunden und ist mit Stolz auf das traditionelle Handwerk, aber auch mit Weitblick für die Zukunft auf einem grandiosen Weg. Einer dieser Wegbereiter ist Christoph. Er gehört für mich zu den Pionieren, die diese neue selbstbewusste Generation von Handwerkern maßgeblich mitgeprägt haben. Mit seiner liberalen, loyalen Art und vor allem viel Herzblut setzt er sich für seine Ideale ein. Er hat dennoch kein Problem damit anzuecken und stellt sich für seine Ziele auch unbequemen Situationen. Er ist einer der wichtigsten Botschafter der Metzger- und Fleischerbranche. Christoph lebt seine Leidenschaft für gutes Fleisch und brilliert mit einem unglaublichen Fachwissen, das er in diesem Buch nun manifestiert hat.

Hendrik Haase

KUMPEL & KEULE, BERLIN

Wir befinden uns in einer Transformationsphase. Immer mehr Menschen wird bewusst, welche Auswirkungen unser bisheriger gedankenloser Fleischkonsum hat. Sei es für die Tiere, die Landwirtschaft oder schlicht unsere eigene Gesundheit. Für viele gilt inzwischen die völlige Abkehr als einzige vermeintliche Lösung. Andere suchen nach neuen Wegen. Sie probieren, testen, lernen und finden abseits ausgetretener Pfade neue geschmackvolle Lösungen für eine Zukunft, in der Fleisch sehr wohl einen Platz haben kann.

Menschen wie Christoph Grabowski zeigen, dass es geht. Genuss mit wachem Geist, ehrlichem Gemüt und geschultem Gaumen. Der Mann aus dem Ruhrpott weiß, wie mit jedem Stück Wissen, das immer mehr Menschen von ihm und anderen Aufgeweckten geradezu aufsaugen, der Genuss steigt. Gemeinsam mit Experten wie ihm brechen wir auf in neue Fleischwelten, die uns zuvor verschlossen geblieben sind. Angefangen bei einer anderen Haltung und besonderen Rassen über neue Zuschnitte und längst vergessene Teile des Tieres bis hin zu faszinierenden Zubereitungstipps, die das ganze Tier wertschätzen und den Gaumen überraschen.

Botschaftern dieser neuen Fleischkultur wie Christoph Grabowski haben wir es zu verdanken, dass wir diese fast vergessene Welt wieder und neu entdecken dürfen. Diese überzeugten Vorkämpfer werden so zu wichtigen Brückenpfeilern, um ein neues Verständnis unserer Welt und damit verbundenen Genüssen zu bekommen. Ich bin überzeugt, dass wir in Zukunft nur noch auf diese Art Fleisch von Tieren essen werden – oder eben gar nicht mehr. Die Arbeit und Mission von Christoph Grabowski ist daher unschätzbar, wenn es um eine lebendige und leckere Zukunft für uns alle geht.

Heiko Brath

METZGEREI BRATH, KARLSRUHE

Christoph Grabowski und ich kennen uns jetzt schon seit sehr vielen Jahren und ich bin immer wieder beeindruckt, wie er sich Tag für Tag für das Fleischerhandwerk, die Rassenvielfalt, unseren Nachwuchs und den Fortbestand der Tradition einsetzt.

Kennengelernt haben wir uns, wie könnte es anders sein, per Facebook. Ein Metzger, der täglich irgendwelche Weisheiten und Zitate postet, muss doch irgendwie einen an der Klatsche haben … na ja, irgendwie sind wir ja beide irgendwie positiv Bekloppte. Das erste Mal im Real Life haben wir uns in Schwäbisch-Hall bei einer Veranstaltung der Bäuerlichen Erzeugergemeinschaft (BESH) gesehen. Das ist vielleicht auch bezeichnend für ihn: Manchmal könnte man glauben, Christoph wäre geklont worden, da man ihn auf so vielen Branchenevents antrifft. Und auch sein Interesse für die Landwirtschaft – der Branche, die dafür zuständig ist, dass wir unseren tollen Beruf überhaupt ausüben können – ist kennzeichnend für ihn.

Ich freue mich, dieses Buch in den Händen halten zu dürfen, denn eigentlich ist es schon lange überfällig, Christophs riesengroßes Wissen in einem Buch lesen zu können.

Lieber Christoph, vielen Dank für deinen tollen Einsatz für das Fleischerhandwerk, für die landwirtschaftliche Produktion und auch für den persönlichen Kontakt. Mach weiter so und bleib, wie du bist: direkt, ehrlich, offen und wissbegierig.

Dirk Ludwig

METZGEREI DER LUDWIG, SCHLÜCHTERN

„Das Leben ist schön!" Wer Christoph Grabowski kennt, dem ist dieser Satz hinlänglich bekannt. Der Fleischermeister ist das sympathische Gesicht des deutschen Fleischerhandwerks. Als diplomierter Fleischsommelier ist Christoph Grabowski zudem landauf und landab durch seine Zerlegedemonstrationen bekannt. Fleisch ist seine Leidenschaft.

Christoph Grabowski möchte mit dem vorliegenden Buch sein umfangreiches Fachwissen mit uns teilen. Durch seinen Job kommt er viel in der Welt herum. In zahlreichen Ländern hat er sich Wissen und Know-how von befreundeten Farmern und Metzgerkollegen angeeignet. Er blickt über den Tellerrand hinaus. Als Mitbringsel seiner vielen Reisen zeigt er uns mit diesem Buch neue Fleischzuschnitte und Cuts, die sich dem Barbecue-Trend der heutigen Zeit anpassen. Viele Teilstücke lassen sich kurzbraten oder grillen. Doch warum müssen wir das neu lernen? Ganz einfach: Im deutschsprachigen Raum basieren viele Gerichte auf der Zubereitungstechnik des Schmorens oder Kochens. In anderen Ländern wird hingegen oftmals kurzgebraten, gesmokt oder gegrillt. Dies erfordert andere Zuschnitte beim Zerlegen des Tieres. So entstehen die Cuts, die uns Christoph Grabowski in seinem Erstlingswerk vorstellt. Eine umfangreiche Sammlung neuer Ideen und Vorschläge für die moderne Verwendung von Fleisch. Was bei Köchen die Nouvelle Cuisine bedeutet, ist in der

Fleischbranche die New Butchery, die uns Christoph Grabowski hier näherbringt. Fleisch ist nach wie vor ein Naturprodukt. Kein Tier, kein Steak, ja nicht einmal ein Muskelstrang gleicht dem anderen. Dies macht Fleisch so unverwechselbar und einzigartig. Fleisch ist kein uniformes Lebensmittel aus der Fabrik, sondern Ergebnis oftmals jahrelanger Bemühungen der Züchter in der Landwirtschaft und der Veredelung der Handwerksmeister. Äußere Einflüsse wie die Vegetation, das Terroir oder die klimatischen Bedingungen wirken sich positiv oder negativ auf die Fleischqualität aus. Wie beim Wein schmeckt jeder Jahrgang eines Steaks anders.

Begleiten Sie Christoph Grabowski auf seiner Genussreise. Erleben Sie die Vielfalt der Aromen, der Zartheit und der Geschmacksintensität. Staunen Sie über die neuen Cuts. Genießen Sie das gesamte Tier vom Kopf bis zum Schwanz, vom Scheitel bis zur Sohle. Seien Sie bereit für neue Erlebnisse, für die dieses Buch von Fleischermeister Christoph Grabowski den Grundstein legen wird.

Ich wünsche meinem Freund Christoph viel Erfolg mit seinem Buch und freue mich auf viele weitere gemeinsame Stunden beim Genießen und Schwadronieren über unsere gemeinsame Leidenschaft, das Fleisch.

Jürgen David

METZGEREI DAVID, WORMS

Den ersten Kontakt mit Christoph hatte ich vor einigen Jahren, wie könnte es anders sein, auf Facebook. Eine Plattform, auf der sich wenige Metzger die Finger wund diskutierten oder sich gegenseitig Tipps gaben und befruchteten, gab Christoph – damals noch selbstständig – die Gelegenheit, stolz über sein zartes und leckeres Ibérico-Schweinefleisch zu berichten. Ein von mir sehr geschätzter Kollege fuhr ihm damals etwas schroff über den Mund: für was man denn jetzt eigentliches ausländisches Fleisch bräuchte. Wenn ich ehrlich bin, hatte ich dieser Auffassung beim Mitlesen damals auch Recht gegeben und musste über die Diskussion schmunzeln. Nichts ahnend davon, wie dieses Schweinefleisch schmeckt, wer Christoph Grabowski ist, was ihn antreibt oder mit welcher Leidenschaft er seinen Beruf lebt. Heute verkaufen wir selbst viel Fleisch aus dem Ausland und schätzen die uns bereichernden Qualitäten, die wir in Deutschland teilweise erst in ein paar Jahren erreichen werden.

Christoph hat sich damals wie heute nicht verbiegen lassen, hat seinen Standpunkt vertreten und konnte mit seinem Fachwissen punkten. Er gehört zu den wenigen verbalen Sparringspartnern, die mich im Fachgespräch mit ihrem umfangreichen Insiderwissen auf wohltuende Weise fordern und weiterbringen. Seine gerade und ehrliche Art tut manchen bestimmt auch mal weh. Am meisten schätze ich an ihm, dass er über Fakten schreibt und spricht und nicht ausschließlich seine persönliche Religion vertritt.

Dadurch hat er sich in der Szene einen Namen gemacht. Was er sagt, kann nicht einfach abgetan werden, keiner fährt ihm mehr über den Mund. Im Gegenteil, er reist durchs ganze Land, coacht viele Kollegen, unterrichtet angehende Fleischsommeliers und gibt seine neu gewonnenen Erkenntnisse unermüdlich weiter.

Lieber Christoph, ich freue mich sehr für dich und wünsche dir viel Erfolg mir deinem Buch. Ein gutes Buch wird zum Nachschlagewerk. Keiner wirft ein gutes Buch wie eine Zeitung weg. Es wird weitergegeben, verliehen, vererbt, empfohlen oder sogar zum Lehren verwendet. All das wünsche ich dir, damit sich auch die zukünftigen Trendfleischer an die einen oder anderen Ursprünge der Bewegung erinnern.

FLEISCH BRAUCHT LIEBE

Als einer der führenden Frischespezialisten in Deutschland setzen wir Maßstäbe für hervorragende Qualität und besten Service für den Handel mit Lebensmitteln. Im Mittelpunkt steht stets unser Kunde. Seinen Wünschen und Bedürfnissen in Bezug auf Frische, Auswahl, Warenverfügbarkeit und Logistik gerecht zu werden, ist unser oberstes Ziel. Daran arbeitet unser gesamtes Team tagtäglich und hört nicht auf, sich weiterzuentwickeln.

Warum? Um noch besser zu werden und unseren Anspruch „Frischer kann keiner" immer erlebbar zu machen.

| Wir sind Niggemann.

Es ist unsere Leidenschaft und Mission, all diejenigen zu erfreuen, die höchsten Wert auf Genuss legen. Dies gelingt uns durch eine spezielle Auswahl der besten Produkte – unterstützt durch modernste Technologien und unser Streben nach Exzellenz bei allem, was wir tun. Unsere Kernbereiche „Geflügel", „Fleisch", „Fisch", „Gemüse" und „Käse" werden mit Begeisterung und Kompetenz geführt und bieten jeder Einzelne für sich eine einzigartige Sortimentsvielfalt.

Qualität ist kompromisslos. Sie lässt sich nicht verbiegen. Insbesondere Zeit spielt eine entscheidende Rolle. Dank unserer hohen Warenverfügbarkeit können wir auch kurzfristig reagieren und machen das scheinbar Unmögliche möglich – sprich

von jetzt auf gleich, von heute auf morgen. Unsere Logistikflotte ist mit modernster Kühl- und Fahrzeugtechnik ausgestattet und realisiert auch in sommerlichen Spitzenzeiten eine Lieferung aller Produkte in bester Qualität.

Trotz aller Expertise und genau deswegen – wir bleiben bodenständig, sind immer mit Herzblut dabei und sehen uns als Lernende, Suchende und Experimentierende. Einer von uns ist Christoph Grabowski.

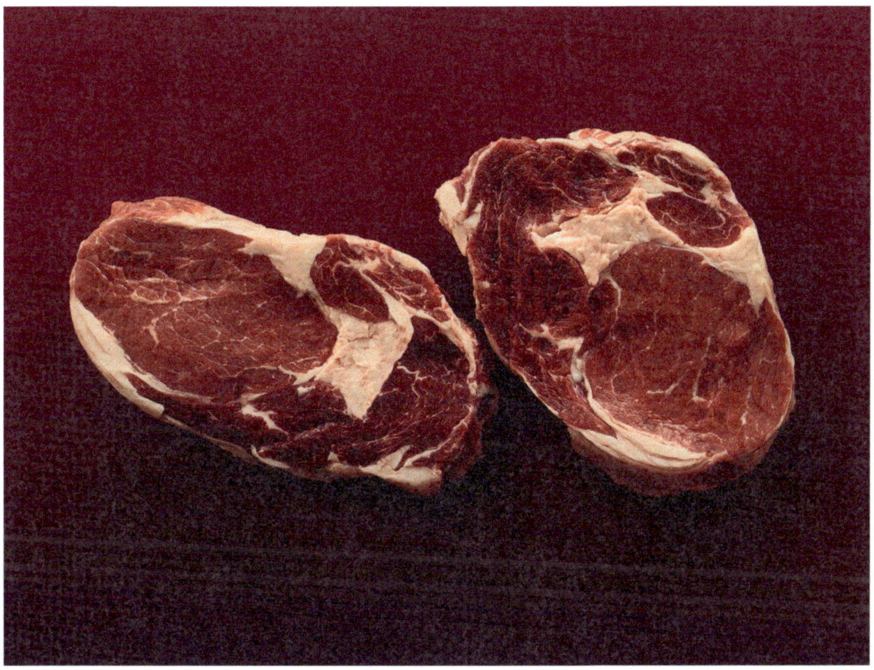

Fleischexperte aus Leidenschaft

Christoph Grabowski lebt Fleisch und hat seine bedingungslose Leidenschaft sowie sein riesengroßes Wissen in diesem Buch festgehalten. Der Fleischermeister und diplomierte Fleischsommelier leitet den FleischMarkt des Niggemann Food Frischemarktes. Sein Buch Leidenschaft Fleisch – Neue Cuts vom Rind ist eine praxisorientierte Arbeitslektüre, gibt tiefe Einblicke in die Welt der Zuschnitte und ist gleichzeitig ein Buch über Leidenschaft, Respekt und Genuss.

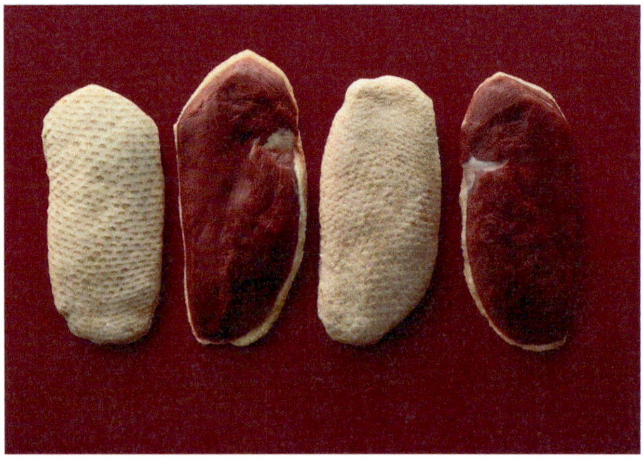

Fleisch verdient Respekt.

Bereits die Zucht ist entscheidend für die Qualität des Fleisches. Beste Bedingungen, Futter und Pflege bilden die gesunde Basis für Qualitätsfleisch. Ein sehr enger und persönlicher Kontakt zu den Züchtern sowie regelmäßige Besuche vor Ort schaffen Transparenz und Vertrauen. Ebenso wichtig ist der bewusste Umgang mit dem Lebewesen. Christoph Grabowski ist Experte und betreibt sein Handwerk mit Passion und Hingabe.

Fleisch ist ein wertvolles Lebensmittel. Wir tragen Verantwortung für die Ressourcen Natur und Tier. Artgerechte Haltung, Tierwohl und Nachhaltigkeit sind wesentliche Grundpfeiler der Philosophie und Leitbild des FleischMarktes bei Niggemann. Es wird Wert darauf gelegt, dass die Schlachtung in einer Umgebung und Atmosphäre stattfindet, die Respekt vor dem Tier zeigt. Qualität macht das Leben lebenswert. Die Faustregel für den größtmöglichen Genuss ist daher: weniger, dafür besser, und Klasse statt Masse.

Fleisch ist Genuss.

Ist es nicht ein großes Glück, dass wir so unendlich vielseitig schmecken, riechen, fühlen, sehen und genießen können? Alles, was wir essen, zeigt Stil, Haltung, Bewusstsein und natürlich Geschmack. Genuss ist immer eine sinnliche Erfahrung. Auch Neugierde ist gefragt, insbesondere bei den neuen Cuts jenseits von Filet und Co. Wer Berührungsängste bewahrt, wird nie herausfinden, welche geschmacklichen Hochgenüsse die teils neuen, teils wiederentdeckten Fleischzuschnitte offenbaren.

Wir lieben, was wir tun

Die Verwertung des ganzen Tieres bedeutet eine wesentlich nachhaltigere und wirtschaftlichere Art des Zerlegens. Die neuen Cuts überzeugen geschmacklich, lassen alte Traditionen wieder aufleben und sind eine spannende Erweiterung des Fleischsortiments.

Genießen heißt den Urgeschmack finden, Vielfalt wieder für sich entdecken und auch bereit sein, Experimente zu wagen und neue Geschmackswelten zu erkunden.

Bei Niggemann ist Christoph Grabowski umgeben von einer Mannschaft qualifizierter und motivierter Mitarbeiter, die mit Freude und hohem Engagement, fachlicher und sozialer Kompetenz ihren Aufgaben nachgehen. Und die, genau wie er, ihre Passion für Lebensmittel tagtäglich unter Beweis stellen.

Gemeinsam möchten wir Bewusstsein schaffen und inspirieren, den Bezug zum Tier und den Respekt vor Lebensmitteln zu bewahren. Wir sind davon überzeugt: Was auf den Teller kommt, ist mehr als ein Gericht. Es ist ein Genussmoment. Mit Top-Produkten, echtem Geschmack und Handwerk aus Leidenschaft tun wir alles dafür, diesen Moment zu einem besonderen zu machen.

Ihr
Rainer Altendeitering

Niggemann Food Frischemarkt GmbH
Speicherstraße 4–8
44809 Bochum
0234 90 37 00

info@niggemann.de
niggemann.de

#frischerkannkeiner
#qualitätfürdiebesten
#100prozentfrische
#niggemann

INHALT

DIE BOTSCHAFT

Wertschätzung, Respekt, Demut

Diese drei Worte – Wertschätzung, Respekt und Demut im Umgang mit Tieren und Lebensmitteln – begleiten mich schon mein ganzes Leben. Ich hatte schon als Kind großen Respekt vor Fleisch und auch vor denjenigen, die es verarbeiten: den Fleischern. Tagtäglich haben sie mit einem der wertvollsten Lebensmittel überhaupt zu tun, und früh war mir klar: Das will ich auch machen. Zum Glück hatte ich dann später einen zwar sehr fordernden, aber richtig guten Lehrmeister. Wenn ich zum Beispiel einen Knochen auslöste, sagte er zu mir: „Da darf kein Hund mehr von satt werden." Was er meinte: Hier wird nichts verschwendet. Diese Einstellung kannte ich bereits von zu Hause, und sie ist bis heute Grundlage meines Tuns.

> Wir können den Züchtern nicht nur das Roastbeef und die Hüfte abkaufen – was soll denn mit dem Rest geschehen?

Mein Beruf hat sehr viel mit Verantwortung, Ethik und eben Respekt zu tun. Wenn wir schon ein Tier unser eigen nennen und es schlachten, dann sollten wir auch das ganze Tier verwerten. Das ist ja eigentlich immer schon so gewesen. Erst in den letzten Jahrzehnten hat sich eine „Filetgesellschaft" entwickelt. Wenn wir wieder lernen, das Tier als Ganzes zu sehen, dann, davon bin ich überzeugt, kommen wir auch wieder mit den Landwirten ins Gespräch. Das ist ein weiterer Punkt, bei dem ich uns Fleischer in der Verantwortung sehe. Wir können von den Züchtern ja nicht nur das Roastbeef und die Hüfte kaufen – was soll denn mit dem Rest geschehen? Natürlich sind Roastbeef und Filet lecker, aber viele Teilstücke können gleichwertig und mindestens genauso köstlich sein: ein schönes Flat Iron oder ein herrlich marmoriertes Vein End, das Teres Major oder das „geheime" Paleta-Stück und viele, viele mehr. (Diese Cuts lernen Sie ab Seite 60 kennen.) Wir müssen dem Landwirt wieder die Möglichkeit geben, so zu züchten, dass er das ganze Tier verkaufen und auch vermarkten kann. Denn das ist der einzige Weg, wenn es um Nachhaltigkeit, Ethik und Verantwortung geht: Wir müssen den Landwirten ganze Tiere abkaufen und nicht nur einzelne Teile. So geben wir ihnen die Möglichkeit, von ihrem Beruf zu leben und auch Rinderrassen zu züchten, deren Aufzucht sich momentan einfach noch nicht lohnt. Auch die Haltungsbedingungen vieler Tiere ließen sich dann verbessern.

Mehr Wert

Ich möchte darüber hinaus auch mit meiner Art des Zerlegens dem Tier einen höheren Wert beimessen. Ich versuche daher, die Stücke so hochwertig wie möglich herauszuschneiden und dabei so wenig „Abfall" wie möglich entstehen zu lassen. „Abfall" in Gänsefüßchen gesetzt, weil ich der Meinung bin, dass sehr viel von dem, was heutzutage weggeworfen wird, verwertbar ist – wenn man es klug genug anstellt. Aus Knochen mache ich beispielsweise gerne einen Fond, ein Demi-Glace oder eine Suppe. Das Fett lasse ich aus und erhalte einen wunderbaren Rindertalg. Belgische Pommes frites wurden zum Beispiel traditionell damit frittiert – das kann man auch heute noch so machen. Oder seine Steaks damit braten. Auch aus Sehnen, Eutern oder Innereien kann man tolle Sachen zaubern, das machen viele Sterneköche vor. Und in der Grillszene sind die sogenannten Special Cuts ein wahrer Schatz. In den USA werden einige dieser Cuts schon seit Langem zelebriert – ein paar davon finden Sie ebenfalls in diesem Buch.

Aus einem großen Teil des Vorderviertels beispielsweise machen hierzulande viele Fleischer oder auch Restaurants ihre Burger – doch wenn man das richtige Rind hat, findet man hier einige tolle Stücke, die sich sogar zum Kurzbraten eignen. Und von zum Schmoren wunderbar geeigneten Stücken ganz zu schweigen. Warum also sollte man so ein qualitativ gutes Fleisch nur zu Burgern verarbeiten? Klar, es ist ein wenig mehr Aufwand. Aber auch aus betriebswirtschaftlicher Sicht lohnt es sich, das Tier als Gesamtkomplex zu betrachten und nicht nur die sogenannten Edelteile zu sehen. Sie können Ihren Kunden dann günstigere Alternativen zu den herkömmlichen Steaks, Filets und Braten anbieten. Sie machen mehr Gewinn – und Ihre Kunden freuen sich über die Abwechslung auf dem Teller.

> Special Cuts bedeuten Mehrwert für alle.

Natürlich muss man seinen Kunden auch entgegenkommen. Als ich noch selbstständig war, habe ich festgestellt, dass Rouladen oder Sauerbraten im Sommer einfach nicht so gut laufen. Also habe ich mir Gedanken gemacht und herumexperimentiert: Wie bekomme ich aus dem Tier so viel Grillfleisch wie möglich? Im Winter war es dann umgekehrt, da wollten die Kunde lieber schöne Schmorstücke haben. Und so habe ich eine Schnittführung erarbeitet, die sich Sommer- beziehungsweise Winterschnitt nennt.

Ich bin mit meinen „Experimenten" aber noch lange nicht fertig, sondern entdecke immer wieder neue Stücke. Das hängt natürlich auch mit dem jeweiligen Rind zusammen. Von einem Jersey-Rind bekomme ich nicht besonders viel Steakfleisch, von einem Angus hingegen können ausgesprochen viele Stücke in Steakqualität gewonnen werden. Aber auch das ist nicht allgemeingültig, sondern es kommt auch immer darauf an, welches Tier vor uns steht. So hatte ich beispielsweise mal zwei Rinder gleicher Rasse: beide im gleichen Alter, beide von der Qualität her sehr gut. Doch vor dem Schlachten war schon erkennbar (mithilfe der sogenannten „Metzgergriffe“, mit denen man am lebenden Tier bereits die Fleisch- und Fettklassen einschätzen kann), dass das eine extrem gut für die Fleischverwertung geeignet, das andere hingegen kaum verwertbar war – daraus machten wir dann Wurst. So ist das eben in der Natur, da gibt es keine genormten Rinder, und deswegen kann man auch nicht aus allen Rindern immer das gleiche herausholen.

Ich habe das Glück, dass ich als Einkäufer und als Fleischfachmann der Firma Niggemann viel herumkomme: Ich reise nach Kanada, Australien oder Japan, und es ist schon beeindruckend, welche Schnittführungen dort und auch in Deutschland und dem Rest Europas praktiziert werden. Das erweitert nicht nur meinen Horizont, sondern auch mein Repertoire und Wissen um mögliche Zuschnitte. Die Wagyus beispielsweise haben eine riesige Oberschale. Trotzdem würde ich daraus niemals Rouladen machen. Klar, möglich wäre es – aber es wäre schade drum. Denn aus dieser Oberschale bekommt man herausragende Teppanyaki-Stücke, die man dann in heißer Brühe gar ziehen lässt. Es ist also enorm wichtig, sich jedes Tier genau anzusehen und zu analysieren, welche Fleischstücke man im Einzelfall gewinnen kann.

Es gibt auch einiges, was man nicht verwerten kann beziehungsweise darf, das sogenannte K3-Fleisch. Das sind Schlachterzeugnisse, die entweder ungenießbar oder aus anderen Gründen nicht für den menschlichen Verzehr bestimmt sind. Manche dieser Produkte können mit Genehmigung verarbeitet werden, verkaufen sich aber meist nicht so gut, beispielsweise die meisten Innereien. Natürlich kann man aus einem weißen Pansen Kutteln machen. Oder aus der Lunge ein schönes Lungenhaschee. Aber an eine Lunge oder einen Pansen muss man sich schon rantrauen, und dann hängt es oft davon ab, in welcher Region man sich befindet. In Bayern wird es für einen Fleischer wahrscheinlich wesentlich einfacher sein, mit den Innereien Geld zu verdienen, als das im Norden Deutschlands der Fall sein wird. Wichtig ist vor allem, dass wir uns Gedanken darüber machen, inwieweit wir ein Tier so wertvoll wie möglich verwerten können – und wie wir das unseren Kunden schmackhaft machen können (mehr dazu im Kapitel „Der Metzger“ ab Seite 254).

> Jedes Rind muss individuell betrachtet und verarbeitet werden.

Ein Tier möglichst vollständig zu verwerten hat für mich in erster Linie also etwas mit Wertschätzung zu tun. Mit Wertschätzung des Tieres, das für das Fleisch gestorben ist, aber auch mit Wertschätzung der Kunden und des Metzgerhandwerks. Denn wir können mehr als nur Filet und Wurst verkaufen. Das können nämlich auch die Supermärkte. Unsere Aufgabe muss es sein, einen Mehrwert zu bieten. Und das können wir schaffen, indem wir unseren Kunden Fleisch anbieten, das sie so nicht überall bekommen. Das Interesse daran ist größer als man denkt.

Die Zukunft des Fleischkonsums

Fleisch ist ein globales Thema geworden. Das war in dieser Form vor zwanzig Jahren noch ganz anders. Argentinisches Steak beim Discounter anzubieten wäre damals undenkbar gewesen. Doch Deutschland importiert nicht nur, die deutsche Fleischindustrie exportiert auch im großen Stil. Einige Teile lassen sich in Osteuropa oder Asien einfach wesentlich besser verkaufen als bei uns – aber dennoch zu einem recht niedrigen Preis. Kein kleiner Landwirt und kein kleiner Züchter kann da finanziell mithalten, selbst die großen Exporteure stöhnen über den Preisdruck. Fleisch wird somit zum Industrieprodukt – und da interessiert sich dann kaum jemand mehr für Ethik oder Verantwortung, es geht nur noch ums Produkt. Wenn deutsche Fleischkonzerne zigtausend Schweine am Tag schlachten, muss einem schon klar sein, dass hier weder das Tier noch das Tierwohl im Mittelpunkt des Interesses stehen können. Es geht einzig und allein um (Schlacht-)Zahlen.

> Wer gegen die Industrie bestehen will, darf sich nicht von ihr abhängig machen.

Um diese Abwärtsspirale zu durchbrechen, appelliere ich klar und deutlich an die Fleischer, die Industriefleischproduzenten einfach auch mal links liegenzulassen. Die sind schlichtweg zu groß. Die Fleischer müssen sich wieder den kleinen Züchtern zuwenden, die ähnliche Werte und Interessen haben. Das Bewusstsein der „Kleinen" sollte sich hier ändern. Wer gegen die Industrie bestehen möchte, kann das nicht, indem er sich von ihr abhängig macht. Mit Kooperationen, richtigen Freundschaften zwischen Metzgern, Landwirten und auch Schlachtbetrieben hingegen kann man gegensteuern. Diesen Punkt darf man nicht vernachlässigen: Es gibt immer weniger, dafür immer größere und immer industrieller arbeitende Schlachthöfe. Wer Tiere mit Respekt und Wertschätzung züchtet, möchte sie aber auch entsprechend schlachten lassen – daher sollten wir die kleineren Schlachter unterstützen, damit das weiterhin überhaupt möglich ist. Im Süden Deutschlands, insbesondere in Bayern, ist diese enge Zusammenarbeit häufige Praxis. Es gibt sogar einige Fleischereien, die von der Geburt bis zum Schlachten und Zerlegen alles in einer Hand haben – die gesamte Wertschöpfungskette.

Auch politisch ist Fleisch zu einem heiklen Thema geworden – ich glaube, da wird in Zukunft noch einiges auf uns zukommen. Lebensmittelskandale, Massentierhaltung – das sind Themen, die nicht weniger werden. Leidtragende sind dabei meist die kleinen Metzger, wie man in Frankreich vor einiger Zeit gesehen hat. Da wurden einfach mal die kleinen Fleischereien demoliert, obwohl es eigentlich die Industrie hätte treffen sollen. Doch die kann sich relativ leicht wehren, allein durch vernünftiges Marketing. Wenn dann die Kleinen irgendwann verdrängt sind, hat die Industrie absolute Narrenfreiheit. Das sieht man ja bereits bei den vegetarischen Ersatzprodukten. Es gibt fleischverarbeitende Firmen, die bereits ein Viertel ihres Umsatzes mit den fleischlosen Alternativen machen – und die kleinere Anbieter, die sich rein auf „Veggie" spezialisiert hatten, einfach mal so verdrängen konnten. Das gibt ja schon ein wenig zu denken, dass die Wurst- und Fleischindustrie sogar bei den vegetarischen Produkten die Oberhand hat. Hier sehe ich die viel größere Gefahr, wenn wir nicht ein anderes Bewusstsein entwickeln. Wir müssen die Kunden viel mehr über die Konsequenzen dieser Massenproduktion aufklären als bisher! Und dazu gehört der bewusste Landwirt. Dazu gehört der bewusste Metzger. Dazu gehört der bewusste Koch. Und ich bin überzeugt, dass auch die Medien mit in die Verantwortung genommen werden müssen, wenn wir im Lebensmittelbereich die Natürlichkeit nicht sterben lassen wollen. Wir können die Industrie nicht verdrängen. Aber wir können uns unsere Nische schaffen.

> Mit Komplettverwertung gegen Ressourcenverschwendung.

Wir müssen uns darauf einstellen, dass es immer weniger Metzgereien, dafür aber immer mehr Industrieprodukte geben wird. Das ist nun einmal so, und dagegen können wir nicht viel unternehmen. Wir können uns nur mit den Gegebenheiten arrangieren und das Beste daraus machen. Dazu gehören auch die zahlreichen Foodtrends wie In-vitro-Fleisch oder Insektenburger, die zum Teil durchaus ihre Berechtigung haben. Die Massentierhaltung kann in der heutigen Form nicht weiter ausgebaut werden – das geht schlichtweg nicht. Also müssen Alternativen her. Aber sobald es möglich ist, In-vitro-Fleisch günstiger anzubieten, könnte das den Markt überrollen – was wiederum bedeuten würde, dass die Metzger billiger werden müssten, um mithalten zu können. Und dementsprechend hätte das wohl keine sonderlich positiven Auswirkungen auf die Massentierhaltung. Faserfleisch ist also keine wirkliche Alternative zum bewussten Fleischkonsum. Auch solche Entwicklungen müssen wir auf dem Schirm haben. Unsere Ressourcen werden knapper, und das betrifft nicht nur Fleisch, sondern auch Gemüse oder Obst. Wir müssen also beginnen, verantwortungsvoller mit dem, was wir haben, umzugehen. Und da ist es ein guter Ansatz, ein Tier wirklich komplett zu verwerten: Das trägt zur Schonung natürlicher Ressourcen bei und beeinflusst die gesamte Wertschöpfungskette positiv in Richtung Nachhaltigkeit und Regionalität.

Trauen Sie sich also, die „neuen" Cuts auszuprobieren. Kaufen Sie nur noch ganze Tiere beim Landwirt Ihres Vertrauens und holen Sie das Beste heraus. Sie werden sehen: Es lohnt sich. Und zwar für Sie und Ihren Landwirt ebenso wie für Ihre Kunden – und Ihre Zukunft!

Gemeinsam können wir vielleicht eine kleine Revolution im Metzgerhandwerk mitgestalten. Das denken mittlerweile Metzger auf der ganzen Welt. Eine tolle Organisation, bei der ich Mitglied bin – wie auch die „Antreiber" dahinter, Olga Graf und Hendrik Haase und viele andere mehr –, ist das „Butcher's Manifesto". Auch hier geht es um das gemeinschaftliche Vorankommen, um Qualität und Selbstbewusstsein des Metzgerhandwerks. Im Folgenden finden Sie die fünf Leitsätze des Manifests, denen ich mich absolut anschließe.

BUTCHER'S MANIFESTO

#01

WIR EHREN DIE WERTVOLLEN TRADITIONEN UNSERES METZGERHANDWERKS.

#GESCHICHTE #WERTE

In den letzten Jahrzehnten ist die Zahl derjenigen, die das traditionelle Metzgerhandwerk ausüben, dramatisch zurückgegangen. Zwischen den Generationen hat sich eine Kluft gebildet, die zum Verlust von wertvollem Wissen führt, das über Generationen weitergegeben wurde. Wir sorgen dafür, dass die traditionellen Methoden des Metzgerhandwerks trotz zunehmender Industrialisierung, automatisierten Verarbeitungsprozessen und der Apathie der Verbraucher nicht abhandenkommen. Die Beharrlichkeit unseres Handwerks beruht darauf, zu den Ursprüngen zurückzukehren und die Weisheit unserer Mentoren zu bewahren und gleichzeitig moderne Werte zu integrieren, um eine Vision für die Zukunft des Metzgerhandwerks zu schaffen. Es ist die Mission des Butcher's Manifesto, diese wichtigen Handwerker der traditionellen Metzgerei in Projekten zu verbinden, die wertvolles Wissen für diese Zukunftsvision sichern.

02

WIR BESTEHEN AUF EINEN TRANSPARENTEN UND EHRLICHEN UMGANG MIT FLEISCH.

#QUALITÄT #TIERSCHUTZ
#ZUTATEN #PRODUZENTEN

Der Aufstieg konventioneller Fleischkonzerne hat der Aufzucht von Nutztierrassen mit dem Ziel eines beschleunigten Wachstums, einer konstanten Anpassung und einer maximalen Futterverwertung Vorrang gegeben. Traditionelle Rassen, die sich durch regionales Klima, Widerstandsfähigkeit, einzigartige Eigenschaften und kulturellen Wert auszeichnen, gehen dabei verloren. Der Gipfel unseres Handwerks und die Produkte unseres Fachwissens beruhen auf außergewöhnlichen Rassen und allen darin vertretenen Variationen. Die Erhaltung der Genetik des Kulturerbes ist von größter Bedeutung für die Erhaltung der traditionellen Metzgerei und der Weiterentwicklung des Handwerks. Es ist die Mission des Butcher's Manifesto, Schlüsselpersonen entlang der gesamten Lieferkette über den Wert der Erbgenetik aufzuklären – zum Wohle der Tiere, zum Erfolg der Metzgerei und zur Gesundheit der Erde.

#03

WIR TREIBEN DEN AUSTAUSCH VON WISSEN UND EXPERTISE VORAN.

#BILDUNG #AUSTAUSCH
#WISSEN #ZUKUNFT

Der schnelle und kostengünstige Ansatz der Fleischproduktion hat das Verständnis der Ganzkörperzerlegung und der Mehrwertproduktion verdrängt. Schnellverfahren sind kein Teil des traditionellen Metzgerhandwerks. Hochwertige Produkte beginnen mit außergewöhnlichem Fleisch und sind das Ergebnis eines ausgefeilten Verständnisses von Muskelstrukturen, Knochenbau und erlernter Technik durch erfahrene Fleischer. Effizienzsteigerung wird durch Achtsamkeit erreicht, die ihren Ursprung in den Grundlagen der Metzgerausbildung hat. Es ist die Mission des Butcher's Manifesto, sicherzustellen, dass die derzeitigen Metzgerausbilder all ihr Wissen und ihre Erfahrung an diejenigen weitergeben, die in die Fußstapfen des traditionellen Handwerks treten und Metzger auf dem Weg zum Außergewöhnlichen zu unterstützen und anzuleiten.

04

WIR STEHEN FÜR EIN HANDWERK ALS FREUDIGEN AUSDRUCK VON TRADITION UND INNOVATION.

#HANDWERK #ENTWICKLUNG #EVOLUTION
#INNOVATION #TECHNOLOGIE #FREUDE

Die öffentliche Meinung über die Fleischindustrie wird durch ethische Kontroversen, katastrophale Angaben zum Klimawandel, falsche Ernährungsinformationen und eine überwältigende Unwissenheit der Verbraucher, die strategisch durch verwirrende Etikettierung aufrechterhalten wird, beeinträchtigt. Verarbeitungsjobs werden mit ungelernten Arbeitskräften besetzt und die Bedingungen für eine nachhaltige Karriere sind oft unerträglich. Es ist kein Wunder, dass Stolz und Freude am Handwerk entsprechend zurückgegangen sind. Wenn wir auf die Erfolge unserer Vorfahren in der regenerativen Landwirtschaft und dem aufrechten Handwerk blicken, sehen wir einen Weg zur Wiederbelebung des Metzgerhandwerks, mit einem Stolz, der alle inspiriert. Es ist die Mission des Butcher's Manifesto, als positives Vorbild zu agieren und durch die immer komplizierter werdende und prophezeite Welt der Lebensmittelproduktion im Dienste der Verbraucher und Fachleute zu navigieren.

#05

WIR FÜHREN DIE DISKUSSION UM VERANTWORTLICHEN FLEISCHGENUSS AN.

#MENSCHEN #BEWUSSTSEIN #FÜHRUNG
#VERBRAUCHER #NOSE-TO-TAIL

Die Zukunft der regenerativen Landwirtschaft wird auf innovativen Lösungen beruhen, die ganzheitliches Landmanagement, anständige Tierhaltung und technologische Effizienz integrieren. Die Viehzucht ist für den Erfolg eines Systems, das die Verbraucheranforderungen und Umweltbelange unterstützt, von wesentlicher Bedeutung. Wir sind das Bindeglied zwischen Tierhaltung und verantwortungsvollem Fleischkonsum, und als solche nehmen wir einen wichtigen Platz im Gespräch über die Zukunft der Fleischproduktion und des -konsums ein. Der sich ändernde Geschmack der Verbraucher an wertschöpfenden, abfallarmen und leckeren Produkten wird unsere Mission eines auf die Ganzkörperverwertung ausgerichteten Systems vorantreiben. Es ist eine Mission des Butcher's Manifesto, als Modell, das traditionelle Werte und innovative Lösungen für Verbraucher, die interessiert an gesundem Fleischkonsum, regenerativer Produktion und abfallarmen Methoden sind, vereint, Gespräche auf lokaler und globaler Ebene zu führen.

DAS TIER

Haltung und Aufzucht

EIN GASTBEITRAG VON ELMAR WECKS

Züchtung und Vielfalt

Die Domestizierung des Rindes begann vor rund 10 000 Jahren mit dem eurasischen Auerochsen. Nach heutigem Wissensstand stammen die Vorfahren unserer heutigen Hausrinder aus Anatolien und dem Nahen Osten. Zunächst wurden die Tiere zur Fleischversorgung gehalten, doch man erkannte bald, dass sie auch der Milchgewinnung dienen konnten und als Arbeitstiere sehr geeignet waren. Im Laufe der Haustierwerdung veränderte sich der Körperbau des Auerochsen deutlich. Unsere Vorfahren selektierten nicht nur nach der „Umgänglichkeit", sondern auch nach dem Ertrag, den sie mit den Rindern erwirtschaften konnten.

Rinder ermöglichten es den damaligen Menschen erstmals, dauerhaft sesshaft zu werden. Durch eine geschickte Bewirtschaftung im Gleichgewicht zwischen Standort und Tier verbesserte sich die Bodenqualität und damit auch dessen Ertrag. Weitere Faktoren – wie Höhenlage, das damit verbundene Klima, die Zusammensetzung des Bodens und generell die Verfügbarkeit der Tiere – führten zur Entwicklung von regional stark angepassten, ja spezialisierten Rassen, deren jahrhundertelange Geschichte man durchaus als Kulturgut bezeichnen kann. Wir verdanken den Rindern sehr viel. Die gesamte weitere Entwicklung unserer Gesellschaft basiert auf dem Dreiklang von Sesshaftigkeit, Nutztierzucht und Produktion. Ein „Bauer" konnte nun nicht nur sich und seine Familie, sondern eine weitaus größere Anzahl von Menschen versorgen. Diese Menschen wiederum konnten anderweitig tätig werden. In dieser Zeit entwickelten sich das Handwerk und die Dienstleistung.

> Robustrassen können allein aufgrund ihres Körperbaus nur artgerecht gehalten werden.

Mit dem Rind wurde der Mensch also sesshaft, mit allen Vor- und Nachteilen. Diese Ortsgebundenheit führte zu einer regionalen Identität: Unterschiedliche Rassen entstanden. Heute gibt es viele verschiedene Rinderrassen mit unterschiedlichen Eigenschaften. Milchrassen wie beispielsweise Holstein-Friesian sind darauf gezüchtet worden, Milch zu produzieren. Fleischrassen wie Limousin oder Angus hingegen sind gezielt auf die Fleischleistung selektiert worden. Wir treffen aber auch auf Zweinutzungsrassen, zum Beispiel das Fleckvieh. Das sind Rinder, die sowohl für die Milch- als auch für die Fleischproduktion gezüchtet wurden. Nicht unerwähnt sollten aber auch die Vertreter der Robustrassen (Highland, Galloway) bleiben, die eine hervorragende Arbeit sowohl auf Grenzertragsböden als auch in der Landschaftspflege leisten und die allein aufgrund ihres Körperbaus nur artgerecht gehalten werden können.

Bei der Züchtung von Nutztieren spielten immer das Interesse der Menschen und auch „Kommissar Zufall“ eine entscheidende Rolle. Letzterer, auch als „Mutation“ bekannt, erzeugte im besten Fall urplötzlich ein Merkmal, das eine Rasse bedeutsam geprägt und damit wirtschaftlich weiterentwickelt hat – zum Beispiel die Ausbildung von besonders wertvollen Fleischpartien (Weißblaue Belgier) oder auch die verstärkte Anlage für die Einlagerung von intramuskulärem Fett (Wagyu). Die besonderen Möglichkeiten der Vervielfältigung tierischen Lebens oder genetischer Veränderung (Klonen; CRISPS / Cas-Methode) stellen in Zukunft eine besondere Herausforderung dar. Hier gilt es für die Wissenschaft nicht nur einen technischen, sondern vor allem einen ethisch vertretbaren Weg zu finden. Die Fähigkeit der Addition positiver elterlicher Eigenschaften zweier Inzuchtlinien (Heterosis-Effekt) lässt sich ebenfalls züchterisch nutzen. Beispielsweise sei hier die Vererbung eines großen Rahmens mütterlicherseits verbunden mit der Fleischfülle väterlicherseits genannt. Durch diese Kombination wurde eine weitere Verbesserung der Wirtschaftlichkeit erzielt.

Rassezucht bedeutet Vielfalt.

An dieser Stelle möchte ich aber eine Lanze für die Rassezucht brechen: Nicht nur der Erhalt von Kulturgut wie oben beschrieben, sondern auch Marketing- und qualitative Gründe sprechen meiner Meinung nach eindeutig dafür, die Rassezucht weiter zu betreiben. Die Rassezucht stellt darüber hinaus die Ausgangsprodukte für die sich anschließende Kreuzung dar. Rassezucht liefert Individualität, begründet Regionalität, macht die Produkte „bunter“ und unverwechselbarer. Bei der Kreuzungszucht schlummert immer die Gefahr der Vereinheitlichung. Produkte gleichen sich und sind identisch. Der Burger einer bekannten Fast-Food-Kette, den wir in Hamburg kaufen, schmeckt in Paris, New York und Tokio genauso. Eine solche Vereinheitlichung kann uns – allein angesichts der eben schon beschriebenen Varianz zwischen Holstein-Friesian und Wagyu – nicht recht sein, denn das bedeutet Verlust von Geschmack und Vielfalt, aber auch Verlust des Wissens um die Haltung, der handwerklichen Fähigkeiten und des Kulturgutes.

Haltung und Fütterung

Das Rind ist ein Wiederkäuer. Es hat einen Magen, der aus mehreren Kammern besteht: Pansen, Netzmagen, Blättermagen und Labmagen. Es macht beim Fressen und Wiederkäuen pro Tag etwa 30 000 Kaubewegungen und produziert dabei bis zu 150 Liter Speichel. Es trinkt an heißen Tagen fast 200 Liter Wasser in einer Geschwindigkeit von bis zu 25 Litern pro Minute. Bei der Verdauung der Nahrung entstehen im Pansen, wie bei allen Wiederkäuern, Fermentationsgase, die abgerülpst werden. Das ist neben Kohlendioxid vor allem Methan.

> Artgerechte Fütterung gelingt am besten in Weidehaltung.

Diese Spezialisierung ermöglicht es dem Rind, schwer verdauliche Pflanzennahrung zu verwerten. Mit diesem Wissen wird sehr deutlich, dass die artgerechte Fütterung der Rinder bestmöglich in der Weidehaltung erfolgen kann. Sie werden optimal im Mutterkuhverbund mit Weidegang gehalten. Der Bulle läuft je nach geplantem Abkalbezeitpunkt mit. Eine Mutterkuhherde zeichnet sich auch dadurch aus, dass sie fast ganzjährig, je nach Klima, den Aufwuchs einer Weide nutzen kann. Hier haben die Tiere ausreichend Platz und können sich ihre Nahrung selbst suchen. Ergänzend werden Raufutter (Heu, Stroh), Wasser, Salz und Spurenelemente angeboten. Ein trockener, windgeschützter Unterstand reicht in der Regel aus, um ihren Ansprüchen nach Witterungsschutz gerecht zu werden.

Rinder riechen und hören sehr gut, ihre Sicht ist weniger gut ausgeprägt. Sie benötigen einen individuellen Freiraum, in dem sie sich bewegen und ausweichen können. Sie sind Herdentiere und leben in klar ausgehandelter Hierarchie im Sippenverbund. Wichtiger als der Sippenverbund und die Familie ist einer Kuh aber die Freundschaft zu den anderen Herdenmitgliedern. Wer Kühe im Herdenverbund erlebt, bemerkt sehr schnell, „wer mit wem kann“ und wer nicht dazugehört. Dabei haben sie ein sehr gutes Gedächtnis und erinnern sich auch noch nach Jahren an Örtlichkeiten und Begebenheit und reagieren entsprechend.

> Hörner – wichtiger, als man denkt.

Um die Hierarchie innerhalb der Herde zu bestimmen, benötigen die Rinder Hörner. Nicht nur, um ihrem Willen Nachdruck zu verleihen, sondern vielmehr, um mit ihrer Hilfe zu kommunizieren. Fehlende Hörner schränken sie in ihrer Kommunikation ein, ja behindern sie sogar. Darüber hinaus haben Hörner auch noch andere Funktionen. Sie dienen neben der Kommunikation nicht nur der Fellpflege, sondern stehen auch in Zusammenhang

mit der Verdauung und dem Immunsystem. Über die Nebenhöhlen sind sie sogar mit den oberen Luftwegen verbunden. Über verschiedene Studien versucht man zurzeit, einen Zusammenhang zwischen der Milcheiweißunverträglichkeit, von der immer mehr Menschen betroffen sind, und dem nur noch eingeschränkt funktionierenden Verdauungs- beziehungsweise Immunsystem enthornter Kühe nachzuweisen. Möglicherweise gibt es hier Parallelen.

Alles in allem sind unsere Rinder hochkomplexe Lebewesen, die es verdient haben, besser verstanden und gehalten zu werden sowie in ihrer rassetypischen Vielfalt erhalten zu bleiben.

Elmar Wecks entschied sich 1993 dafür, mit und in der Natur zu leben. Seitdem züchtet er in seinem reinen Grünlandbetrieb größtenteils vom Aussterben bedrohte Nutztierrassen: Hochlandrinder, Moorschnucken und Wollschweine. Die Tiere leben artgerecht auf Grenzertragsböden in Naturschutzgebieten des Kreises Steinfurt – im Herdenverband in extensiver Freilandhaltung. So produziert er mit Leidenschaft und gutem Gewissen qualitativ hochwertiges Fleisch. **nuregio.de**

Kleine Rassekunde

Es gibt zahlreiche Rinderrassen, alleine in Deutschland werden aktuell noch 41 Rassen gezüchtet, weltweit sind es rund 600. Die eine deutsche Rinderrasse gibt es aber nicht, zumal Deutschland auch nie ein typisches Rinderland für Fleischrassen war wie beispielsweise Schottland, Irland oder England. Im deutschsprachigen Raum lag der Schwerpunkt auf der Milchwirtschaft – aktuell sind circa 98 Prozent der deutschen Rinderbestände in der Milchwirtschaft zu finden – und somit unter anderem auf Holstein-Rindern. Diese schwarzbunten oder rotbunten Tiere sind die bedeutendsten Kühe in Deutschland. Dann kamen ein paar wenige Zweinutzungsrassen hinzu wie beispielsweise das Simmentaler Rind.

Dreinutzungsrassen:	Milch, Fleisch und Arbeit
Zweinutzungsrassen:	Milch und Fleisch
Einnutzungsrassen:	Milch oder Fleisch

Die reinen Fleischrassen sind hierzulande erst in den letzten zehn, zwölf Jahren ein richtiges Thema geworden, nicht zuletzt dank Vorreitern wie dem Magazin BEEF!, Otto Gourmet und natürlich der stetig wachsenden Barbecue-Szene. Sie und einige andere haben es geschafft, die wachsende Nachfrage an hochwertigem Fleisch zu befriedigen und die Konsumenten an eine wertschätzendere Art der Zubereitung heranzuführen.

> Fleisch wird wieder wertvoller.

Fleisch hat in den letzten Jahren wieder eine höhere Wertigkeit bekommen – zum Glück! So gibt es mittlerweile auch bei uns einige mutige Züchter, die sich Rassen wie dem Wagyu oder dem Schottischen Hochlandrind (Highland Cattle) zugewandt haben, dem Angus oder dem Galloway. Nicht alle diese Rassen sind nach heutigem Standard wirtschaftlich lohnenswert. So haben Fleischrassen naturgemäß ein langsameres Wachstum als Milchrassen, zudem sind die Subventionen in diesem Bereich deutlich geringer. Und schließlich müssen die Rinder auch geschlachtet werden – doch ist das Rind zu groß oder sind die Hörner zu lang, passt das Rind schon nicht mehr in die Abläufe eines industriellen Schlachthofs, also wird das Schlachten unwirtschaftlicher und somit teurer. Umso wichtiger ist es also, das Tier mit Respekt und Wertschätzung so komplett wie möglich zu verwerten, damit am Ende jeder, der an der Produktion mitgearbeitet hat, daran verdienen kann.

> Mit viel Gras und viel Geduld zur Schlachtreife.

Wie bei allen Tieren kommt es natürlich auch immer darauf an, wie die Rinder gezüchtet, gehalten, gefüttert und geschlachtet werden. Ich bin grundsätzlich kein Freund von der Masthaltung, sondern bevorzuge ganz eindeutig Weiderinder. So gehören beispielsweise das Wagyu, das Angus oder

Eckdaten für ausgewachsene Tiere	Bullen	Kühe
Kreuzbeinhöhe, cm	um 155	um 145
Gewicht, kg	um 1230	um 780

das **Gelbvieh** zu meinen absoluten Lieblingsrassen – aber nur, wenn die Tiere auch artgerecht aufgezogen werden und mit viel Geduld und Gras zur Schlachtreife gezogen werden. Diese natürliche Aufzucht dauert länger und ist auch arbeitsintensiver; dafür ist für mich das Fleisch in seiner Natürlichkeit hochwertiger einzuordnen als das zwar extrem marmorierte, aber mit Getreide hochgefütterte Rind.

Ein weiterer Punkt, den ich an dieser Stelle noch ansprechen möchte: Die meiner Meinung nach beste Fleischqualität liefern – für mich – die Tiere, die man in Deutschland eher selten bekommt, und zwar Kühe, die mindestens einmal gekalbt haben, sowie Ochsen.

Liebe Kolleginnen, liebe Kollegen: Ich bin ein Verfechter davon, so viele Rinderrassen wie möglich zu erhalten. Wir verlieren immer mehr von ihnen, weil sie nicht mehr in die industrialisierte Welt zu passen scheinen. Wir verlieren Vielfalt, wir verlieren die Schönheit seltener Rassen. Das Gelbvieh beispielsweise, auch Frankenvieh genannt, ist eine meiner Lieblingsrassen. Doch es ist milchwirtschaftlich nicht sonderlich ertragreich und wird deshalb immer seltener gezüchtet, dabei liefert diese Rasse tolles Fleisch, die Tiere sind widerstandsfähig gegen Hitze und Kälte. Und obwohl es immer öfter in andere Rassen eingekreuzt wird, um diese positiven Eigenschaften weiterzugeben, ist das reinrassige Gelbvieh vom Aussterben bedroht. Daher mein Appell an Sie: Bitte suchen Sie sich einen Züchter, der eine Rasse noch mit Hingabe natürlich aufzieht. Gehen Sie eine Partnerschaft mit dem Züchter ein, und zeigen Sie damit, wie schön es ist, Fleisch im Einklang mit der Natur zu erzeugen.

Eckdaten für ausgewachsene Tiere	Bullen	Kühe
Kreuzbeinhöhe, cm	um 145	um 136
Gewicht, kg	um 1100	um 700

Angus

Die einfarbig schwarzen oder roten Angusrinder gehören zu den mittelrahmigen Typen des Rassespektrums der Fleischrinderzucht in Deutschland. Genetische Hornlosigkeit, feine Gliedmaßen und ein überdurchschnittlich hohes Futteraufnahmevermögen gehören zu den besonderen Eigenschaften dieser Rasse. Ein weiteres wichtiges Merkmal ist die Frühreife, durch die eine erste Belegung der Färsen mit circa 15 Monaten möglich ist. Außerdem typisch für Angus sind der leichte Kopf, feste Klauen und ein langer, tiefer Körperbau, gepaart mit guter Fruchtbarkeit und ausgeprägter Mütterlichkeit. Die niedrigen Geburtsgewichte und die hervorragende Jugendentwicklung machen die Angusbullen für die Färsenbelegung in allen Bereichen der Fleischrinderhaltung äußerst interessant. Die mittleren Tageszunahmen der gekörten Bullen von 1305 g belegen eindrucksvoll das Wachstumspotenzial. Das Fleisch zeichnet sich besonders durch eine ausgeprägte Marmorierung und Feinfaserigkeit aus.

Eckdaten für ausgewachsene Tiere	Bullen	Kühe
Kreuzbeinhöhe, cm	um 145	um 132
Gewicht, kg	um 1000	um 650

Wagyu

Wagyus sind international auch als „Japanisches Schwarzes Rind" oder „Kobe-Rind" bekannt. In Deutschland wird ein mittelrahmiges Rind mit einfarbigem Haarkleid, schwarz oder rot bis rotbraun, gezüchtet. Kennzeichnend sind der leichte Kopf, eine kräftige Vorhand mit guter Tiefe, feine trockene Gliedmaßen mit festen, relativ großen Klauen, eine harmonische Bemuskelung mit langgestreckter Keulenausbildung und breiter, gut bemuskelter Schulter. Die Tiere sind frühreif, sehr fruchtbar, leichtkalbig und zeigen gute Muttereigenschaften. Außerdem sind sie ruhig und gutmütig und eignen sich für die Weidehaltung. Der Schlachttyp ist eher spätreif (ab circa 30 Monaten). Besonders hervorzuheben und wichtiges Rassemerkmal ist die Erzeugung exzellenter Schlachtkörper mit extrem hohem Marmorierungsgrad des Fleisches durch einen sehr hohen Anteil an intramuskulärem Fett.

Aufgrund der oftmals tiergerechteren Haltung bevorzuge ich Wagyus aus Deutschland.

Eckdaten für ausgewachsene Tiere	Bullen	Kühe
Kreuzbeinhöhe, cm	um 135	um 125
Gewicht, kg	um 850	um 580

Galloway

Galloways sind eine dominant hornlose, mittelrahmige Fleischrinderrasse. Sie sind friedfertig, genügsam, widerstandsfähig und haben eine gute Futterverwertung. Sie produzieren bei naturnaher Haltung das unverwechselbare Galloway-Genussfleisch. Neben den einfarbigen Tieren in schwarz, dun oder rot gibt es drei verschiedene Farbschläge: „white" sind weiße Tiere mit Pigmentierungen an Maul, Ohren, Augen und Füßen, „belted" haben einen weißen Bauchring und „rigget" haben einen überwiegend pigmentierten Körper mit weißen Augentropfen und weißer Halskrause. Das lange gewellte Oberhaar bietet den Tieren in Verbindung mit dem dichten Unterhaar auch bei ungünstigen Witterungsbedingungen ausreichenden Schutz. Sie sind geeignet für eine ganzjährige Außenhaltung. Die Tiere sind langlebig, fruchtbar und leichtkalbig. Ihre Kälber sind leicht und sehr vital. Galloways haben gute Muttereigenschaften und eine starke Herdenbindung.

Eckdaten für ausgewachsene Tiere	Bullen	Kühe
Kreuzbeinhöhe, cm	um 150	um 140
Gewicht, kg	um 1100	um 700

Pinzgauer

Pinzgauer sind mittel- bis großrahmige, gut bemuskelte Rinder, die sich durch eine gute Milchleistung auszeichnen. Darüber hinaus sind folgende Merkmale hervorzuheben: Leichtkalbigkeit, gute Muttereigenschaften, Robustheit, ruhiges Temperament und eine gute Futterverwertung. Die hervorragende Anpassungsfähigkeit und Robustheit machen eine ganzjährige Freilandhaltung möglich. Das Fleisch ist für eine feine Faser und zarte Marmorierung bekannt. Charakteristisch sind die kastanienbraune Grundfarbe mit Rücken- und Bauchblesse sowie überwiegend durchgehend weiße Streifen an Unterarm und Unterschenkel. Die wachsgelben Hörner haben schwarze Spitzen. Zum Teil sind die Tiere auch genetisch hornlos. Das Flotzmaul ist unpigmentiert. Als Besonderheit gibt es auch eine schwarz-weiße Farbvariante.

Die Pinzgauer waren zu Zeiten der österreichisch-ungarischen Monarchie noch das meistverbreitete Vieh im ganzen Hoheitsgebiet. Doch sie wurden zur Zeit der Industrialisierung zunehmend verdrängt, da sie nicht mehr als Zugtiere eingesetzt wurden und andere Rassen eine höhere Milchleistung hatten. Da ihr Fleisch aber eine schöne Marmorierung aufweist und das wieder mehr und mehr geschätzt wird, hat ihr Bestand in den letzten Jahren wieder zugenommen.

Eckdaten für ausgewachsene Tiere	Bullen	Kühe
Kreuzbeinhöhe, cm	um 157	um 147
Gewicht, kg	um 1200	um 800

Simmental

Die Rasse ist mittel- bis großrahmig und im Rumpf lang, breit und tief angelegt. Fleckviehrinder haben trockene Gliedmaßen mit festen Klauen und sind darüber hinaus durch ihre Anpassungsfähigkeit und Umgänglichkeit sehr gut für die Weidehaltung geeignet.

Die Kühe zeichnen sich durch beste Muttereigenschaften und eine für Fleischrinder sehr gute Milchleistung aus. Diese Kombination garantiert ein auffallend gutes Kälberwachstum und hohe Absetzergewichte. Zu den absoluten Vorzügen der Rasse gehört darüber hinaus ein optimales Futteraufnahmevermögen und sich daraus ergebende sehr hohe tägliche Zunahmen in der Endmast. Das gescheckte Haarkleid weist alle Farbstufungen vom dunklen Rotbraun bis zum hellen Gelb auf weißem Grund auf. Der überwiegend weiße Kopf wird dominant vererbt. Fleckvieh-Simmental ist genetisch hornlos. Gehörnte Bullen können zur Blutauffrischung genutzt werden.

Ich persönlich bin ein großer Fan vom Bayerischen Simmental-Rind!

Eckdaten für ausgewachsene Tiere	Bullen	Kühe
Kreuzbeinhöhe, cm	um 138	um 128
Gewicht, kg	um 780	um 570

Highland Cattle

Das Highland Cattle ist ein sehr robustes, genügsames klein- bis mittelrahmiges Rind mit hervorragender Eignung zur ganzjährigen Freilandhaltung auf extensiv genutzten Grünland- und Naturschutzflächen. Leichtkalbigkeit, gute Muttereigenschaften und Langlebigkeit sind typische Eigenschaften des Highland-Rindes. Durch die Spätreife sollte das Erstkalbealter bei circa 40 Monaten liegen. Die Tiere haben einen tiefgestellten Rumpf, ein kräftiges Fundament mit festen Klauen, einen langen, gut bemuskelten Rücken und gut ausgebildete, fleischige Keulen. Eindrucksvoll ist der typische kurze, dreieckige Kopf mit den symmetrisch geschwungenen Hörnern. Zum Schutz vor Kälte, Regen und Hitze sollte das den ganzen Körper bedeckende Fell üppig im Unterhaar und lang im Oberhaar sein. Vorherrschende Farben sind Rot, Schwarz, Gelb, Gestromt (Brindle), Graubraun (Dun) und selten Weiß.

Eckdaten für ausgewachsene Tiere	Bullen	Kühe
Kreuzbeinhöhe, cm	um 150	um 140
Gewicht, kg	um 1130	um 730

Hereford

Die mittelrahmigen Tiere haben ein mittellanges, rotbraunes Haarkleid. Auffallend ist der sich dominant vererbende weiße Kopf. Hals, Brust, Bauch, Beine und Schwanzquaste sind ebenfalls weiß. Ein weißer Nacken ist erwünscht. Die Tiere haben einen harmonischen, gut proportionierten Körperbau mit gutem Fleischansatz, vor allem an der Vorhand. Der Körper soll rumpfig sein, um eine hohe Raufutteraufnahme zu ermöglichen. Die Tiere sind entweder gehörnt oder hornlos. In Deutschland werden hornlose Tiere deutlich bevorzugt. In den Leistungen bestehen keine Unterschiede zwischen den beiden Varianten. Je nach Haltungsform und Standort werden tägliche Zunahmen von 850 bis 1400 g erreicht. Neben Frühreife, Fruchtbarkeit, leichten Geburten und Mütterlichkeit zeichnet sich diese Rasse auch durch Leichtfuttrigkeit und ein ruhiges Temperament verbunden mit guter Fleischqualität aus. Hervorzuheben ist auch die gute Anpassungsfähigkeit an unterschiedliche Klima- und Haltungsbedingungen.

Eckdaten für ausgewachsene Tiere	Bullen	Kühe
Kreuzbeinhöhe, cm	um 140	um 130
Gewicht, kg	um 1050	um 675

Aubrac

Die Rasse Aubrac zählt zu den mittelrahmigen Fleischrindrassen und zeichnet sich durch Widerstandsfähigkeit, sehr gute Muttereigenschaften, Leichtkalbigkeit und Friedfertigkeit aus. Durch ihre Genügsamkeit eignen sich Aubrac-Rinder hervorragend zur ganzjährigen Freilandhaltung. Außerdem typisch für diese Rasse sind gute Fundamente, feste Klauen, ein hoher Schwanzansatz, eine große Beckenöffnung und eine gute Bemuskelung, vor allem an der Keule. Die gekörten Bullen weisen durchschnittliche Tageszunahmen von 1 114 g auf. Das Haarkleid ist weizengelb bis grau-weißlich. Die Halspartie der männlichen Tiere ist sehr dunkel. Schleimhäute, Schwanzquaste, Klauen, Hornspitzen sowie der Ohrenrand und dessen Haare sind schwarz. Das Flotzmaul, der Rand der Augenlider und die Wimpern sind schwarz und von einer weißen Umrandung gesäumt. Die Hörner sind nach oben geschwungen, mittlerweile gibt es aber auch genetisch hornlose Vertreter dieser Rasse.

Texte und Bilder mit freundlicher Genehmigung des **Bundesverbands Rind und Schwein e.V. (BRS).**

Schlachtung

Zuerst möchte ich kurz erklären, wie eine Schlachtung abläuft. Sie unterliegt einer strengen Routine und muss die gesetzlichen Vorgaben zum Tierschutzgesetz erfüllen. Nur gesunde und unverletzte Rinder, die älter als ein Jahr sind, werden zum Schlachtbetrieb gefahren. Da das Rind ein Herdentier ist und sich so am wohlsten fühlt, wird es auch im Herdenverbund zum Schlachthof gefahren und ausgeladen. Kommt es während des Transports zu Verletzungen, sodass das Tier beispielsweise nicht mehr alleine aufstehen kann, wird es nicht etwa lebendig mit Seilwinden von der Ladefläche gezogen, sondern es wird noch im Transporter erlöst.

Nachdem sie den Transporter verlassen haben, kommen die Rinder in einen Wartebereich, damit sie sich an die neue Umgebung gewöhnen können und ruhig bleiben. Idealerweise sind die Gänge breit und blickdicht, da Rinder sich leicht durch grelles Licht und Schatten irritieren lassen und Angst bekommen. So werden auch größere Wasserpfützen in den Gängen vermieden, da Rinder dies für Löcher halten und sich erschrecken können. Es wird großer Wert darauf gelegt, den Tieren vor und während der Schlachtung Stress und unnötiges Leid zu ersparen.

Als nächstes werden die Rinder auf ihre Schlachttauglichkeit hin überprüft und dann einzeln in die Betäubungsanlage getrieben. Die Betäubung erfolgt in der Regel durch ein Bolzenschussgerät. Dazu wird der Kopf des Tieres fixiert, damit der Schuss so präzise wie möglich erfolgen kann. Die Kraft des Gerätes ist so stark, dass der Schlagbolzen bis zu zwölf Zentimeter tief in den Schädel eindringt. Das Tier spürt einen Schlag, sackt ohnmächtig mit angezogenen Beinen zusammen und die Atmung setzt aus. Anzeichen einer korrekten Betäubung sind, dass das Rind einen steifen Muskelkrampf bekommt und mit den Beinen rudert. Ohren und Schwanz hängen herab, die Zunge tritt seitwärts schlaff aus dem Maul heraus.

Um sicherzugehen, dass die Betäubung wirksam war, werden stichprobenartige Kontrollen durchgeführt, indem zum Beispiel das Augenlid berührt wird, um einen Reflex auszulösen. In größeren Schlachtbetrieben überprüft das ein Tierarzt. Unmittelbar nach der Betäubung wird der Schnitt zum Ausbluten durchgeführt.

> Aus den Augen, aus dem Sinn: Das Thema Schlachtung ist gesellschaftlich umstritten.

Ja, für Fleisch muss ein Tier sterben – diese einfache Erkenntnis möchte mittlerweile kaum mehr jemand wahrhaben. Die kommunalen Schlachthöfe, die früher noch in jeder größeren Stadt zu finden waren, sind nach und nach verschwunden. Weder in Berlin, Hamburg oder Köln noch in Frankfurt oder Hannover – um nur einige zu nennen – gibt es noch einen Schlachthof. Dabei war die Idee der kommunalen Schlachthöfe gut. Am 18. März 1868 wurde das preußische Schlachthausgesetz verabschiedet, um die Hinterhofschlachtungen einzudämmen. Nach und nach wurden also kommunale Schlachthöfe errichtet. Sie sorgten mit für die ersten Steuereinnahmen der Kommunen, und gleichzeitig kam es der Schlachtung selbst zugute, dass sie nun reglementiert wurde. Sie wurde hygienischer und sicherer, da schon hier Tierärzte zur Begutachtung hinzugezogen wurden.

Doch fast alle diese Schlachthöfe sind mittlerweile in der Anonymität verschwunden. Auf der „grünen Wiese" findet man sie nun, viel größer und industrieller, als man es sich je hätte träumen lassen. Über 80 Prozent des Schlachtviehs landen in Deutschland bei den zehn größten Schlachtbetrieben. Die kleineren Schlachthöfe werden mehr und mehr verdrängt. Hygienisch und technisch sind diese großen Betriebe absolut top, daran gibt es kaum etwas auszusetzen; außer der Tatsache, dass durch sie die Rassevielfalt bedroht wird, und das nicht nur bei Rindern.

Wer alte Rassen erhält, wird bestraft.

Um eine möglichst gute Fleischqualität zu bekommen, sollten die Rinder natürlich und artgerecht zur Schlachtreife gezogen werden. Wer eine nachhaltige Zucht betreibt, investiert also schon einmal viel Zeit und Geduld, er begleitet die Tiere von

ANZEIGE

Verantwortungsvoll transportieren, schlachten und zerlegen

Wir sind ein inhabergeführter Schlacht- und Zerlegebetrieb aus der Eifel und legen großen Wert auf den respektvollen Umgang mit den Tieren.
Unter Aufsicht von unabhängigen Zertifizierungsunternehmen unterliegen wir strengsten Hygienevorschriften und -kontrollen. Unsere Kunden können sich darauf verlassen, dass die Tiere möglichst schonend und unter Beachtung tiergerechter Richtlinien geschlachtet werden. Absolute Transparenz ist dabei garantiert – vom Bauern über den Schlachthof bis zum Metzger können alle Schritte lückenlos nachvollzogen werden. Kurze Transportwege innerhalb der Region schonen dabei nicht nur die Umwelt und das Tier, sondern sorgen auch für absolute Frische.

fabergmbh.com faber

der Geburt bis zu ihrem Tod. Die Schlachtung sollte dann auch entsprechend respektvoll erfolgen, und das nicht nur aus ethischen Gründen: Zu viel Stress, egal, ob schon beim Transport oder beim Schlachthof, kann die ganze Fleischqualität, die ganze Verwertbarkeit zunichtemachen. Und auch Fehler beim Schlachten selbst gefährden die Qualität. Ein falscher Bolzenschuss, ein falscher Stich – und all die Zeit und Mühe der Aufzucht sind quasi für die Katz. Die letzte Station des Tieres muss also sorgfältig ausgewählt werden.

Doch leichter gesagt als getan: Als kleiner Züchter überhaupt einen Schlachthof zu finden, ist oft gar nicht so einfach. So können Schlachtbetriebe Aufpreise verlangen oder sie auch einfach komplett abweisen – nicht nur aufgrund des geringen Schlachtvolumens, sondern weil die Tiere aufgrund ihres Körperbaus oder der Hörner nicht in das industrielle Schlachthaus passen, das auf konventionell hochgezüchtete Tiere ausgerichtet ist. Dann muss also zusätzlich zu den ohnehin schon höheren Investitionen in die Aufzucht wieder Zeit und Geld in die Hand genommen werden, um die Rinder zu einem wahrscheinlich viel weiter entfernten Betrieb zu bringen, bei dem sie angenommen werden. Bis dahin haben die Tiere schon wieder eine Menge durchgemacht; und es wird auch wirtschaftlich immer weniger lohnenswert.

Ganz ehrlich: Das kann es doch nicht sein. Diese Benachteiligung der verhältnismäßig kleinen, aber dafür nachhaltigeren Landwirte muss enden. Ob Weideschuss, mobile Schlachtmöglichkeiten oder auch politische Lösungen, beispielsweise in Form von Auflagen für die großen Betriebe, niemanden aus einem gewissen Umkreis mehr abweisen zu dürfen – es gibt viele Ansätze, die man diskutieren kann und sollte. In Bayern gibt es dazu glücklicherweise bereits Anstrengungen, und auch in Frankfurt wird überlegt, wieder einen Schlachthof zu bauen. Einfache Lösungen gibt es hier wahrscheinlich nicht. Aber es muss etwas getan werden, denn das Thema Schlachtung ist essenziell, wenn es um die Bewahrung von Rassevielfalt und Fleischqualität geht.

Klassifizierung

Rasseübergreifend wird Rindfleisch europaweit in verschiedene Kategorien eingeteilt, basierend auf Alter, Geschlecht und gegebenenfalls Kastration. Dazu gibt es Angaben zur Handelsklasse (Fleischigkeits- und Fettgewebeklasse). Diese Einordnung ist in der EU nahezu identisch. Lediglich bei der Fleischigkeitsklasse sind uns unsere europäischen Nachbarn etwas voraus – sie haben neben „EUROP“ noch eine weitere Kategorie: S für „erstklassig“.

Kategorien

Kürzel	Kategorie	Beschreibung
V	Kalbfleisch	Schlachtkörper von weniger als 8 Monate alten Rindern
Z	Jungrindfleisch	Schlachtkörper von 8 bis weniger als 12 Monate alten Rindern
A	Jungbullenfleisch	Schlachtkörper von 12 bis weniger als 24 Monate alten nicht kastrierten männlichen Tieren
B	Bullenfleisch	Schlachtkörper von mindestens 24 Monaten alten nicht kastrierten männlichen Tieren
C	Ochsenfleisch	Schlachtkörper von mindestens 12 Monate alten kastrierten männlichen Tieren
D	Kuhfleisch	Schlachtkörper weiblicher Tiere, die bereits gekalbt haben
E	Färsenfleisch	Schlachtkörper von mindestens 12 Monate alten sonstigen weiblichen Tieren

Fleischigkeitsklassen

Handels-klasse	Fleischigkeits-klasse	Beschreibung
E	vorzüglich	Alle Profile konvex bis superkonvex; außergewöhnliche Muskelfülle
U	sehr gut	Profile insgesamt konvex; sehr gute Muskelfülle
R	gut	Profile insgesamt geradlinig; gute Muskelfülle
O	mittel	Profile geradlinig bis konvex; durchschnittliche Muskelfülle
P	gering	Alle Profile konkav bis sehr konkav; geringe Muskelfülle

Fettgewebeklassen

Handels-klasse	Fettgewebe-klasse	Beschreibung
1	sehr gering	Keine bis sehr geringe Fettabdeckung
2	gering	Leichte Fettabdeckung; Muskulatur fast überall sichtbar
3	mittel	Muskulatur mit Ausnahme von Keule und Schulter fast überall mit Fett abgedeckt; leichte Fettansätze in der Brusthöhle
4	stark	Muskulatur mit Fett abgedeckt, an Keule und Schulter jedoch noch teilweise sichtbar; einige deutliche Fettansätze in der Brusthöhle
5	sehr stark	Schlachtkörper ganz mit Fett abgedeckt; starke Fettansätze in der Brusthöhle

Fleischigkeits- und Fettgewebeklassen werden zur genaueren Unterscheidung noch einmal in jeweils drei Klassen unterteilt (+, 0 und -).

Diese Informationen landen dann als Stempel oder Etikett (dann zusätzlich mit weiteren Informationen zu Tier und Schlachthof) auf dem Schlachtkörper des Rindes. Das Rindfleischetikettierungsgesetz ist aber noch einmal etwas anderes: Dort wird über die Herkunft des Fleisches informiert (wie Ort der Geburt, der Mast, der Schlachtung und der Zerlegung).

Ob diese Klassifizierungen immer so aussagekräftig sind, darüber könnte man diskutieren. Denn auch hier kommt es auf die Rasse des Tieres an. Länder wie die USA, Kanada oder Australien züchten vorwiegend andere Rassen und haben entsprechend auch andere Klassifizierungssysteme, die besser zu den Tieren, deren Eigenschaften und den Cuts passen. Die Marmorierung ist in ihren Systemen beispielsweise ein eigener Punkt; in unserem hingegen kann man diese nur in etwa anhand der Fettklassen bestimmen. Das europäische System hat seine Berechtigung, ja; aber es ist meiner Meinung nach ein bisschen überholt, und es wäre eine Überlegung wert, die Klassifizierung an die heutigen Ansprüche anzupassen.

DIE VORBEREITUNG

Bevor es ans Zerlegen geht, müssen die Voraussetzungen stimmen: Der Arbeitsplatz, die Arbeitskleidung und natürlich das richtige Handwerkszeug können ebenfalls Einfluss haben auf die Qualität des Fleisches. Mit stumpfen Messern, schlechtem Licht und rutschigen Schuhen dürfte es schwer werden, Fleisch fachgerecht zu zerlegen. Und nicht zuletzt geht es natürlich auch um Ihre Sicherheit.

Auf den folgenden Seiten möchte ich Ihnen daher einen kleinen, knappen Überblick geben, was es alles zu beachten gilt. Generell sollten Sie sich natürlich immer an den geltenden Vorschriften und Regelungen orientieren, wie beispielsweise dem Arbeitsschutzgesetz oder den Verordnungen zur Betriebssicherheit, zu Gefahrstoffen oder zur Lastenhandhabung.

ANZEIGE

Alles aus einer Hand

Die Gustav Ehlert GmbH & Co KG: Egal, was Sie zum fachgerechten Zerlegen und Weiterverarbeiten brauchen – wir haben es. Ob gute Messer oder professionelle Geräte, Verpackungen oder Gewürze, Berufskleidung oder Reinigungsmittel und Zubehör, bei uns bekommen Sie alles als Rundum-sorglos-Paket aus einer Hand. Seit fast hundert Jahren bieten wir als Fachgroßhandel unseren Kunden Bedarfs- und Verbrauchsgüter an und sind kompetenter Partner für das Fleischerhandwerk – 24 Stunden am Tag, 7 Tage die Woche:
ehlert-shop.de

F.DICK
STAINLESS STEEL
F.DICK
F.DICK
DICK MULTIRON
F.DICK
Made in Germany

Messer & Co.

Die Grobzerlegung – die sogenannte Abviertelung, bei der das Rind in jeweils zwei Vorder- und zwei Hinterviertel zerlegt wird – geschieht in der Regel mit Handkreissägen. Wir konzentrieren uns hier aber auf die Feinzerlegung der bereits vorbereiteten Rinderviertel. Band- oder Kreissägen können dabei zwar ebenfalls sehr hilfreich sein, sind aber gerade in kleineren Betrieben nicht immer vorhanden. Für die entsprechenden Arbeitsschritte benutze ich in meinen Schnittanleitungen daher eine geeignete Bogensäge.

> Messer sind eine persönliche Entscheidung.

Die Auswahl der richtigen Messer ist eine Sache für sich. Sie müssen natürlich eine gute Qualität haben – schlecht verarbeitete Messer können beim Arbeiten schnell zu Unfällen führen. Doch ansonsten spielen individuelle Vorlieben hier die Hauptrolle. Manchen liegt das Messer der einen Firma einfach besser in der Hand als das der anderen. Dem einen gefällt das Design von jenem Hersteller, dem anderen absolut nicht. Oder das Messer sieht zwar toll aus, ist aber überhaupt nicht ausbalanciert. Oder, oder, oder. Die Gründe, warum man sich für oder gegen ein Messer entscheidet, sind vielfältig. Einigen kann man sich eigentlich nur auf eines: Für bestimmte Arbeiten braucht man bestimmte Messer. Ich benutze zum Zerlegen die folgenden Werkzeuge:

Zerlegemesser

Ausbeinmesser mit flexibler Klinge

Fleischermesser

Spalter

Bogensäge

Handhaken

Egal, für welche Werkzeuge Sie sich schlussendlich entscheiden: Mit einem scharfen Messer arbeitet es sich besser und sicherer als mit einem stumpfen. Ein Wetzstahl (oder auch ein Wetzstein, ich arbeite lieber mit einem Wetzstahl) sollte daher stets griffbereit sein. Auch nicht unwichtig: ein Handhaken. Dieser Haken erleichtert es beispielsweise, größere Fleischteile während des Zerlegens zu halten.

Für alle Arbeitsgeräte gilt, dass sie immer absolut sauber sein müssen. Dazu sollten sie regelmäßig gewechselt, gereinigt und desinfiziert werden. Für Messer bietet sich die Zwei-Messer-Methode an (ein Messer in Verwendung, eins im Sterilbecken). Grundsätzlich sollten Sie nur mit Werkzeugen und Zubehör arbeiten, das den HACCP-Anforderungen entspricht. So sind beispielsweise Schneidunterlagen oder Messergriffe aus Holz tabu – auch wenn es hübsch aussieht.

AUS LIEBE ZUM FLEISCHERHANDWERK UND ZU LEBENSMITTELN

Uns von Friedr. Dick liegt es am Herzen, dass jeder Spaß beim Schneiden, bei der Zubereitung und beim Umgang mit unseren Messern hat – egal ob Fleischer oder Koch, Auszubildender oder Fleischliebhaber.

Wir zählen seit Jahrzehnten zu den wichtigsten Partnern des Fleischerhandwerks und vertreten die gleichen Werte: ein transparenter Herstellungsprozess, respektvoller Umgang mit Ressourcen, qualitativ hochwertige Produkte sowie Fachkompetenz und Wertschätzung von Tradition. Viele Verbraucher achten beim Kauf von Fleisch- und Wurstwaren auf diese Werte und geben auch gerne etwas mehr aus, wenn dafür Qualität und Herkunft stimmen.

Tradition mit Zukunft

Die Geschichte des Traditionsunternehmens Friedr. Dick reicht über 240 Jahre zurück. Schon bei der Gründung 1778 als Feilenhauer-Werkstatt im süddeutschen Esslingen trat man mit dem Anspruch an, Wertarbeit „in deutsche Lande und den Rest der Welt“ zu tragen. Und dies gelang. So stieg der einstige Handwerksbetrieb zum innovativen Industrieunternehmen mit Sitz in Deizisau auf, das trotz des weltweiten Erfolgs seinen Wurzeln treu geblieben ist.

Wir möchten auch langfristig der starke Partner des Fleischerhandwerks bleiben, weil das Handwerk wichtiger Bestandteil der Fleischbranche war, ist und bleibt. Insbesondere für Kunden, die auf bewussten und respektvollen Umgang mit Fleisch und Lebensmitteln Wert legen und auch Qualität schätzen, ist der lokale Metzger die erste Anlaufstelle.

Gerade junge Metzger und Metzgerinnen mit besonderen Konzepten und herausragender Fachkompetenz sind wieder sehr erfolgreich. Dabei spielen Transparenz, Qualität und Fachwissen eine große Rolle. Viele Kunden möchten über die Herkunft des Fleischs informiert und fachkundig beraten werden. Auch besondere Fleischcuts, spezielle Reifeprozesse und Spezialitäten sind aktueller denn je.

Schneiden und Schärfen ist unsere Welt. Aus Liebe zur Kochkunst und aus Respekt vor Lebensmitteln haben wir mit jahrhundertelanger Erfahrung die unterschiedlichsten Messer und Werkzeuge geschaffen. Aus dem Zusammenwirken von innovativen Methoden der Fertigung mit traditionellem Handwerk entstehen hochwertige Werkzeuge für alle Freunde der guten Küche. In jedem unserer Messer stecken sehr viel Aufmerksamkeit, technisches Know-how und vor allem Leidenschaft. Das Messer ist das wichtigste Werkzeug bei der Verarbeitung von Lebensmitteln. Mit dem perfekten scharfen Messer macht das Schneiden doppelt so viel Spaß.

Messer und Werkzeuge – das sind für die einen schlichte Gebrauchsgegenstände, für die anderen Kultobjekte, die jeden Handgriff oder Schneidevorgang zu einer Offenbarung machen. Lebensmittel sind wertvoll und sollten auch mit dem entsprechenden Respekt behandelt werden.

Qualität und Präzision

Die Materialzusammensetzung, die Wärmebehandlung und der Schleifprozess sind die maßgeblichen Qualitätsfaktoren bei Messern. Für F. DICK Messer wird ein speziell entwickelter, hochlegierter rostfreier Stahl verwendet. Dieser besticht durch die ausgewogene Zusammensetzung der Materialien, die eine lange Schnitthaltigkeit und eine hohe Hygiene ermöglichen. Die optimale Balance von Chrom und Kohlenstoffgehalt gewährleistet eine harte, widerstandsfähige und korrosionsbeständige Klinge. Diese besteht aus einem festen, zähen und gleichzeitig feinen Metallgefüge. Die bedeutendsten Elemente im Stahl sind:

Kohlenstoff: Er ist das wichtigste und einflussreichste Legierungselement im Stahl. Mit zunehmendem Kohlenstoffgehalt steigen die Festigkeit und Härtbarkeit des Stahls.

Chrom: Dieser ist für die Korrosionsbeständigkeit erforderlich, die Karbide steigern Schnitthaltigkeit und Verschleißfestigkeit.

Molybdän: Dieses Element ist zusätzlich für die Korrosionsbeständigkeit verantwortlich, denn ein hoher Gehalt senkt die Lochfraßanfälligkeit.

Vanadium: Es erhöht den Verschleißwiderstand, die Schnitthaltigkeit und die Wärmefestigkeit des Stahls.

Die richtige und ausgewogene Härte ist ein entscheidendes Qualitätsmerkmal eines Messers. Bei zu weichem Stahl wird das Messer sehr schnell stumpf und der Materialverbrauch ist sehr hoch. Bei zu hoher Härte des Stahls können die Messer brechen oder nur sehr schwer nachgeschärft werden. F. DICK Qualitätsmesser haben eine optimierte Härte, die durch eine spezielle Eishärtung veredelt wird, dadurch entsteht eine gleichmäßig durchgehende Härte. Eisgehärtete Klingen sind schnitthaltig, flexibel und korrosionsbeständig. Gerade bei flexiblen Klingen ist eine gleichmäßig durchgehende Härte wichtig, sodass das Messer wieder in die ursprüngliche Ausgangsform zurückgeht und nicht verbogen stehen bleibt.

Unabdingbar für hygienisches Arbeiten ist die spaltenfreie Verbindung zwischen Klinge und Griff.

 ANZEIGE

Diese Verbindung verhindert das Eindringen von Keimen und Bakterien, sodass sich kein Bakterienherd bilden kann. Aus diesem Grund werden die Griffe aus einem hochwertigem Kunststoff angespritzt. Bester Griffkomfort und höchste Sicherheit, da Klinge und Griff untrennbar miteinander verbunden sind, stellen somit weitere Vorteile dar. Sichere Handhabung, präzise Schnittführung und bester Griffkomfort werden durch ergonomisch geformte Griffe ermöglicht.

Seitdem die Menschen Messer benutzen – und das tun sie seit der Steinzeit –, wird ein Werkzeug benötigt, um Messer zu schärfen und auch scharf zu halten. Dabei kommt es vor allem darauf an, dass das Werkzeug, mit dem geschärft wird, härter ist als das Messer selbst. Wir bieten Wetzstähle nicht nur in den verschiedensten Formen, sondern auch mit speziellen Oberflächen oder Materialien an. Je nach gewünschtem Materialabtrag kann zwischen verschiedenen Wetzstahlzügen gewählt werden. Für den Spezialisten gibt es den Wetzstahl ohne Zug mit polierter Oberfläche zum Aufrichten der Schneide. Je nach Grobheit bzw. Feinheit des Wetzstahlzuges erhält man eine bestimmte Oberflächenrauheit der gewetzten Schneide. An der Schneide bildet sich je nach Wetzstahlzug eine mehr oder weniger stark „gezahnte" Schneidenlinie (mit dem bloßen Auge nicht sichtbar). Es kann eine möglichst glatte, aber auch eine etwas raue Schneidenlinie erwünscht sein. Das hängt von dem Verwendungszweck des Messers ab. In die Oberfläche eines harten Schnittgutes wie zum Beispiel die Haut von Obst und Gemüse dringt eine „gezahnte" Schneide leichter ein als eine glatte. Bei weichem Schnittgut wie Fleisch dagegen ist eine möglichst glatte und dünne Schneide gewünscht. Sie garantiert einen sauberen Schnitt, ohne das Schnittgut zu zerfasern, und vermittelt dabei ein überragendes Schnittgefühl.

Nach häufiger Anwendung wird der Schneidenwinkel mit jedem Wetzvorgang bzw. Nachschärfvorgang größer, also stumpfer. Dann ist das Stadium erreicht, wo ein Nachschleifen und Abziehen auf geeigneten Schärfmaschinen erforderlich sind. Spätestens wenn die Klinge nicht mehr mühelos durch das Schnittgut gleitet und die Schneide nicht mehr mit vernünftigem Aufwand nachgeschärft werden kann, muss das Messer nachgeschliffen werden.

dick.de

Arbeitsplatz

Grundsätzlich gilt, dass im Schlachtraum nicht zerlegt werden darf. Ausnahmen gibt es aber immer: Wenn einfach nicht genug Platz ist, kann mit einer entsprechenden Genehmigung auch beides im gleichen Raum passieren, allerdings nur unter Beachtung sehr strenger Hygieneregeln. Die strikte Trennung von Rein- und Unreinbereichen sowie reinen und unreinen Arbeitsschritten muss auch ansonsten stets beachtet werden.

Ob Sie das Rinderviertel hängend oder liegend zerlegen, hängt von Ihren Vorlieben und natürlich den räumlichen Gegebenheiten ab. Eine Rohrbahn ist ausgesprochen praktisch, aber auch nicht immer vorhanden; Platz für einen Haken dürfte es aber immer geben. Der Zerlegetisch sollte im Idealfall höhenverstellbar sein (zwischen etwa 90 und 105 cm), damit Sie beim Arbeiten keine Rückenschmerzen oder Schlimmeres bekommen. Bei einer schlechten Körperhaltung ermüdet man außerdem schneller, was schnell dazu führen kann, dass man unkonzentriert wird und Fehler macht. Auch das Licht spielt eine Rolle: Nur was Sie gut sehen, können Sie auch gut zerlegen. Empfohlen wird eine Beleuchtung mit etwa 500 lx.

Der Fußbodenbelag sollte eben und rutschhemmend sein. So vermeiden Sie nicht nur unnötige Unfälle durch Ausrutschen oder Stolpern, sondern auch Fehler beim Zerlegen.

Zu warm darf es natürlich nicht sein in den Räumen, in denen mit Fleisch gearbeitet wird. In zugelassenen Betrieben muss der Zerlegeraum gekühlt werden und darf eine Temperatur von 12 °C nicht überschreiten. Auf Dauer kann das etwas frisch werden – hier kann aber mit geeigneter Kleidung und regelmäßigen Pausen gegengesteuert werden.

Kleidung

Die richtige Kleidung sorgt nicht nur dafür, beim Zerlegen keine Frostbeulen zu bekommen, sondern sie schützt auch vor Unfällen und Verletzungen. Rutschhemmende Schuhe sind daher sehr zu empfehlen. Stechschutzkleidung ist Pflicht: Bei allen Zerlegearbeiten muss an der Hand, mit der Sie das Fleisch festhalten, ein Metallringgeflechthandschuh getragen werden. Ein Handschuhspanner aus Kunststoff sorgt dafür, dass der Handschuh dort bleibt, wo er hingehört. Eine Stechschutzschürze (oder ein entsprechendes Hemd) dient als Körperschutz.

Aus hygienischen Gründen muss die Arbeitskleidung natürlich immer blitzsauber sein; eine Kopfbedeckung sollte ebenfalls sein (besonders, wenn man längere Haare als ich und nicht gerade ein Fotoshooting für ein Buch hat). Von Gummihandschuhen würde ich allerdings abraten, ordentliches Händewaschen ist genauso hygienisch.

Die passende Arbeitskleidung finden Sie beispielsweise bei **shop.chefcollection.com**

DAS ZERLEGEN

In der Regel werden die Rinder nach dem Schlachten grob zerteilt in zwei Vorder- und zwei Hinterviertel. Innereien, Kopf, Füße etc. werden ebenfalls entfernt. Dann geht es an die Feinarbeit: Die deutsche Schnittführung, die es seit 1954 gibt, haben Sie wahrscheinlich alle in Ihrer Lehre kennengelernt. Diese Art des Zerlegens hat sich bewährt und wird daher noch immer von den meisten Metzgern angewandt. Andere Länder hingegen haben ihre ganz eigene Schnittführung und entsprechend andere Bezeichnungen für die Teilstücke. Nicht einmal in Mitteleuropa ist die Zerlegung die gleiche; ganz einfach deshalb, weil es unterschiedliche Essensgewohnheiten gibt. In Deutschland isst man wie beispielsweise auch in Polen sehr gerne gute Wurst und Schmorgerichte –

entsprechend ist die Zerlegung. Irland, Frankreich, Österreich, die Schweiz etc. haben schon wieder ganz andere Schwerpunkte und entsprechend andere Schnitttraditionen. In Nord- und Südamerika ebenso wie in Australien legt man den größten Wert auf Grillfleisch. Also wird dort ebenfalls anders zerlegt. Der Barbecuetrend, der weltweit immer mehr glühende Fans findet, hat diese Cuts bei uns mittlerweile sehr populär gemacht. Immer mehr Steak Cuts finden daher ihren Weg in deutsche Fleischtheken.

Aus beruflichen Gründen durfte ich schon in vielen Ländern Züchter, Metzger und Händler besuchen, und dafür bin ich sehr dankbar. Denn auf allen Reisen habe ich dazugelernt und viele neue Cuts mit nach Hause gebracht. Ich versuche, die unterschiedlichen Zerlegetraditionen bestmöglich zusammenzubringen und an den hiesigen Markt anzupassen, der im Winter mehr nach Schmorstücken verlangt, im Sommer hingegen nach mehr Grillfleisch. Also habe ich einen Sommer- und einen Winterschnitt entwickelt, der auf „unserer" 54er-Schnittführung basiert, aber in Teilen einfach tiefer geht. Als Beispiel sei der Hals genannt: Traditionell wird er komplett für Schmorgerichte verwendet, da er sehr viel Bindegewebe enthält. Heute können wir da locker acht bis zehn Cuts herausschneiden, was ich großartig finde, denn meiner Meinung nach ist der Hals eigentlich der schmackhafteste Teil des Rindes. Man muss die Stücke nur aus dem Bindegewebe herausschneiden: Sierra Cut, Denver Cut, Chuck Roll und viele weitere Steak Cuts verstecken sich hier und warten nur darauf, auf den Grill zu kommen.

Auf den folgenden Seiten möchte ich Ihnen nun meinen Sommerschnitt zeigen, der sich darauf konzentriert, möglichst viele Cuts zum Kurzbraten zu erhalten. Da ich aber die komplette Verwertung eines Tieres propagiere, werden die Stücke, die sich nicht zum Grillen eignen, natürlich ebenfalls möglichst wertschöpfend zerlegt und nicht einfach zu Burgerfleisch verarbeitet. Denn auch im Sommer möchte der ein oder andere einen schönen Braten oder ein herzhaftes Gulasch zubereiten – beispielsweise im Smoker oder mit einem Dutch Oven.

Bœuf de Hohenlohe

Das Rind, das ich für dieses Buch zerlegen durfte, war übrigens ein Bœuf de Hohenlohe von der Bäuerlichen Erzeugergemeinschaft Schwäbisch-Hall. Das Hohenloher Mastvieh wird auf traditionelle Art gezüchtet – lokale Rassen wie Limpurger und Fleckvieh werden mit dem französischen Limousin zum Bœuf de Hohenlohe gekreuzt, wie man es bereits im 18. Jahrhundert getan hat. Auch die Haltung ist traditionell: Die Jungrinder leben bis zum Weideabtrieb im Herbst auf dem Land der Hohenloher Flusstäler (Jagst, Kocher, Bühler) und deren Seitentäler. Danach kommen sie in Ställe mit Stroheinstreu. Während der gesamten Endmast bekommen die Tiere Futter aus der Region, Wachstumsförderer sind verboten.

Hinterviertel

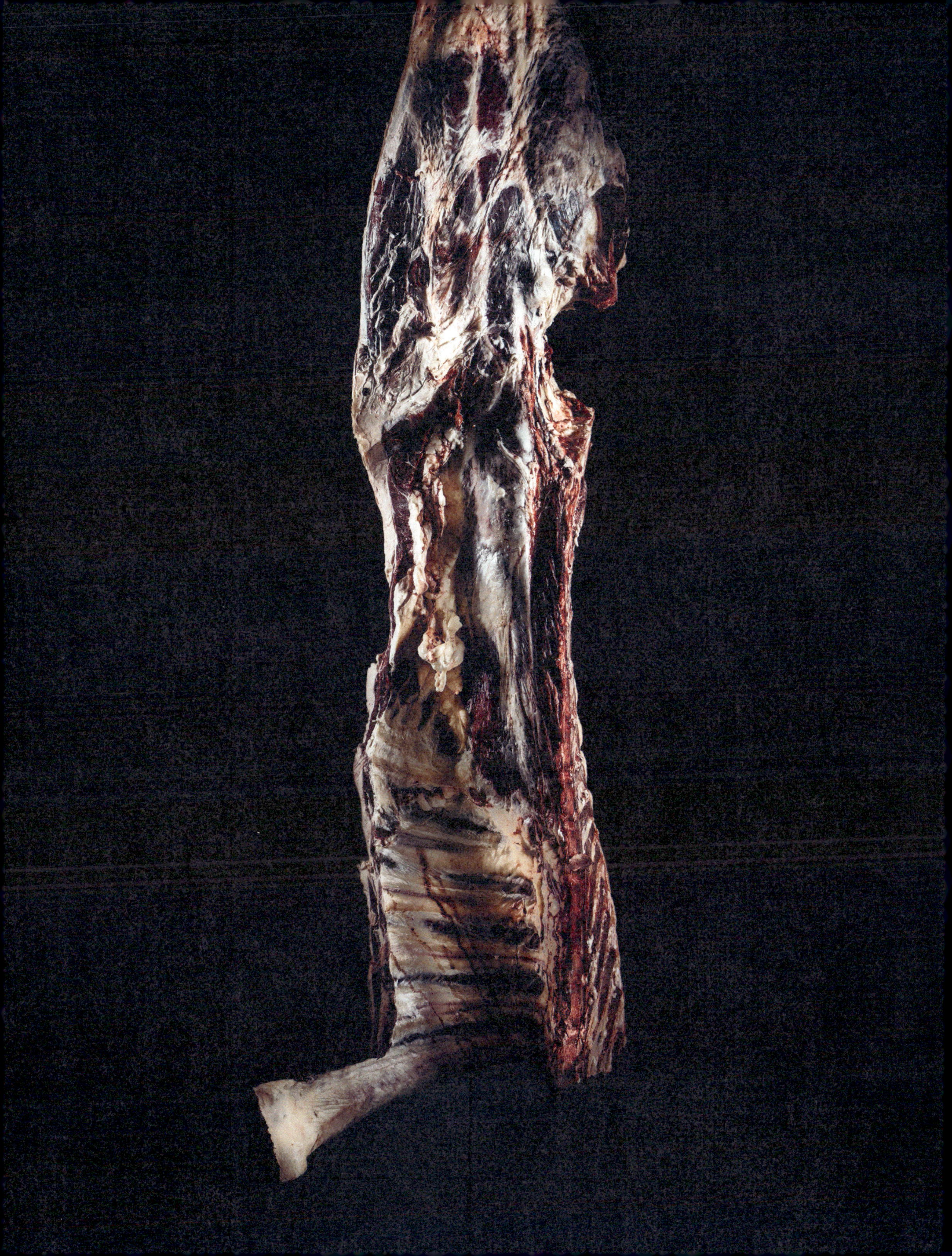

Dünnung

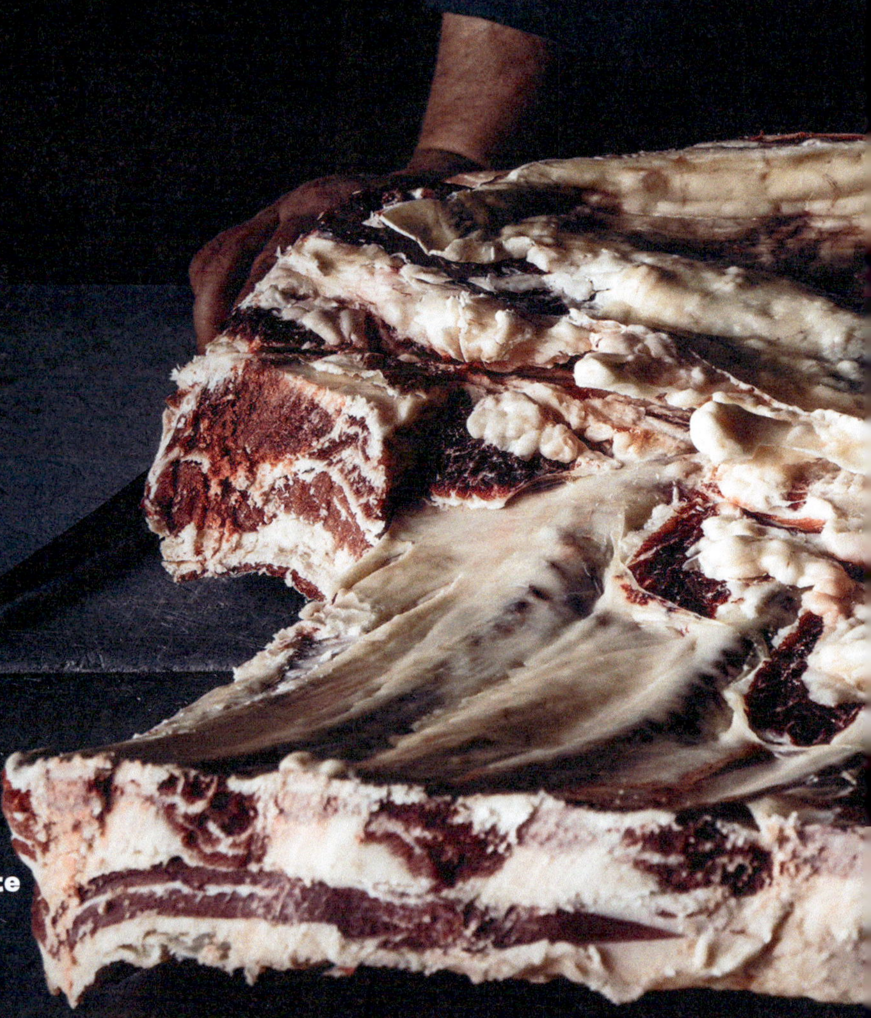

Dünnung

1

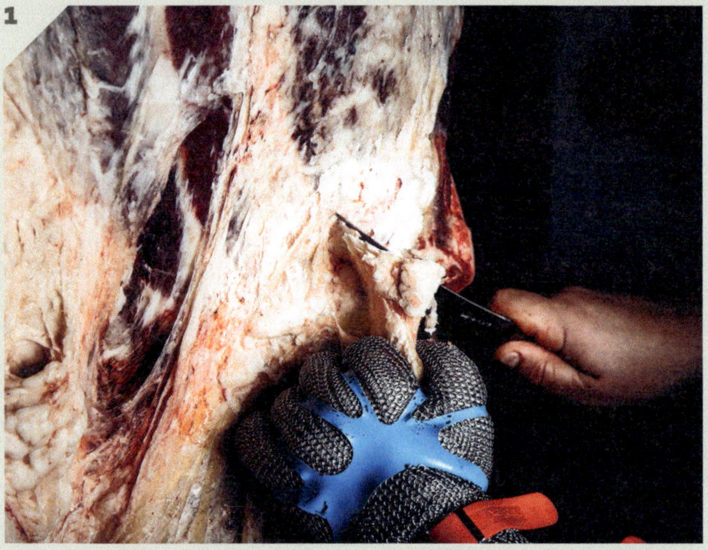

2

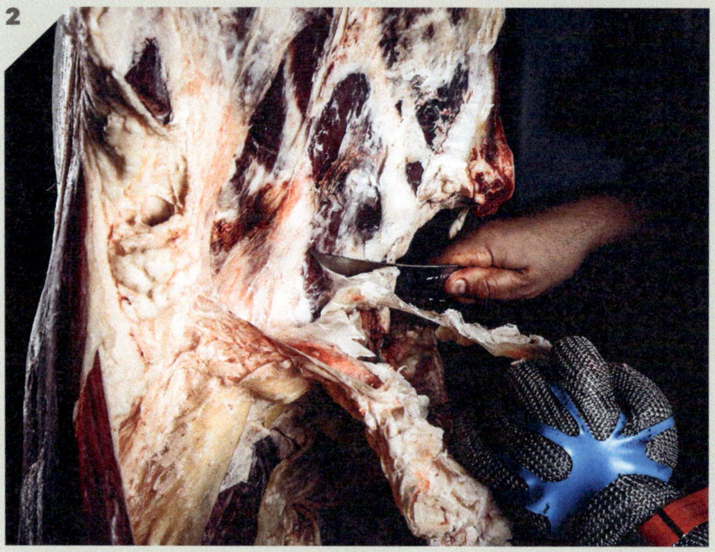

Ich zerlege Hinter- und Vorderviertel gerne hängend anstatt liegend. Wir beginnen mit dem Hinterviertel und trennen zunächst die Dünnung (Bauchlappen) ab. Zuerst schneide ich am hinteren Rippenkasten entlang, und zwar nach dem Vlies (1).

Wie bei allen Schritten der Zerlegung sollten Sie immer versuchen, nicht ins Fleisch zu schneiden, sondern vorsichtig zwischen den Fleischteilen zu arbeiten – immer am Gewebe entlang. Das Fleisch trenne ich also behutsam von der Oberschale, indem ich um die Oberschale herum am Vlies entlang schneide (2). Danach schneide ich zwischen Roastbeef und Rippenkasten am Vlies herunter (3–4).

Mit einer Säge werden nun noch Rippenkasten und Roastbeef zerteilt. Der Schnitt erfolgt parallel zur Wirbelsäule (5–6).

3

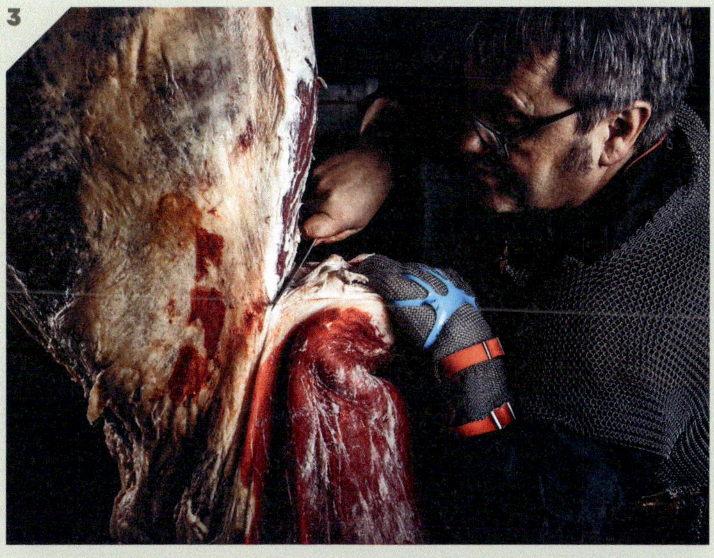

4

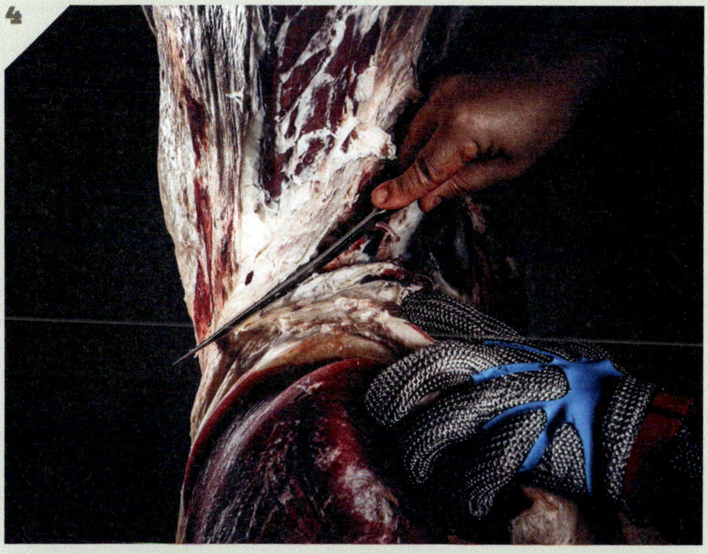

5

6

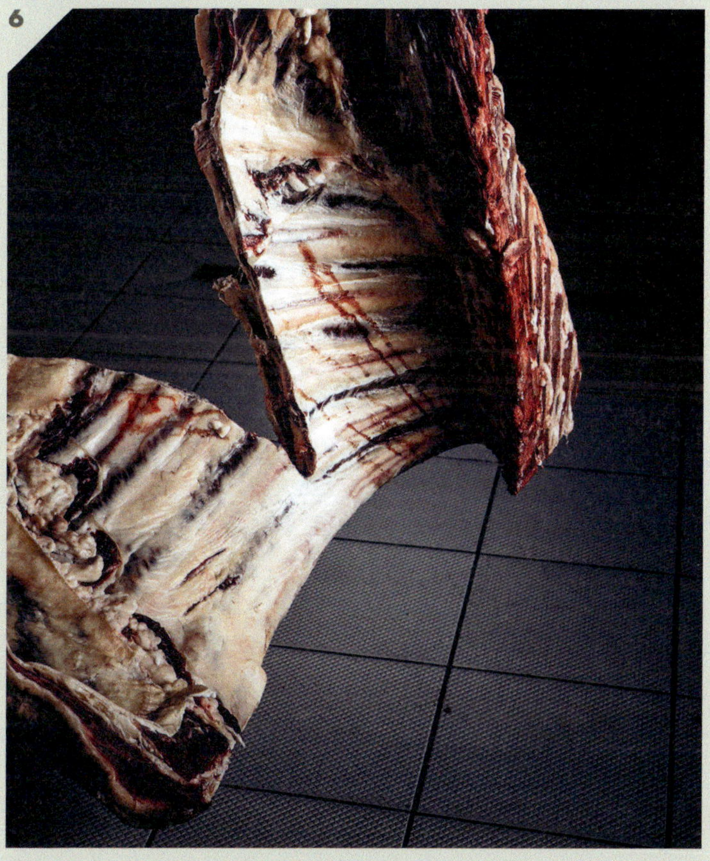

Flank Steak

F
Bavette de flanchet

Das erste Stück, das ich aus dem Bauchlappen herausschneide, ist das Flank Steak. Hier ist gut zu sehen, wo es sich befindet (1). Wichtig ist, zunächst das Bindegewebe vom Fleisch zu lösen (2), bevor man das Stück herausschneidet (3).

In den USA sind Flank Steaks schon lange nicht mehr wegzudenken, und auch in Deutschland erfreuen sie sich zunehmender Beliebtheit. Früher wurden sie lange Zeit nur für Gulasch oder zur Wurstherstellung verwendet – leider. Denn das Flank Steak von Fleischrassen hat eine ausgezeichnete Qualität, es stammt von der gut durchbluteten Muskulatur am Bauchlappen und ist zum Teil gut marmoriert (von feinen Fettsträngen durchzogen). Es ist besonders geschmacksintensiv und ich würde es medium rare im Ganzen oder halbiert braten oder grillen.
Unbedingt quer zur Faser schneiden!

1

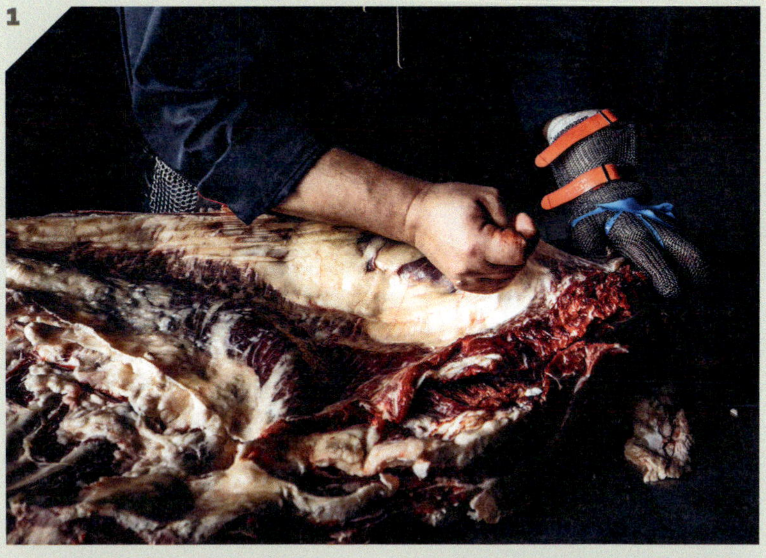

2

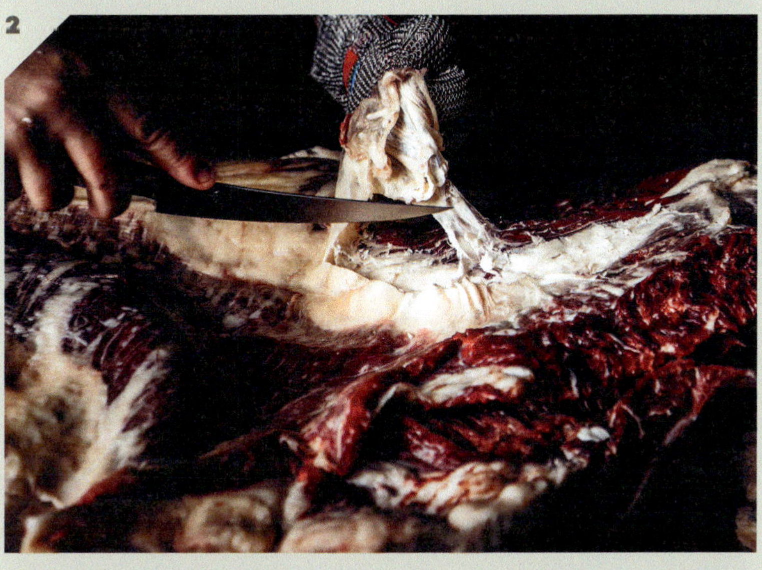

3

Hanging Tender

D
Nierenzapfen

A
Herzzapfen

F
Onglet

Das Hanging Tender ist gerade sehr beliebt in der Grillszene. Die meisten Metzger haben dieses Teilstück aber gar nicht auf dem Schirm, da es meist nach Frankreich verkauft wird. Dort steht es in vielen Bistros auf der Speisekarte. Zudem zählt es eigentlich zu den Innereien – obwohl es sich um reines Muskelfleisch handelt – und wird nicht unbedingt mitgeliefert, wenn man die Rinderhälften vom Schlachter bekommt.

Wie auf dem unteren Bild zu sehen, zerteile ich das Hanging Tender und entferne die Mittelsehne. So erhalte ich zwei grobfaserige und feste, aber sehr geschmacksintensive Stücke. Von Rindern, die aus den typischen „Steakländern" stammen, ist dieses Stück etwas zarter.

Outside Skirt

D
Saumfleisch, Zwerchfell

A
Kronfleisch

F
Hampe

Das Zwerchfell ist das Fleisch, das auf dem Rippenkasten liegt. Es ist eines der wenigen Fleischstücke, die im Inneren des Körpers frei liegen. Das grobfaserige Outside Skirt zählt zu den Innereien und ist bei den angelieferten Rinderhälften meist nicht mehr dabei. Es wird überwiegend in Frankreich verkauft, ist aber auch im Süden Deutschlands und in Österreich noch als Kronfleisch (mit Meerrettich und heller Soße) verbreitet. In der Barbecue-Szene wird es gerne als Steak gegrillt – dann aber überwiegend in den USA, in Kanada oder Australien, da deren Fleischrassen eine bessere Marmorierung aufweisen.

Inside Skirt

Das Inside Skirt liegt auf dem Bauchlappen über den Rippen der Dünnung. Auch hier muss sorgfältig das Gewebe vom Fleisch getrennt werden, was man zunächst mit der Hand machen kann (**1**). Danach verwendet man ein Ausbeinmesser (**2–3**).

Das Inside Skirt ist bissfest und hat einen aromatischen, intensiven Geschmack. Auch dieses tolle Stück sollte nicht über medium rare gebraten oder gegrillt werden – dann wird es zu zäh.

1

2

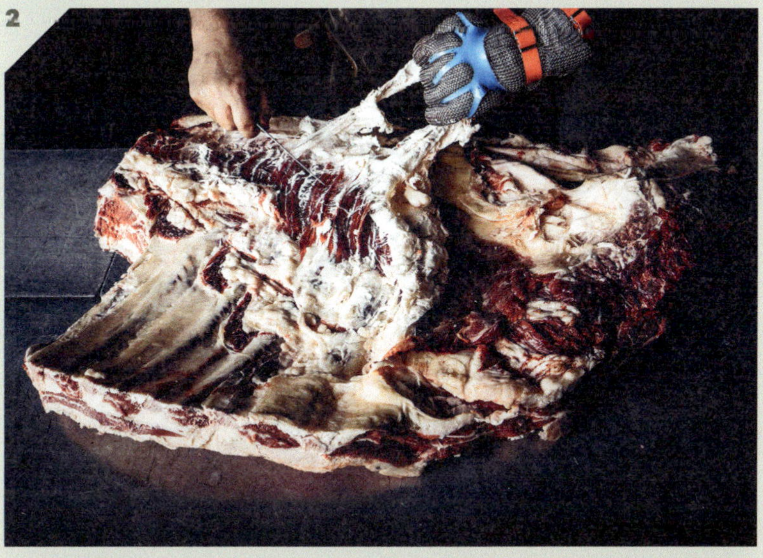

3

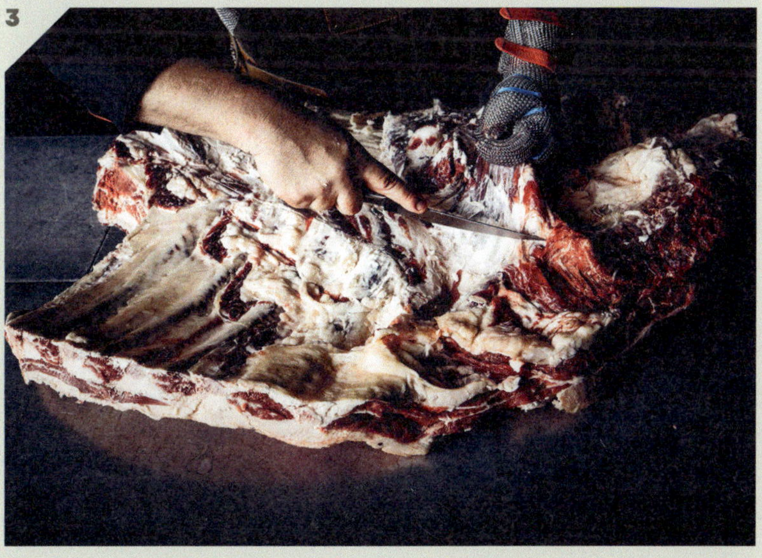

Flap Meat

F
Bavette d'aloyau

Als nächstes schneide ich das Flap Meat heraus. Es stammt aus dem inneren schrägen Bauchmuskel und liegt zwischen Flank Steak und Inside Skirt. Zuerst wird das Stück angehoben und dann nach und nach aus dem Bindegewebe herausgeschnitten (**1–3**). Zum Schluss wird es noch pariert.

Das Flap Meat ist grobfaserig und weich, aber sehr gut im Biss. Je nachdem, von welchem Tier es stammt, ist es schön marmoriert und dadurch auch zart. Vor dem Braten oder Grillen kann es halbiert oder auch gedrittelt werden.

1

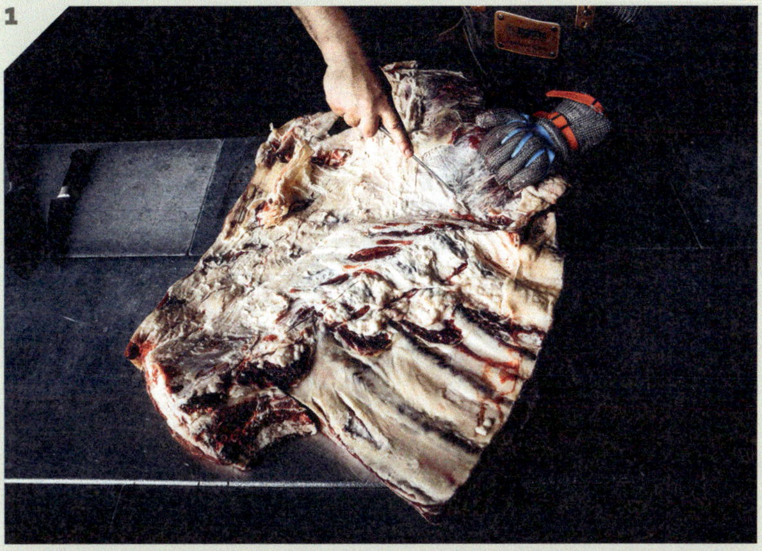

2

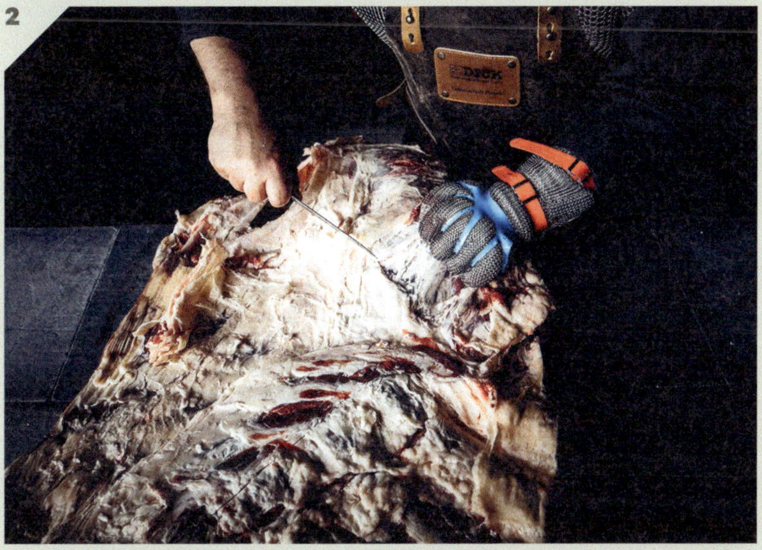

3

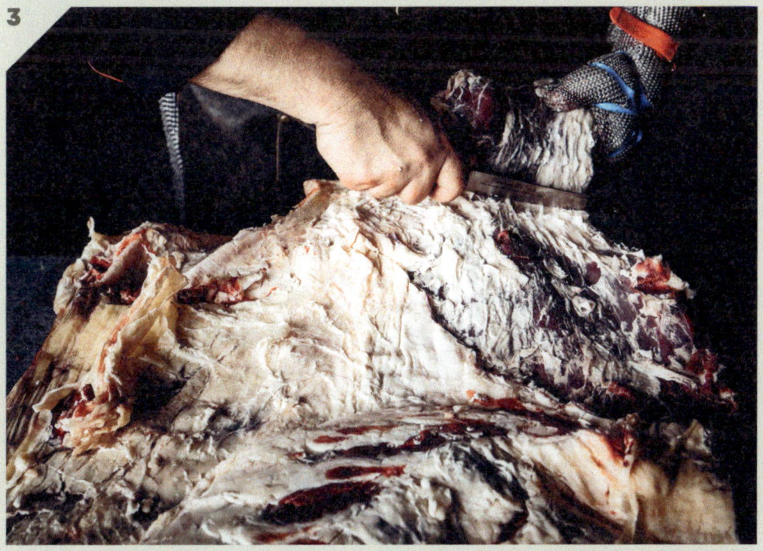

Mickerfett

Beim Zerlegen wird Ihnen eine Menge Fettgewebe in der Bauchhöhle auffallen. Nun ist ein guter Zeitpunkt, dieses Fett behutsam vom Fleisch abzutrennen (**1–2**).

Das Fettgewebe wird nicht umsonst auch „Stollenfett“ genannt – traditionell wird es noch immer für den originalen Dresdner Christstollen verwendet. In Belgien findet es als Frittierfett Verwendung für die berühmten Pommes frites.
Ich lasse das Fett gerne aus und verwende es dann zum Braten von Rindfleisch – so bekommt man den Eigengeschmack des Rindes in Vollendung.

1

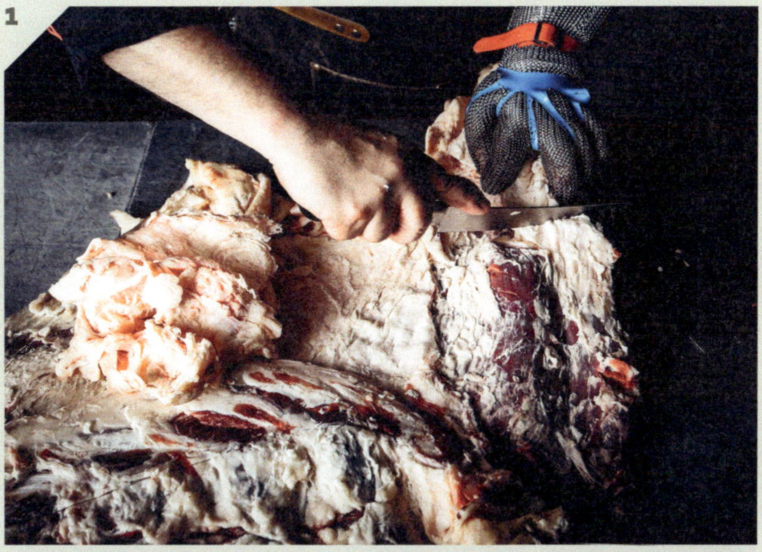

2

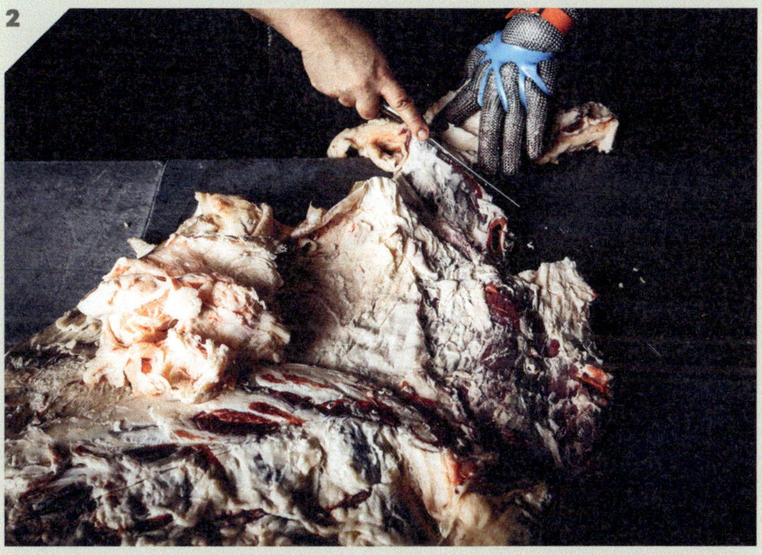

External Flank Plate

Dieser Special Cut hat in Deutschland noch keinen Namen, in den USA oder Australien ist er allerdings schon wohlbekannt. Das External Flank Plate liegt unter dem Flank Steak am Ende der Dünnung. Es muss zunächst vom Hautmuskel *(M. obliquus externus abdominis)* getrennt und dann ordentlich zurechtgeschnitten werden (**1–3**). Ist es erst einmal von dem äußeren Fett und auch dem, das sich manchmal in kleinen Taschen im Stück selbst versteckt, befreit (**4**), offenbart sich ein wunderbares Stück Fleisch.

Das External Flank Plate hat eine feste Struktur und ist, wenn es von einer Fleischrasse stammt, zum Teil auch schön marmoriert. Zunächst sollte man es sous-vide-garen und dann grillen oder auch smoken.

1

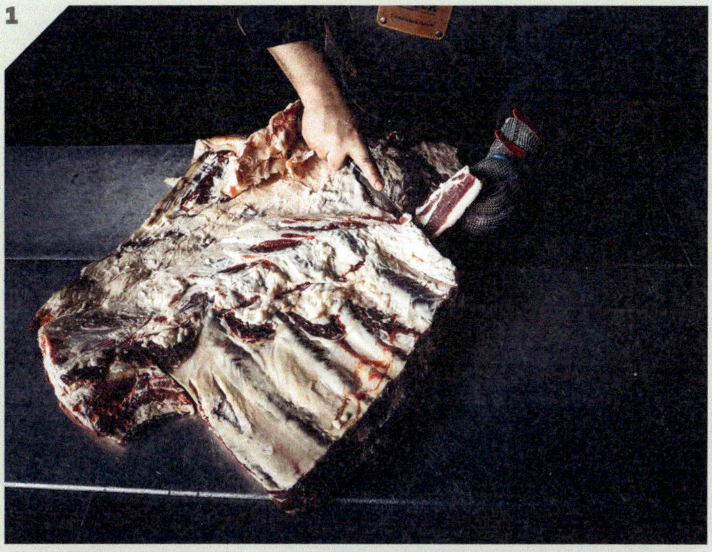

2

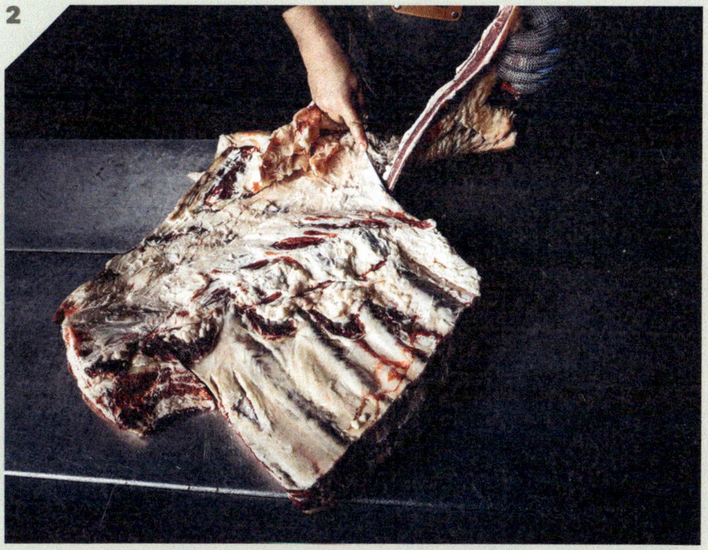

3

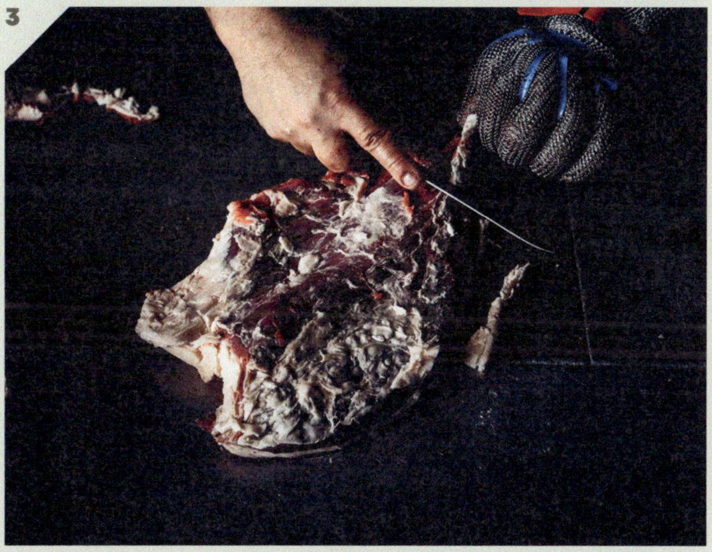

4

Short Ribs vom Hinterviertel

D
Rippenkasten, flache Rippe

F
Plat de côte couvert

Die flache Rippe aus der Dünnung wird in der Regel als Suppenfleisch verkauft, findet hierzulande aber sowohl in der Barbecue-Szene als auch in der Sternegastronomie immer mehr Gefallen. Um an diese Leckerbissen zu kommen, säge ich zunächst den Rippenkasten vom übrigen Teil der Dünnung ab (**1**) und portioniere die Rippen dann fachgerecht (**2 – 3**). Zum Schluss schneide ich die Knochenhaut mittig auf den Rippen ein (**4**), damit sich das Fleisch nach der Zubereitung ganz einfach von den Knochen löst.

Dieses Stück sollten Sie zunächst sous-vide-garen und dann smoken oder sehr heiß grillen. Das erfordert zwar etwas Zeit, aber versprochen: Es lohnt sich! Sie können die Short Ribs auch schon so vorgegart verkaufen – ein Service, über den sich Ihre Kunden außerordentlich freuen dürften.

1
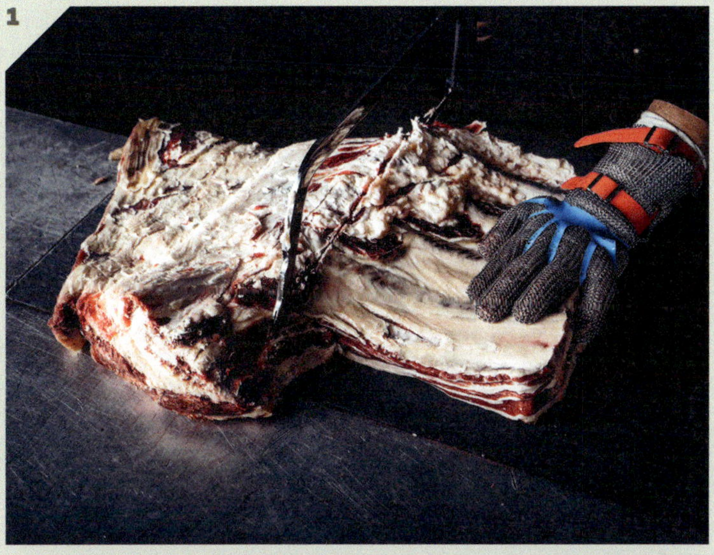

2
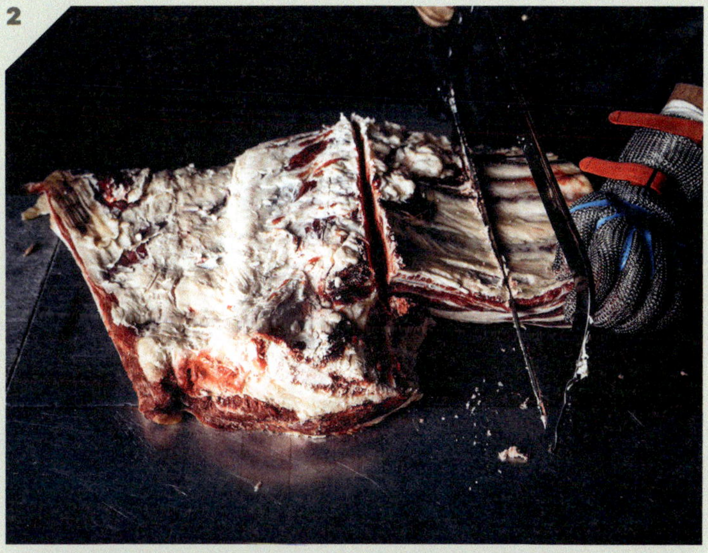

3
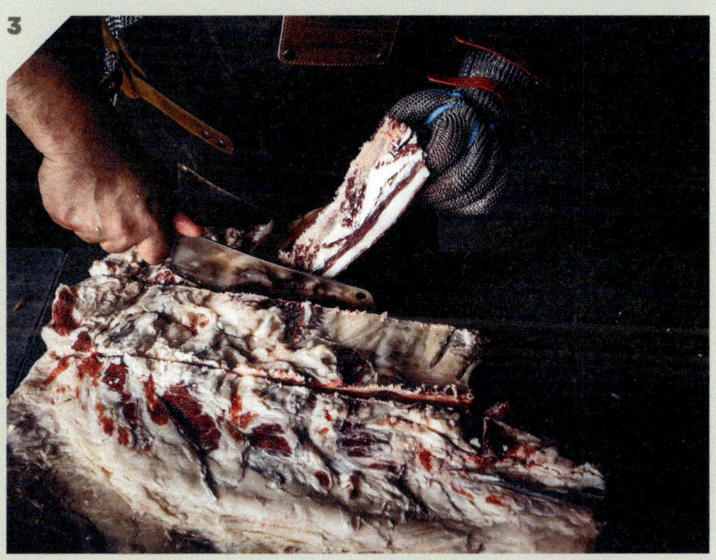

4
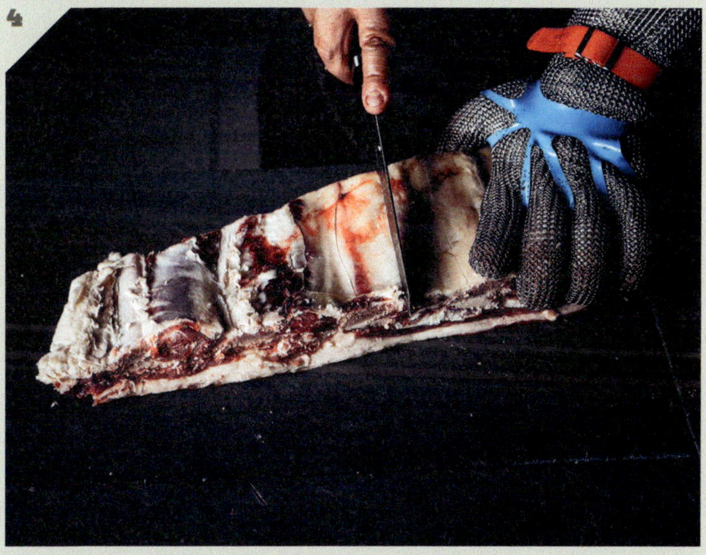

Special Cut aus der Dünnung

Nun haben wir noch ein Stück der Dünnung übrig. Zunächst setze ich den Knorpel frei (1) und schaue mir dann den Rest ganz genau hinsichtlich der Marmorierung an. Wenn die Fleischqualität gut ist, schneide ich das Muskelfleisch *(M. obliquus internus abdominis)* heraus (2–4); ansonsten kann man das Fleisch gut für Burger verwenden.

Diese Fleischstücke eignen sich ausnahmsweise eher nicht zum Grillen. Doch gerollt und, je nach Geschmack, auch gefüllt, ergeben sie einen außergewöhnlichen Braten.

1

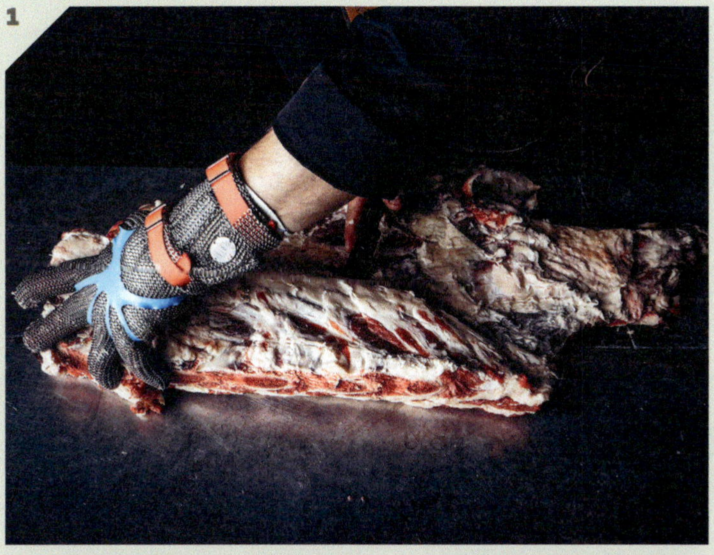

2

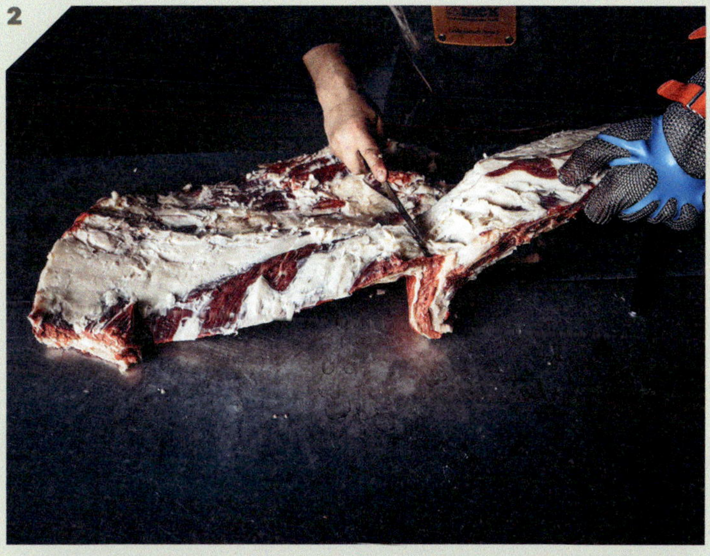

3

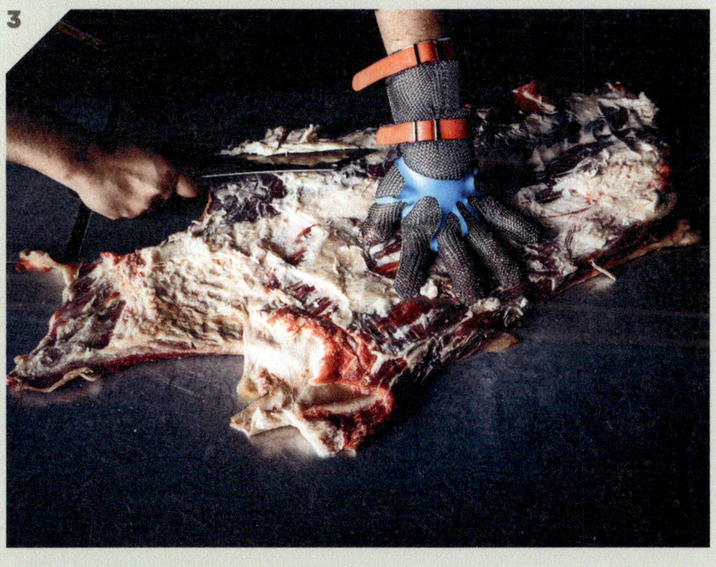

4

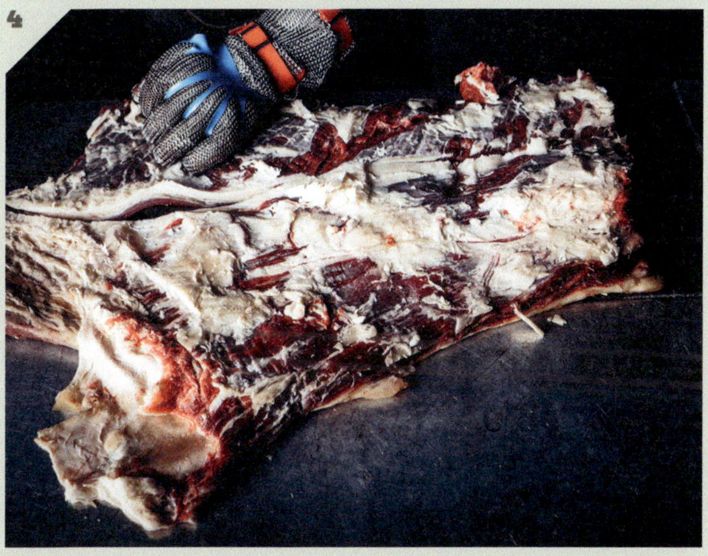

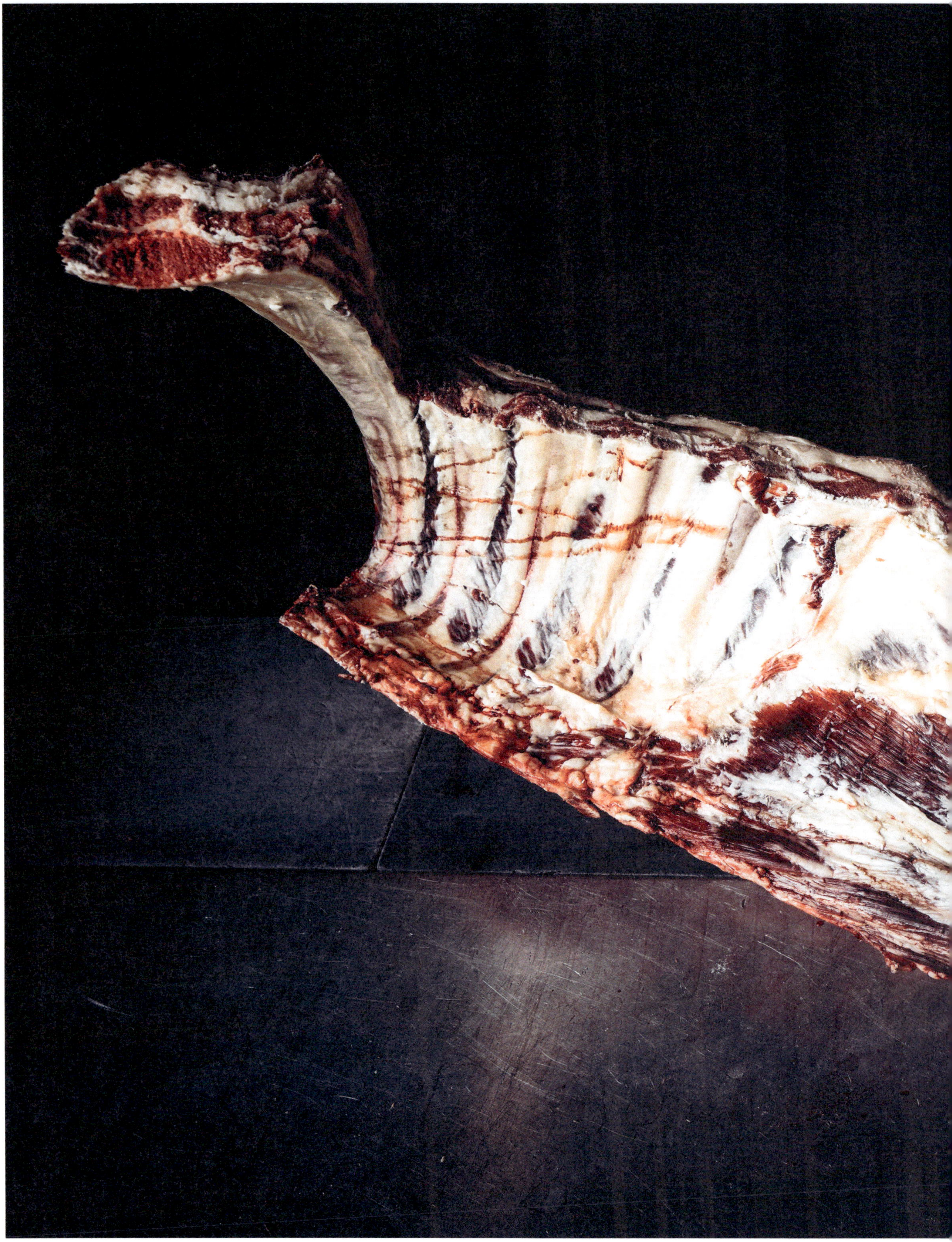

Roastbeef

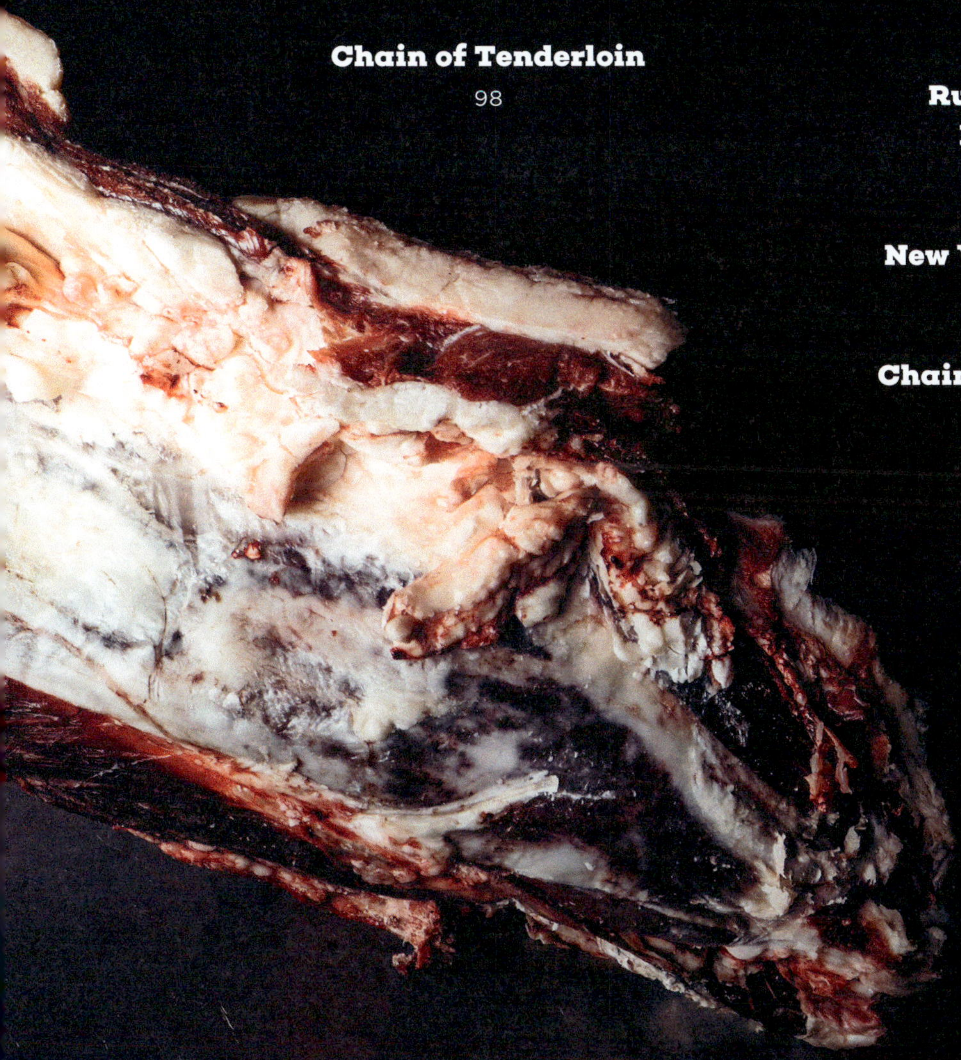

Roastbeef

1

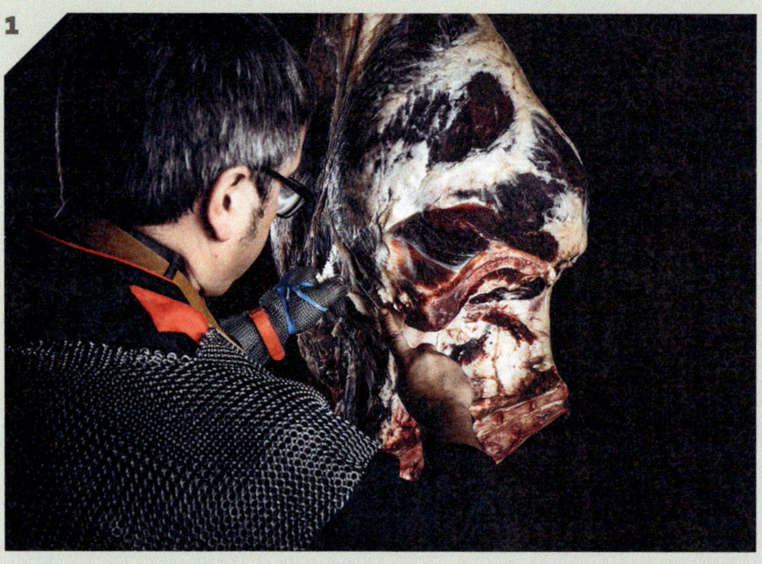

Nun schneide ich das Roastbeef frei. Wir wenden uns also wieder dem Hinterviertel zu. Zuerst schneide ich den Filetkopf aus der Keule heraus (**1–4**). Dann durchtrenne ich unter dem Schlossknochen das Gelenk (**5**). Anschließend wird das Rinderfilet sorgfältig pariert, also von Bindegewebe und Fett befreit (**6–10**). Da man mit dem Filet nach wie vor den größten Ertrag erzielen kann, sollte man besonders sorgfältig arbeiten.

2

3

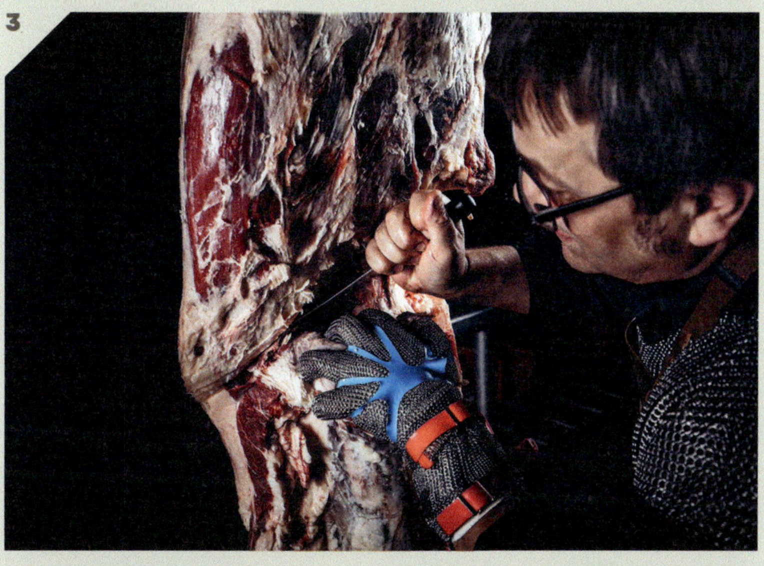

4

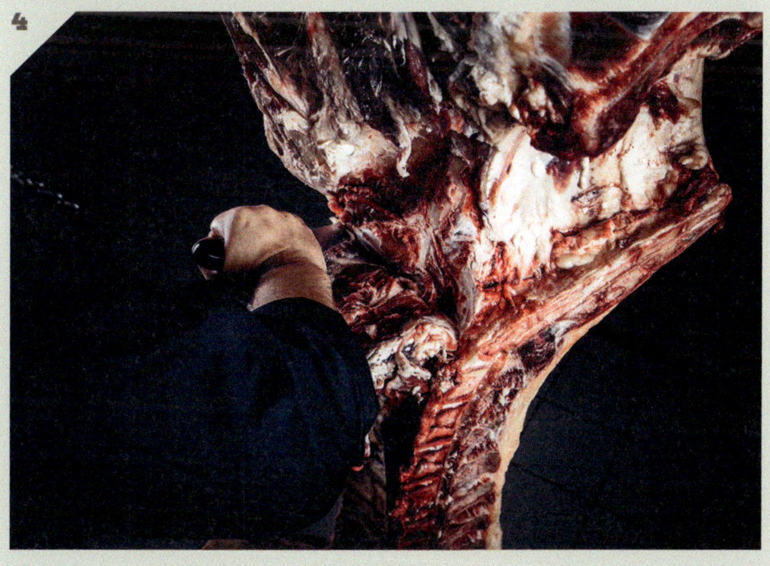

5

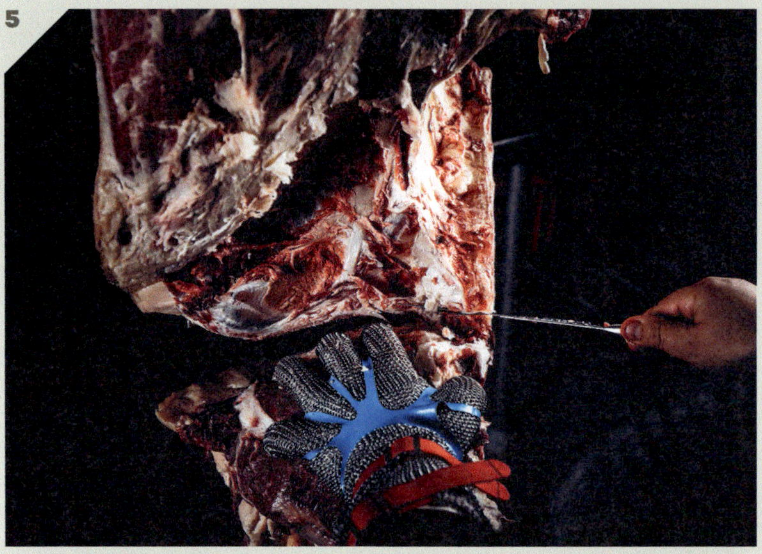

6

7

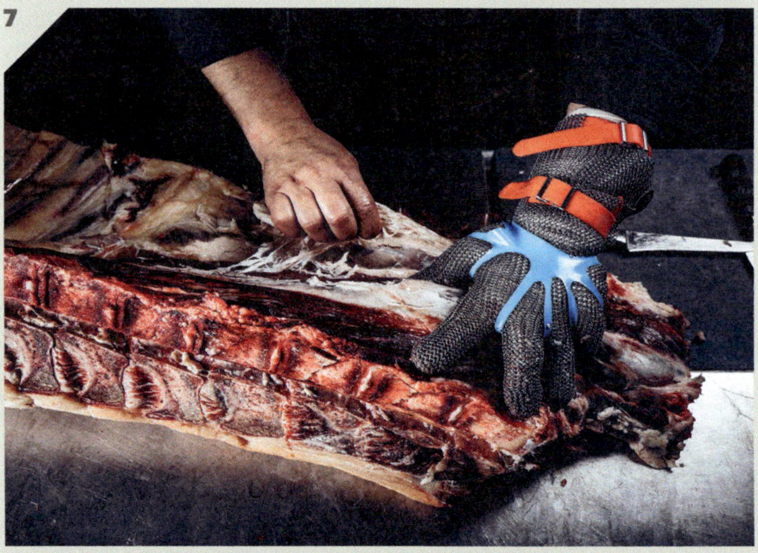

8

9

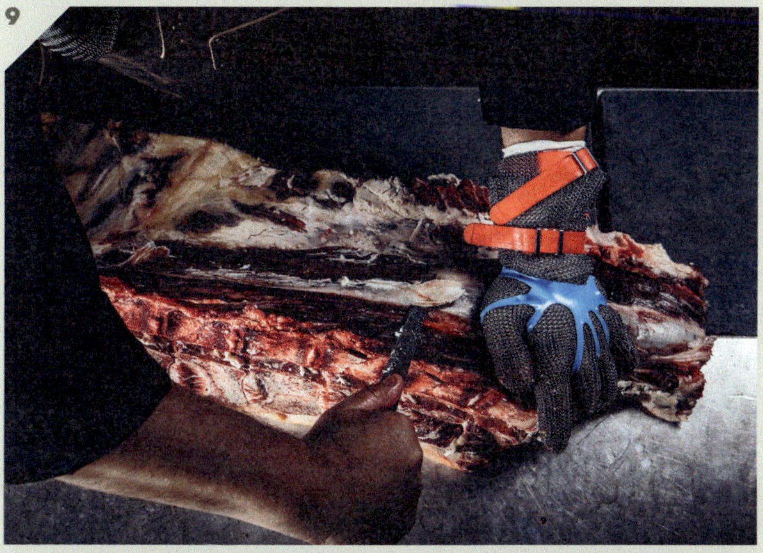

10

Vein End

Das Vein End *(Musculus glutaeus medius)* liegt am Ende des Rückens zur Hüfte hin – eigentlich gehört es sogar noch zur Hüfte, wird aber zusammen mit dem Roastbeef, auf dem es liegt, zerlegt. Zwischen Vein End und Roastbeef liegt eine Sehne (in Bild **6–7** gut zu erkennen), weshalb man dieses Stück aus dem Roastbeef herausschneiden sollte. Zunächst schneide ich also am Sehnenende das Stück herunter und säge den Knochen frei (**1–4**). Dann schneide ich das gesamte Steak ab (**5**) und trenne das Vein End von der Sehne (**6–8**). Auf Bild **8** liegt das Vein End genau unter meiner Hand. Anschließend wird das Stück noch pariert (**9**).

Das Vein End ist für mich einer der besten Rindercuts überhaupt. Es ist extrem gut marmoriert und sehr, sehr zart. Vielleicht bieten Sie dieses Steak nur Ihren ganz besonderen Kunden an, denn es ist ziemlich selten – pro Rind gibt es nur zwei von diesen kleinen Stücken.
Obwohl die Qualität des Fleisches exzellent ist, ist dieses Stück kaum bekannt, da es recht versteckt liegt. Das ist auch der Grund, warum die Firma Luma Beef es „Secret Cut“ nennt – und sie haben sehr großen Erfolg damit.

1

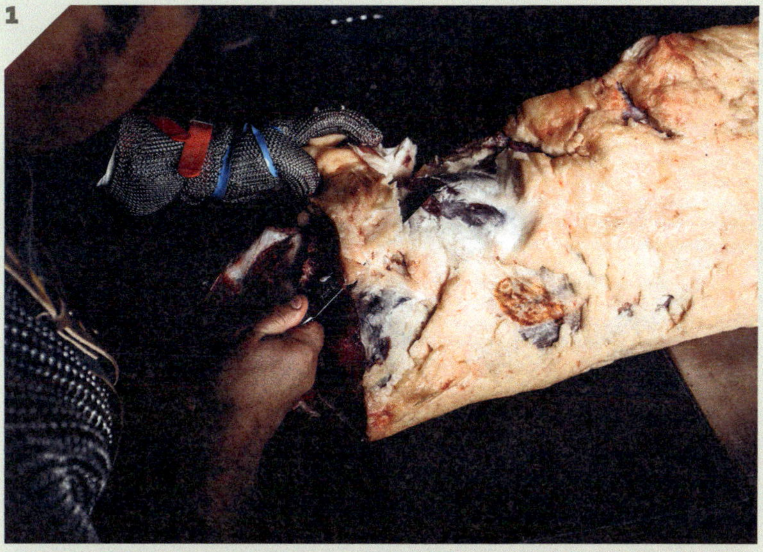

2

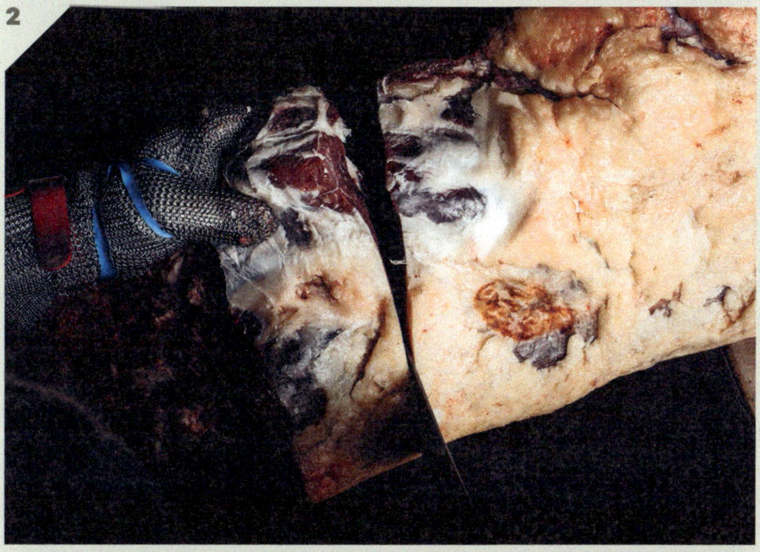

3

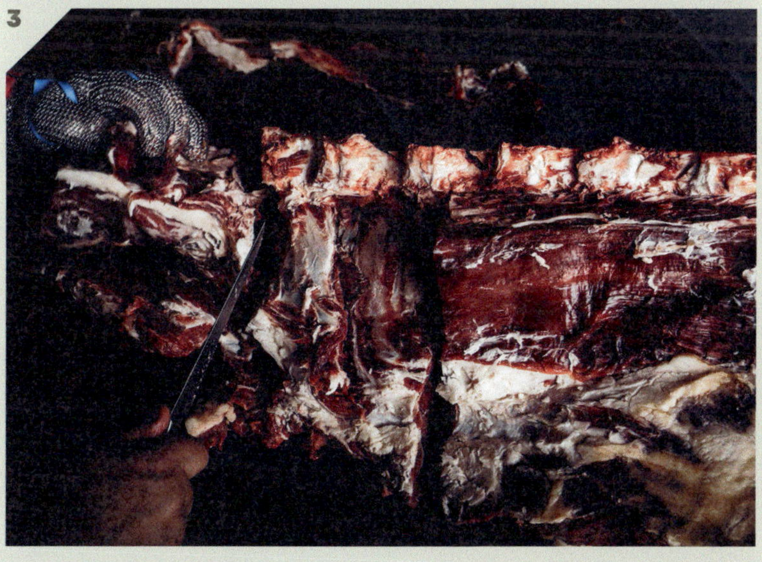

4

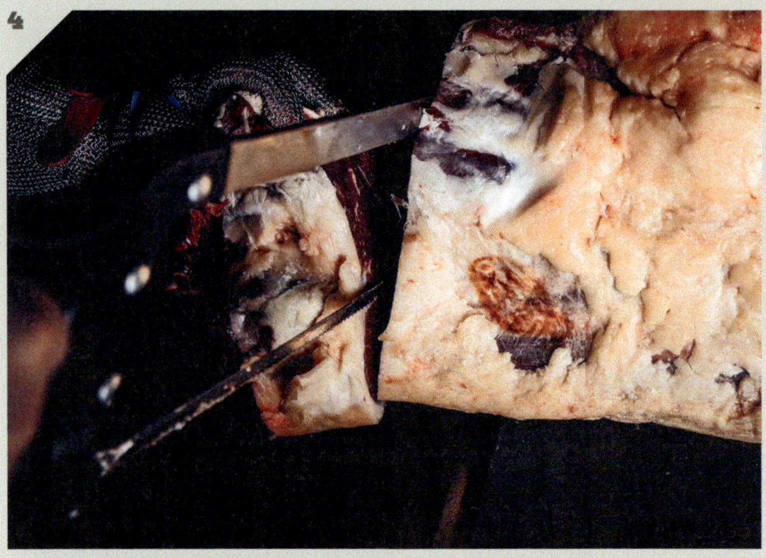

5

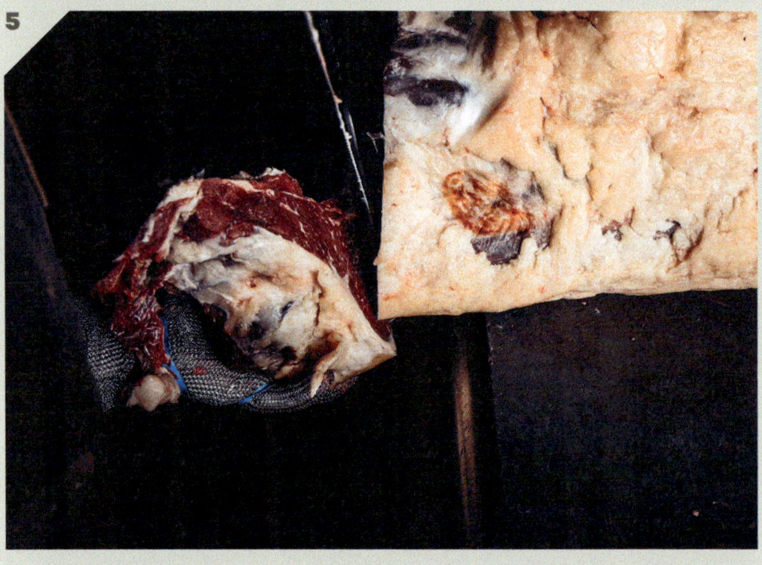

6

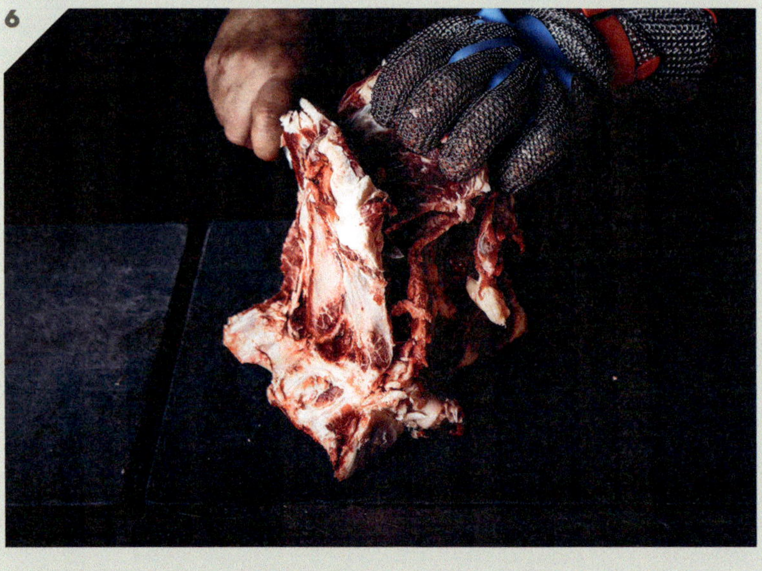

7

8

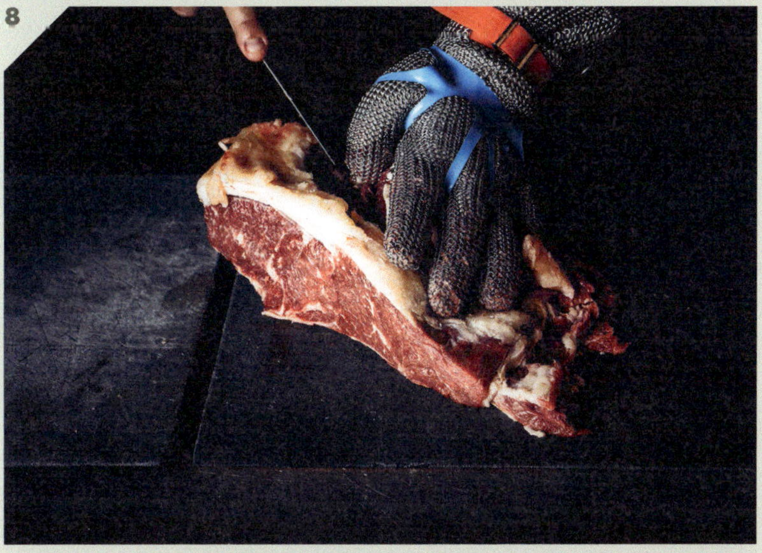

9

End Roastbeef

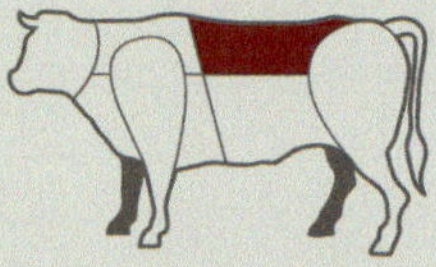

Das vom Vein End befreite Stück hat ebenfalls eine hervorragende Qualität. Ich entferne nur noch Fett und Sehne (**1 – 3**; siehe auch Vein End, Bild **11**) und schneide dann ein Schmetterlingssteak daraus.

Auch dieses Steak werden Ihnen die Kunden sofort abkaufen – es ist verdammt zart.

1

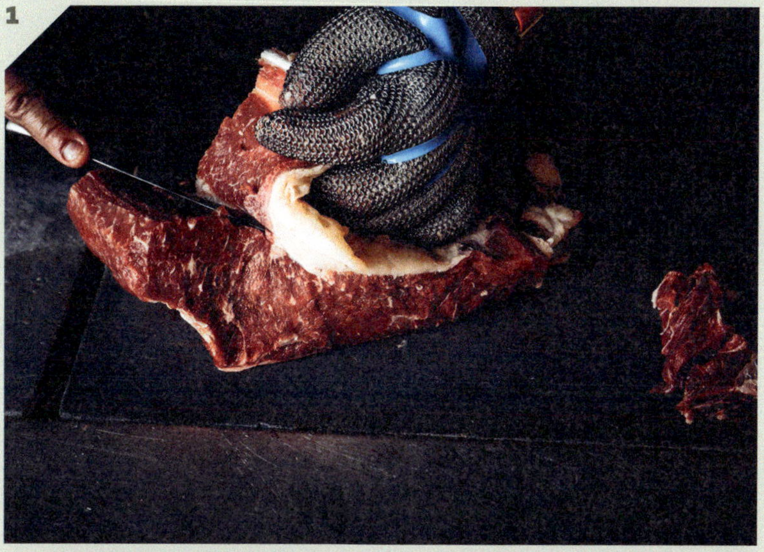

2

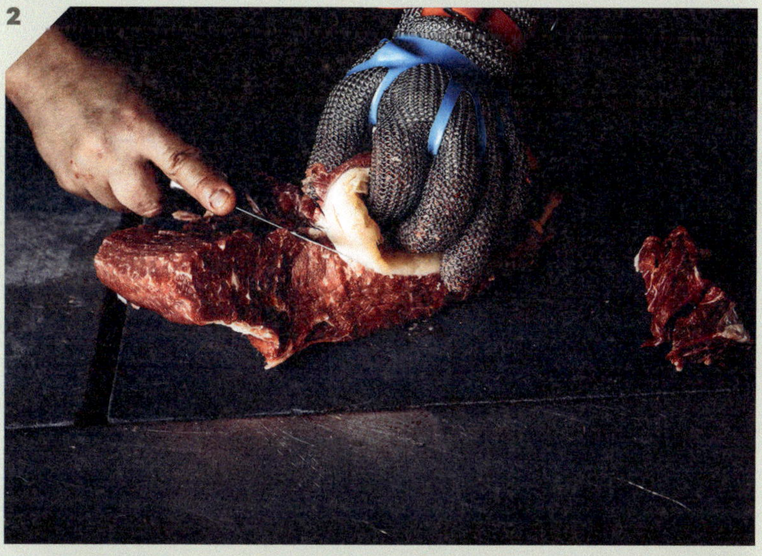

3

Filetkopf

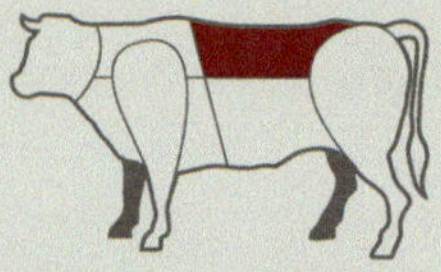

F
Filet sans chainettes

USA
Butt End / Butt Tenderloin

Hier zeige ich, wie ich das Filet pariere (**1–3**). Es handelt sich allerdings nicht um das gesamte Filet, da wir das noch für die T-Bone-Steaks brauchen. Ich schneide die Sehne vom Filetkopf, damit ich so wenig Fleisch vergeude wie möglich.
Den Filetkopf trenne ich in zwei Stücke. Das Stück, das am Filetkopf hängt, nennt sich *Musculus iliacus*, der Rest – also das lange Filet – *Musculus psoas major.* Das Seitenteil wird auch Wing genannt; mein Kollege Dirk Ludwig, Fleischermeister und ebenfalls Fleischsommelier, nennt es Moscow Cut.

Aus dem Wing bekommt man schöne kleine Medaillons; belässt man es im Ganzen, einen besonders zarten Steakbraten. Das lange Rinderfilet ohne Seitenstrang eignet sich für klassische Filetsteaks bzw. Chateaubriand. Aus den Filetspitzen kann man das perfekte Geschnetzelte zaubern, und Tatar daraus ist geradezu brillant.

1

2

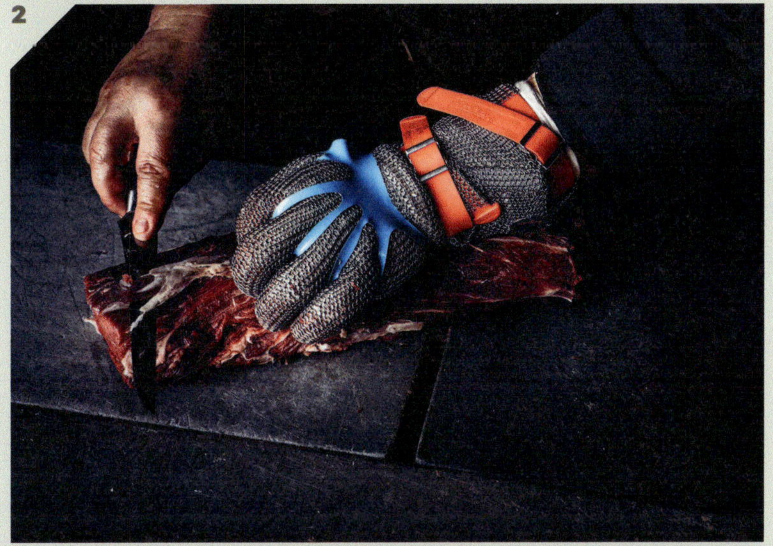

3

Chain of Tenderloin

D
Kette des Rinderfilets
USA
Tenderloin Chain

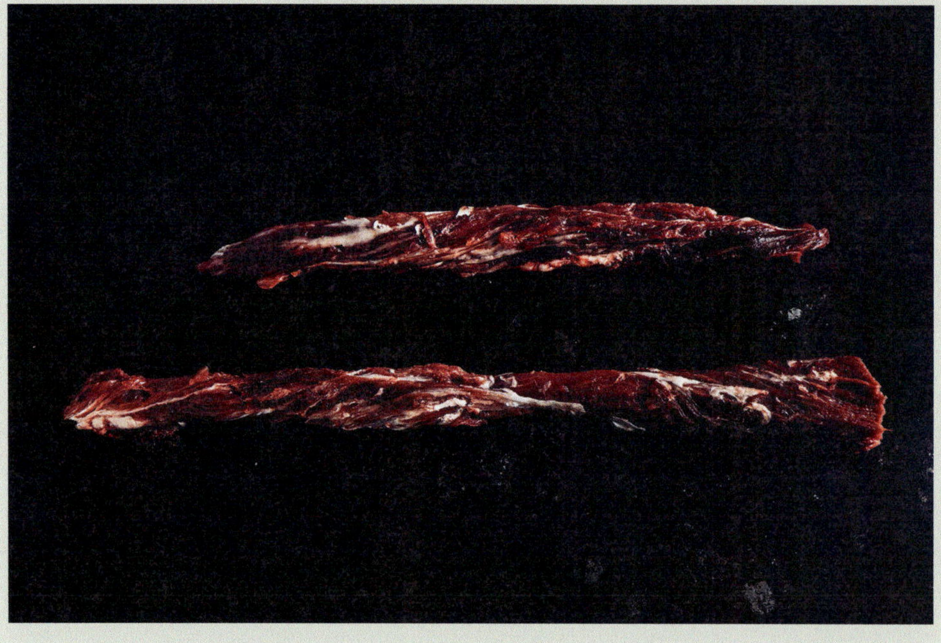

Die Kette des Rinderfilets liegt – wie der Name schon sagt – auf der gesamten Länge des Filets (**1**). Das Fleisch hat eine exzellente Qualität, muss aber zunächst mit etwas Geduld von Fett und Bindegewebe befreit werden (**2**).

Wenn man die Kette des Rinderfilets ordentlich pariert hat, erhält man ein interessantes Stück, dem man deutlich mehr Beachtung schenken sollte. Es ist sehr zart und eignet sich beispielsweise für feine Fleischspieße.

1

2

Cap of Rib Eye

D
Deckel von der Hochrippe

F
Couvrir du rib-eye

Das Cap of Rib Eye ist quasi der obere Deckel auf dem Rib Eye und verläuft weitestgehend auf dem Roastbeef. Mit einem großen Zerlegemesser schneide ich das Cap herunter – immer am Bindegewebe entlang (**1–3**). Anschließend wird es noch etwas pariert (**4–5**).

Vom Schwein kennt man dieses „geheime Filet“ bereits – dort wird es Secreto genannt. Beim Rind nennt man es Cap of Rib Eye, doch Achtung: Das Rib Eye Cap ist wieder ein anderes Stück. In der Grillszene gewinnt das Cap of Rib Eye immer mehr an Bedeutung, und für gut marmorierte Stücke kann man einen vernünftigen Preis erzielen.
Ich würde das Cap of Rib Eye sous-vide vorgaren und dann zuerst auf der Fettseite grillen.

1

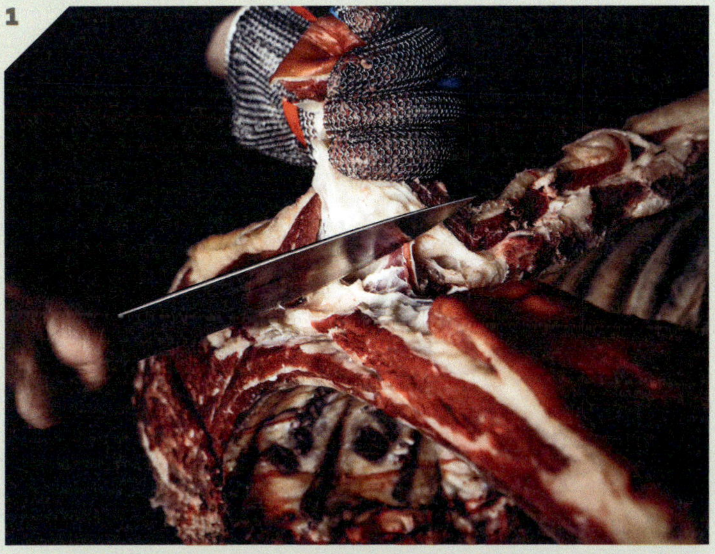

2

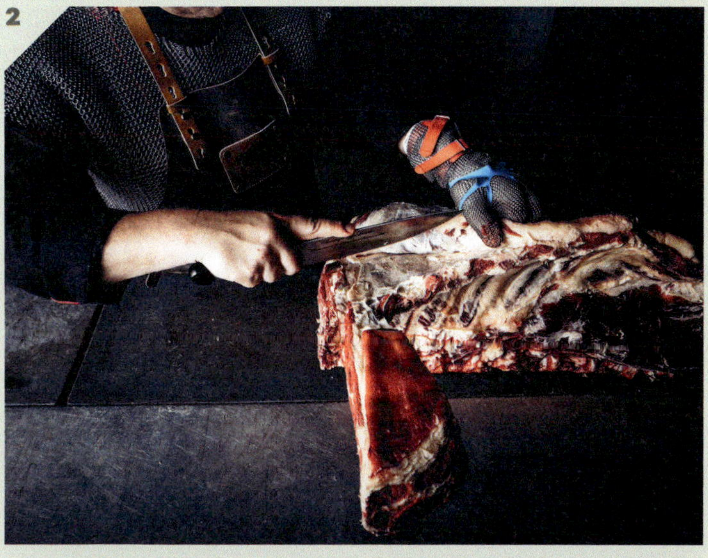

3

4

Tomahawk

D
Hochrippe mit Knochen

F
Steak de tomahawk

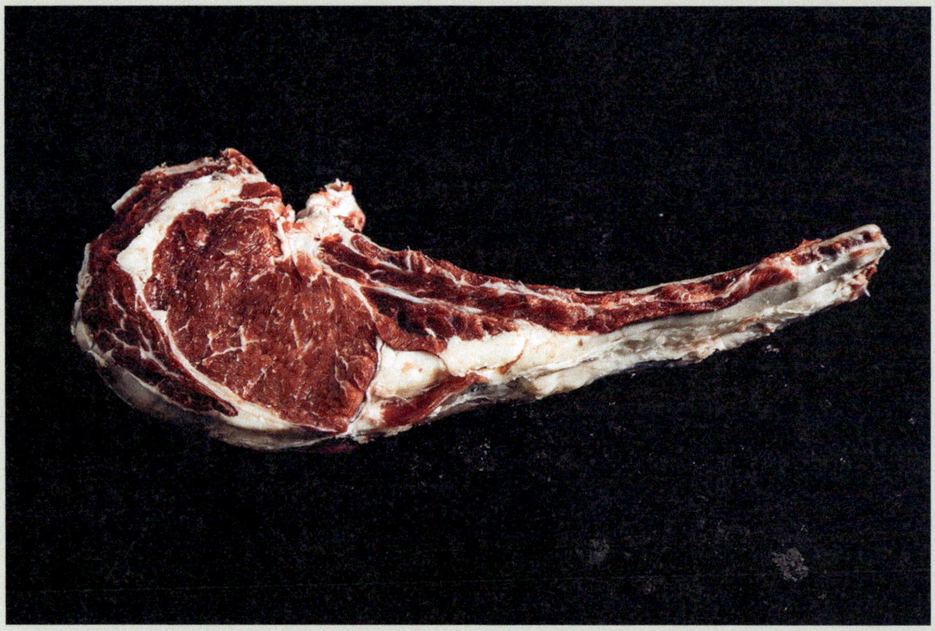

Das unverkennbare Merkmal des Tomahawk ist der lange Rippenknochen – dadurch sieht es aus wie ein Beil. Beim Heraussägen der Short Ribs (**siehe S. 80**) habe ich einen Knochen hierfür lang gelassen. Zuerst schneide ich den fleischigen Teil durch (**1**), für den Rest benutze ich eine Säge (**2–3**). Den noch vorhandenen Teil der Wirbelsäule schneide ich heraus, da das Rückgrat ein Bakterienträger ist. Manche machen den Knochen nun noch „sauber", doch ich lasse das vorzüglich schmeckende Fleisch dran.

Das Tomahawk ist eigentlich nichts anderes als ein Rib Eye bzw. Entrecôte mit verlängertem Knochen. Durch den Knochen erhält das Fleisch allerdings noch zusätzlich Geschmack. Das mindestens 700 g schwere Stück grille ich am liebsten zuerst indirekt und gebe ihm am Ende richtig viel Hitze. Doch das ist natürlich jedem selbst überlassen. Nach dem Grillen schneide ich das Fleisch in Tranchen.

1

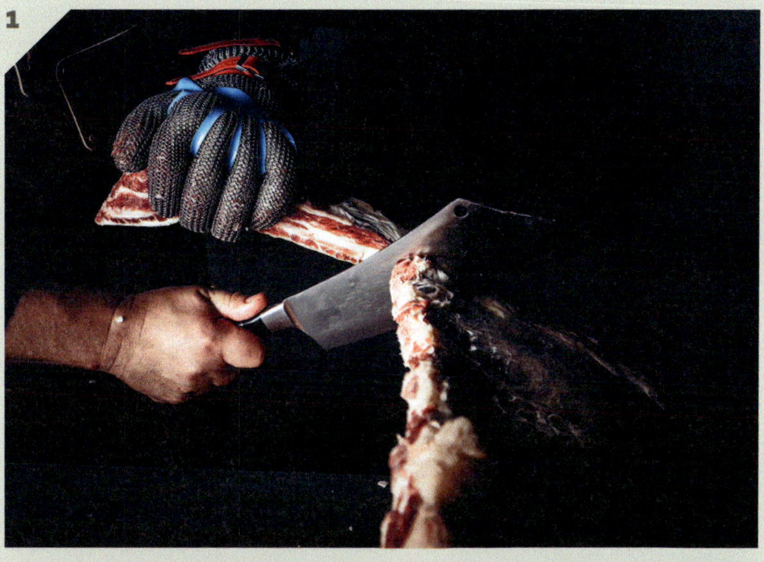

2

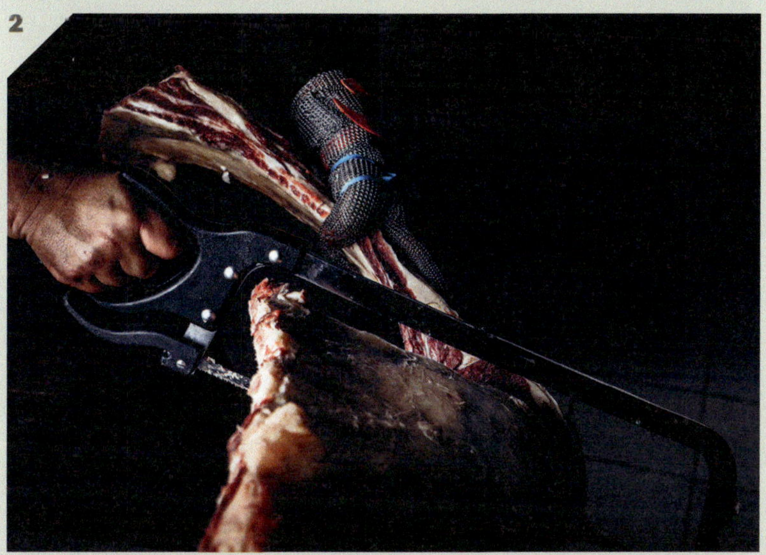

3

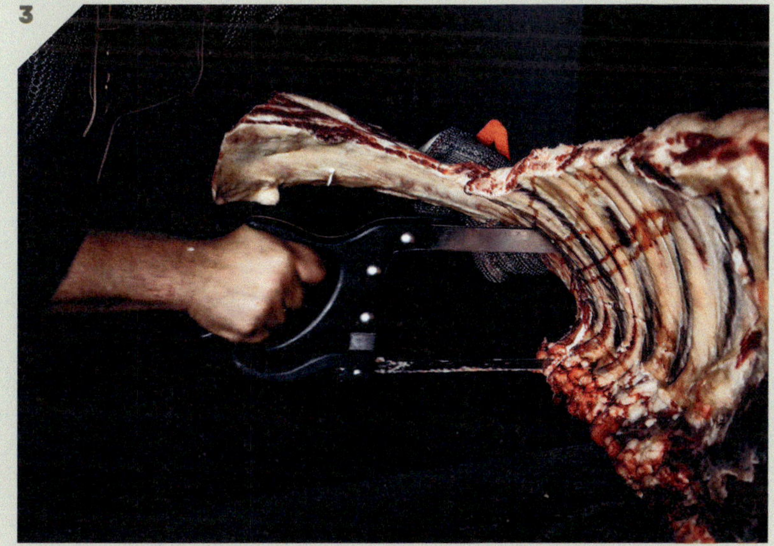

Porterhouse
T-Bone

D
Porterhouse-Steak
(großer Filetanteil)

F
Steak de gros filet

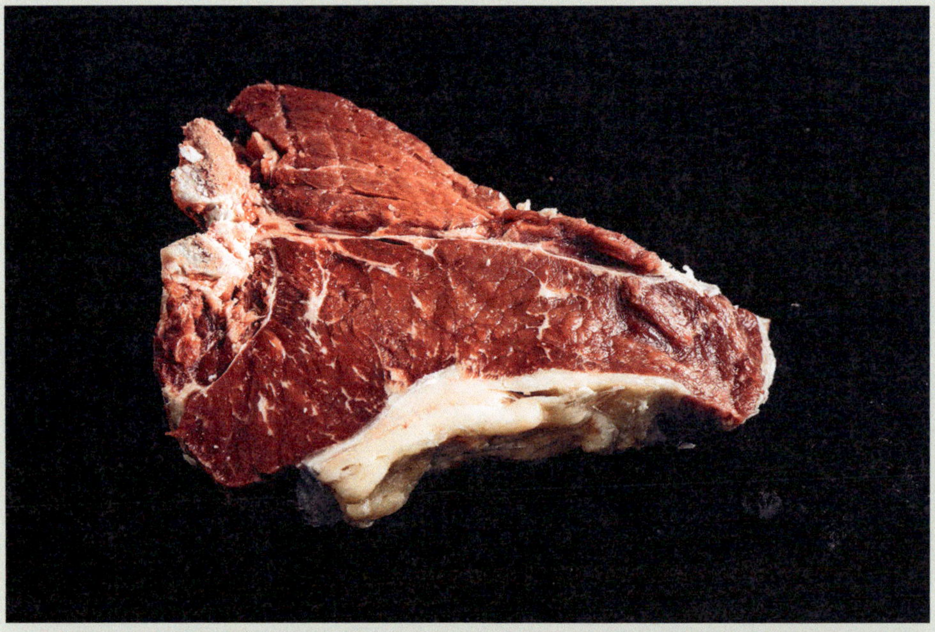

D
T-Bone-Steak
(kleiner Filetanteil)

F
Steak de petit filet

1

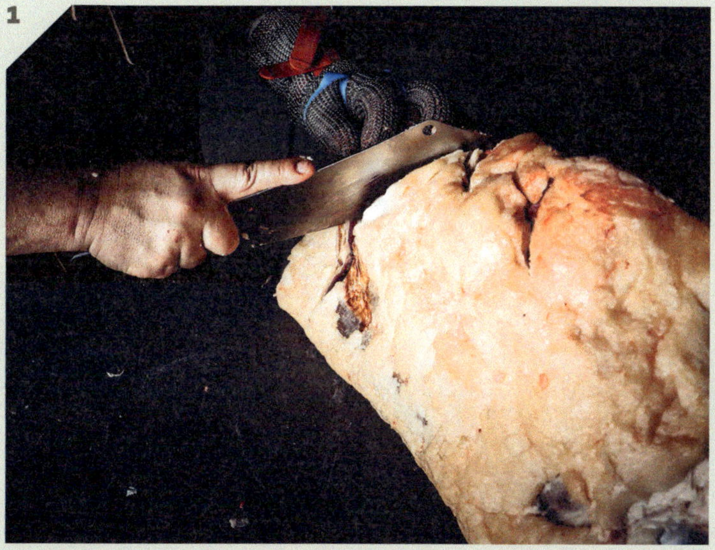

2

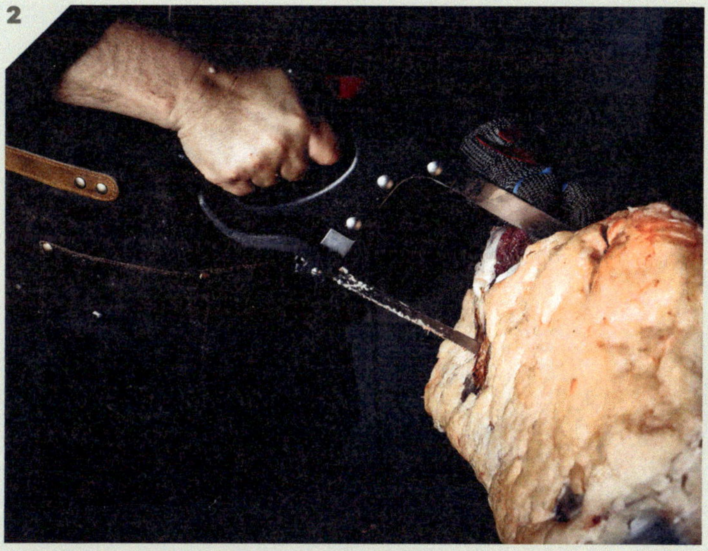

Wie schon zuvor beim Tomahawk schneide ich die fleischigen Anteile zuerst mit dem Messer durch (1) und durchtrenne die Knochen dann mit einer Säge (2). Die dicke Rückensehne schneide ich heraus.

Das Porterhouse-Steak ist ein Roastbeef mit Knochen und Filetanteil, der nach meinem Wissensstand größer als 2,5 cm ist. Liegt der Filetanteil darunter, handelt es sich um ein T-Bone-Steak – bezüglich der Größe des Filetanteils gibt es aber auch andere Meinungen. Beide eignen sich zum Braten ebenso wie zum Grillen. „Rückwärtsgarer" wie ich garen die Steaks zunächst bei niedrigen Temperaturen vor und grillen sie dann im Beefer.

Filetspitze

F
Filet de bœuf

USA
Filet Mignon, Tender Fillet, Tenderloin

Um an dieses besondere Stück zu gelangen, schneide ich einfach die Spitze des Filets am Roastbeef ab (**1–3**). Das Roastbeef selbst lasse ich noch am Stück – daraus machen wir im nächsten Schritt Rumpsteaks.

Meiner Meinung nach ist die Filetspitze das zarteste Stück vom Filet. Herrlich als Carpaccio, Tatar oder Filet mignon, aber auch als Geschnetzeltes ein Gedicht.

1

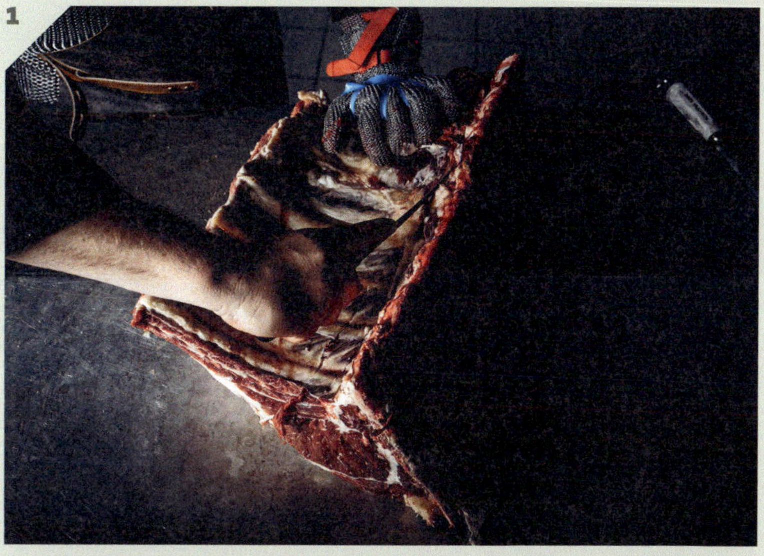

2

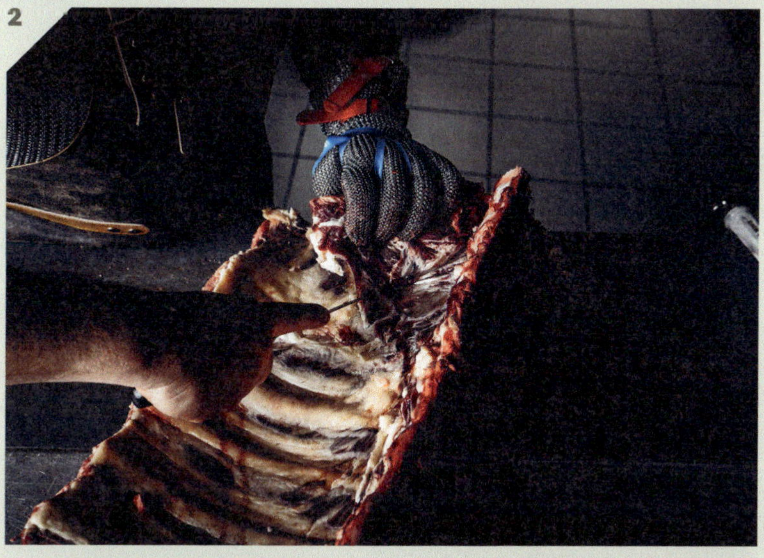

3

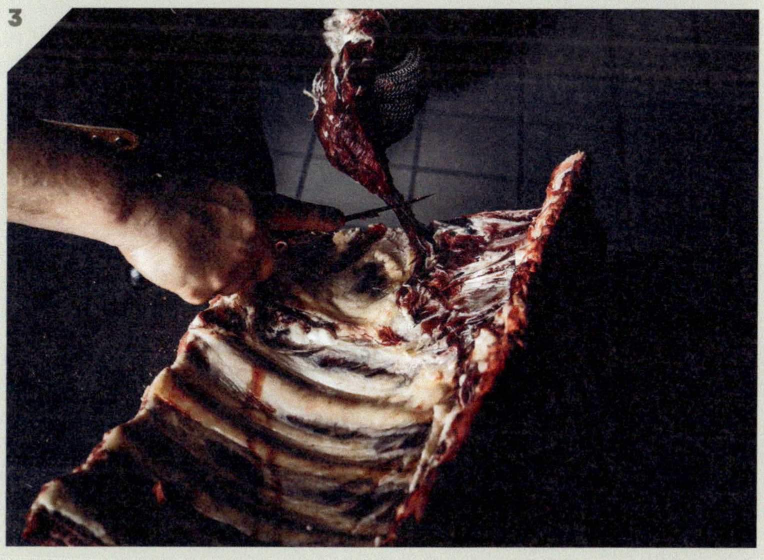

Rumpsteak
Rib Eye

F
Côte

USA
Striploin Steak

GB
Sirloin

D
Zwischenhochrippe

A
Hochrippe

F
Entrecôte

USA
Rib-eye

1

Das Rib Eye ist für mich das Königsstück des ganzen Rindes. Mit Rib Eye ist aber nicht, wie man glauben könnte, der „Fettknubbel“ gemeint, sondern der Fleischkern, der vom fettgewebsreicheren Hochrippendeckel eingerahmt wird. Das sieht dann aus wie ein mageres „Auge“. Dieses Fleischstück beginnt im Nacken und wird dann im Verlauf zum Roastbeef.
Für das runde Roastbeef gibt es besonders viele verschiedene Bezeichnungen – immer je nachdem, wie es weiter geschnitten und zubereitet wird. Lässt man es am Stück, kann man einen schönen Rostbraten daraus zubereiten. In 2 bis 3 cm breite Scheiben geschnitten spricht man von Rumpsteaks, bei 4 bis 6 cm von Entrecôte. Beide Steaksorten sind perfekt zum Grillen, Braten und für den Beefer geeignet. Möchte man die Steaks in der Pfanne braten, kann man diese zuvor mit der Fettauflage einreiben – so spart man sich zusätzliches Fett.

2

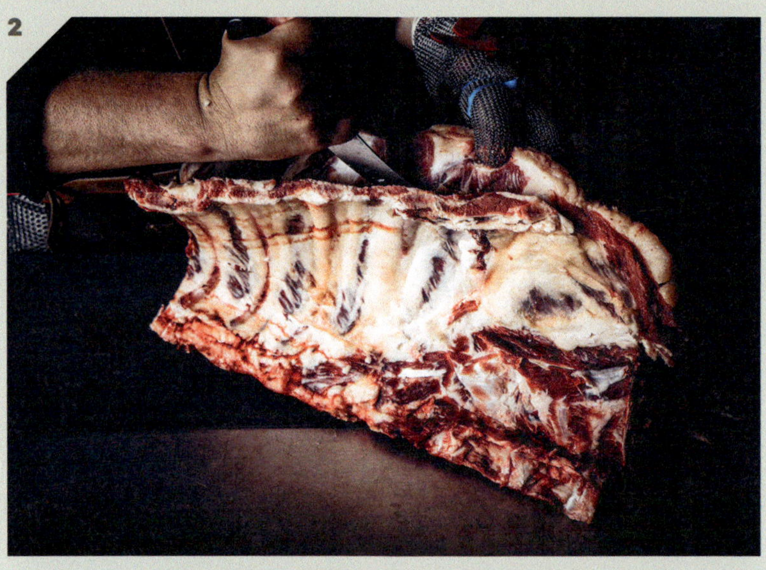

3

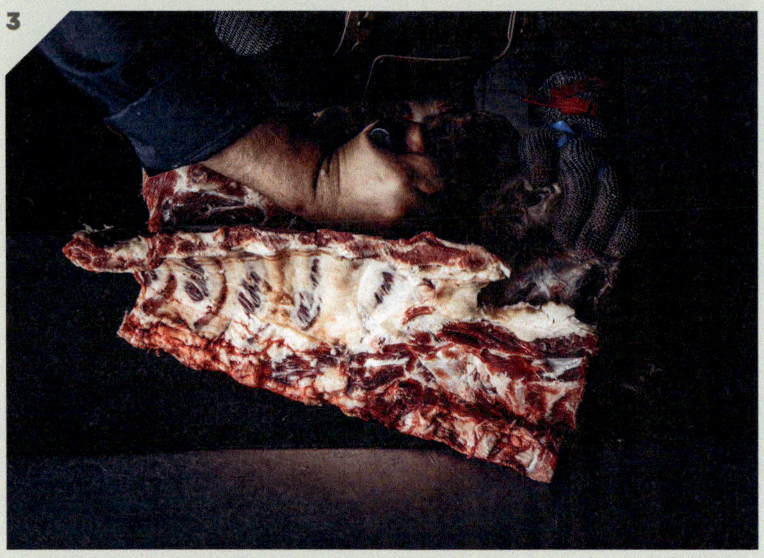

Auf dem ersten Bild (**S. 109**) ist schön zu sehen, wo das Roastbeef liegt, an das wir herankommen wollen (**1**). Ich schäle das Fleisch vom Knochen – erst von oben (**2 – 3**), dann von unten (**4 – 5**) – und lege so das Fleischstück frei. Aus diesem Stück erhalten wir Rump- und Rib-Eye-Steaks. Bei den Rumpsteaks sollte die Fettauflage auf jeden Fall erhalten bleiben.

4

5

New York Stripes

D
Zwischenfleisch der Rippe

USA
New York Stripes, Rib Finger

Nun haben wir nicht mehr allzu viel übrig von unserem Roastbeef (**1**). Doch zwischen den Rippen ist noch einiges an geschmackvollem Fleisch zu finden. Ich schneide das Fleisch zwischen den Rippen heraus und entferne vorsichtig das Bindegewebe, sodass wir das pure Fleisch haben (**2–3**).

Wer gerne Spare Ribs isst, kann sich vorstellen, dass dieses Fleisch vom Rind ebenso lecker sein kann wie das vom Schwein – und ja, das ist es. Lässt man das Fleisch am Knochen, erhält man feine Beef Ribs. New York Stripes eignen sich – wie auch die Variante mit Knochen – zum Grillen und Braten und auch für den Beefer (noch mehr New York Stripes **ab S. 206**).

1

2

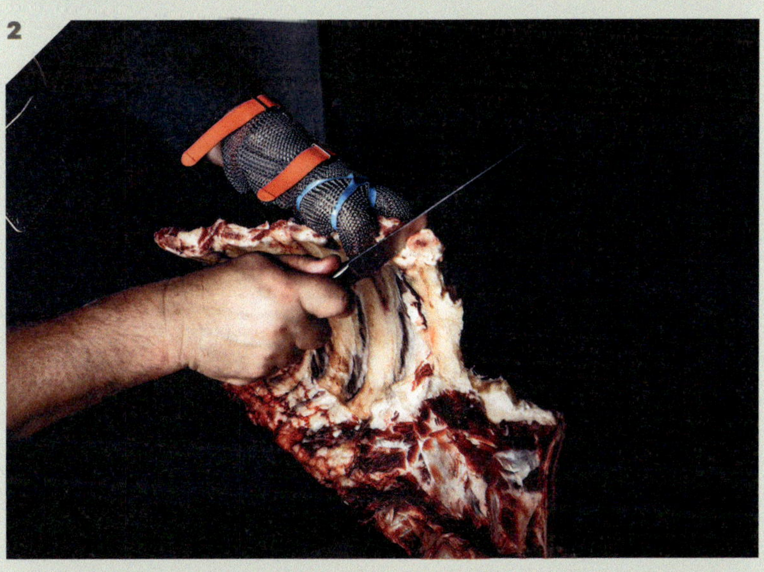

3

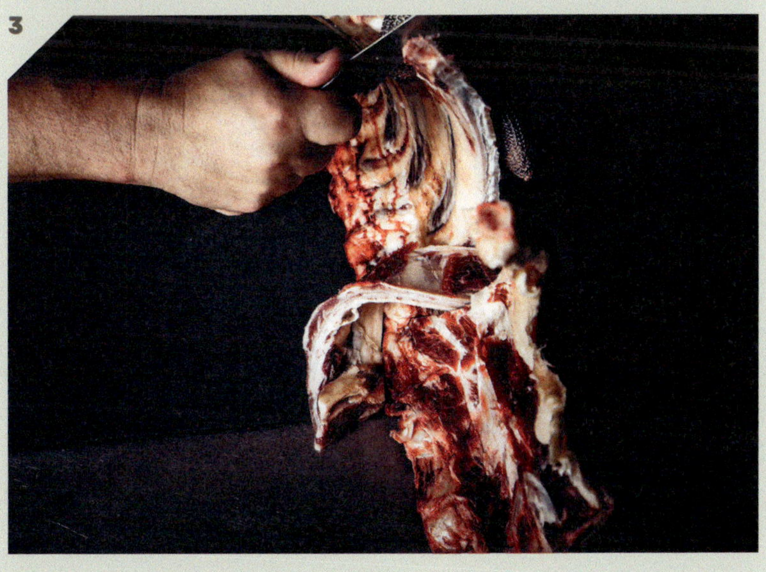

Chain of Striploin

D
Kette des Roastbeefs
GB
Chain of Sirloin

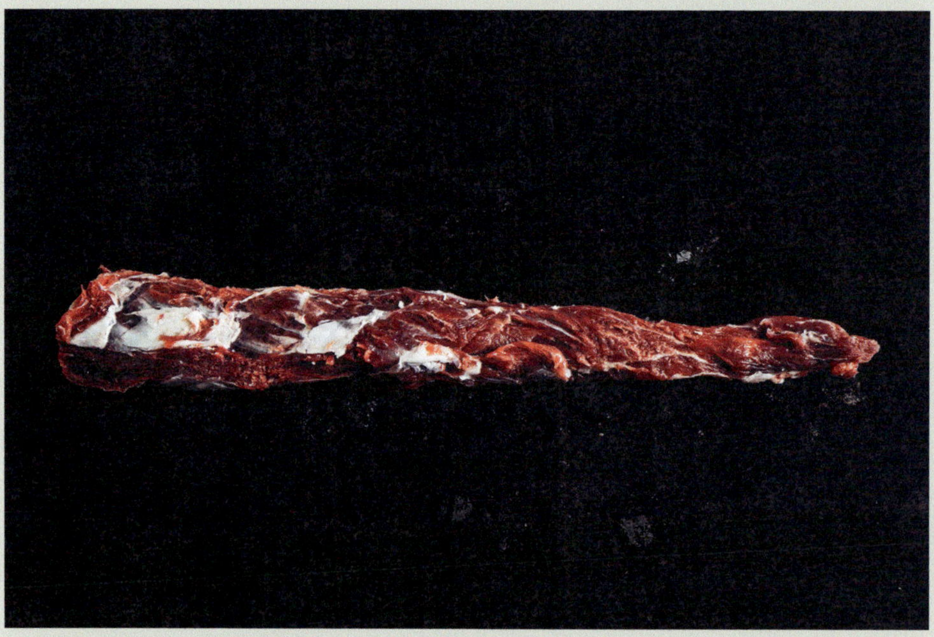

Nun haben wir nur noch ein Stück übrig – doch das hat es in sich. Auf den Rippen des Roastbeefs befindet sich die vordere Fleischkette, die ich sorgfältig freilege (**1–3**).

Dieses sehr zarte Stück vom Rind ist ausgesprochen aromatisch. Ich mache gerne Spieße daraus und grille sie im Beefer. Aber auch zum Braten ist die Kette gut geeignet.

1

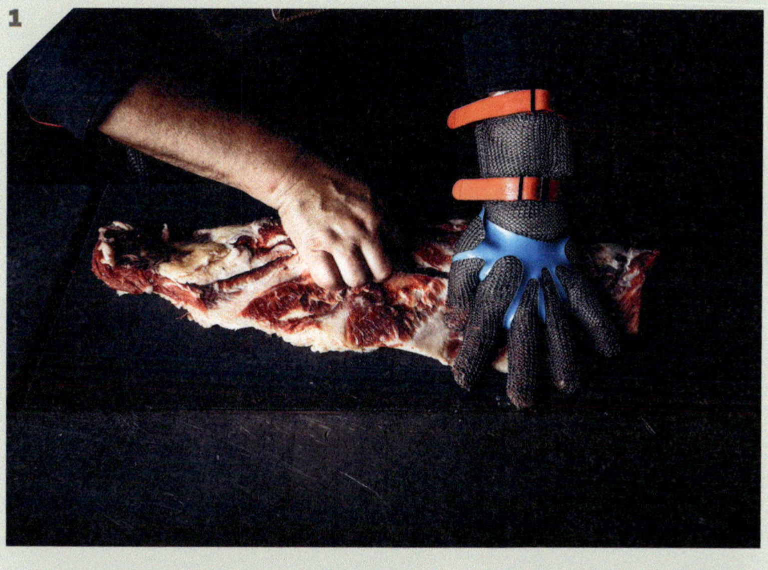

2

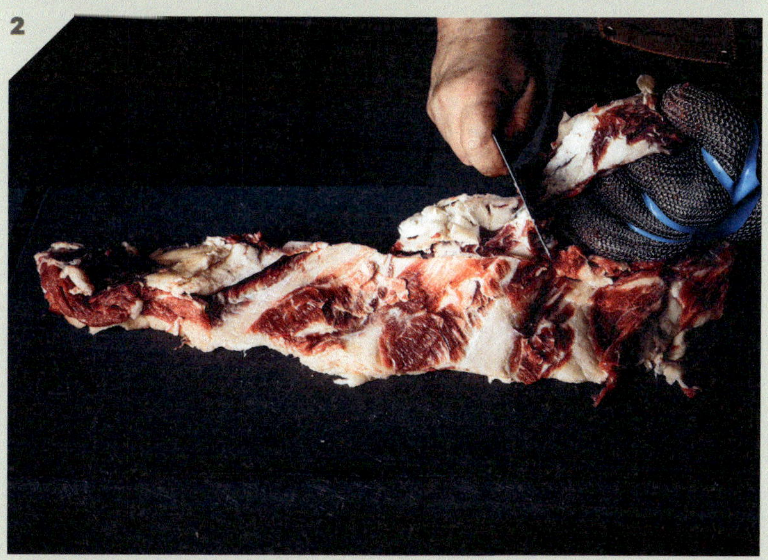

3

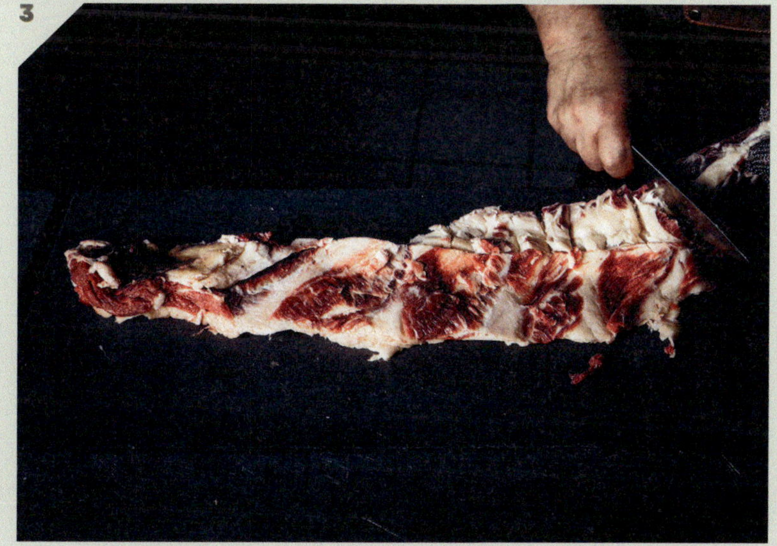

Keule

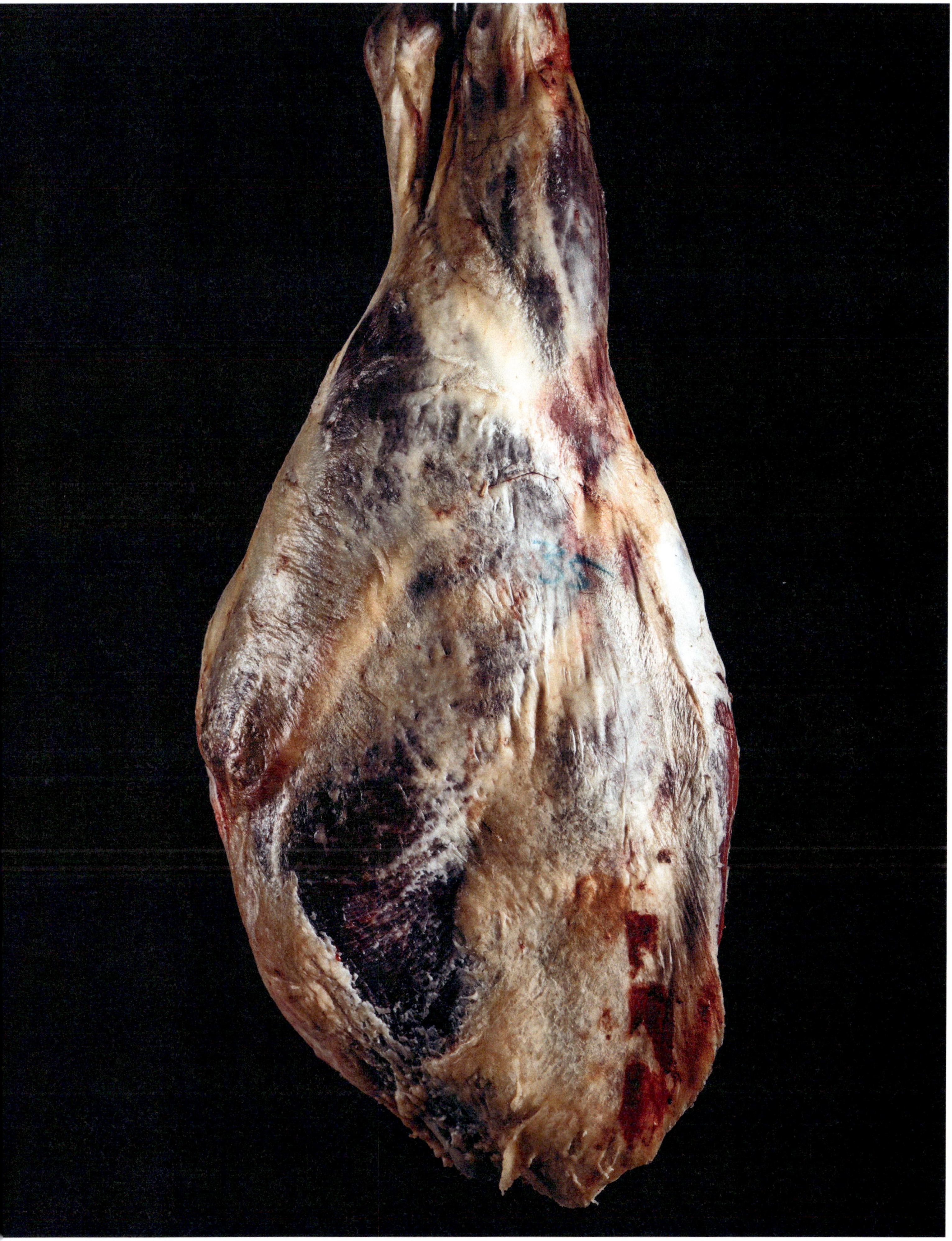

Oberschale

A
Schale mit Deckel

F
Tende de Tranche

USA
Topside / Inside Round

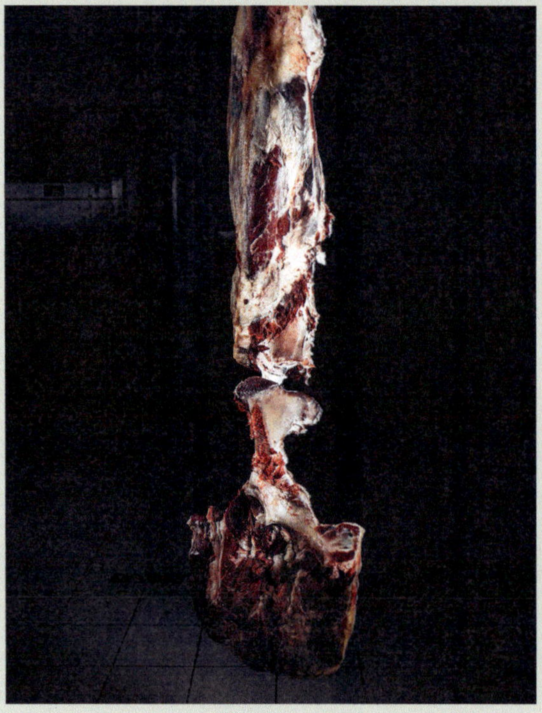

Nachdem ich die Dünnung und das Roastbeef zerlegt habe, wende ich mich der Keule zu. Zuerst löse ich die Oberschale heraus, indem ich sie vom Vlies der Keule herunterschneide (**1–3**). Dabei achte ich immer genau darauf, dass ich zwischen den Bindegewebsschichten schneide. Den Schlossknochen löse ich mit ab (**4**).

Das Fleisch aus der Oberschale eignet sich traditionell für Rouladen und zarten Rinderbraten. Auf den folgenden Seiten zeige ich Ihnen aber nicht meinen Winterschnitt, der sich rund um die leckeren Schmorgerichte dreht, sondern meinen Sommerschnitt, mit dem ich möglichst viele Steaks fürs Barbecue erhalte.

1

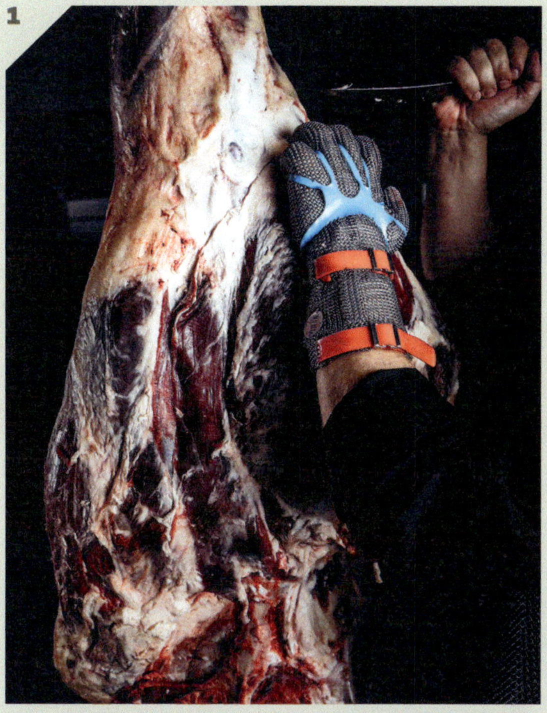

2

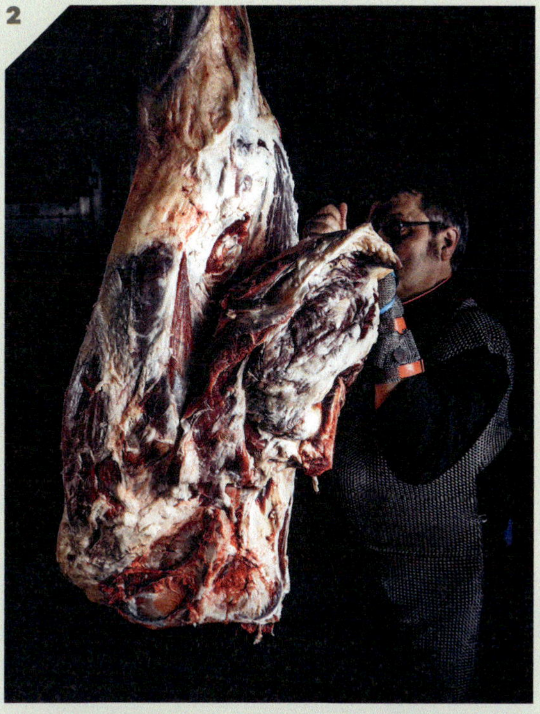

3

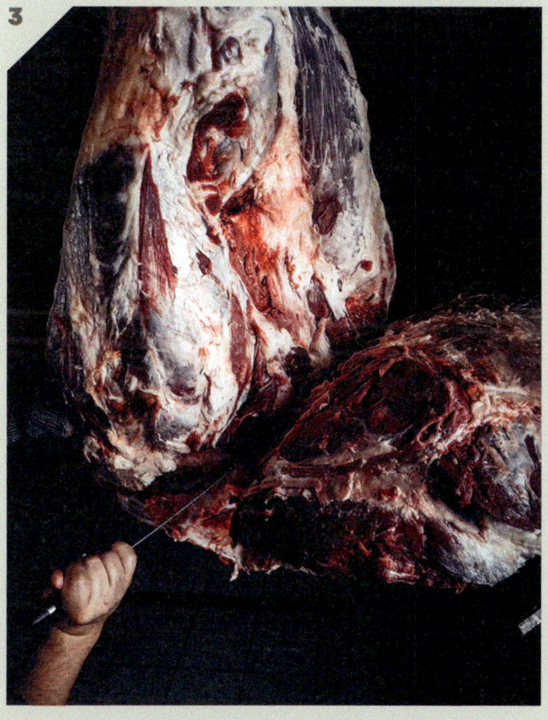

4

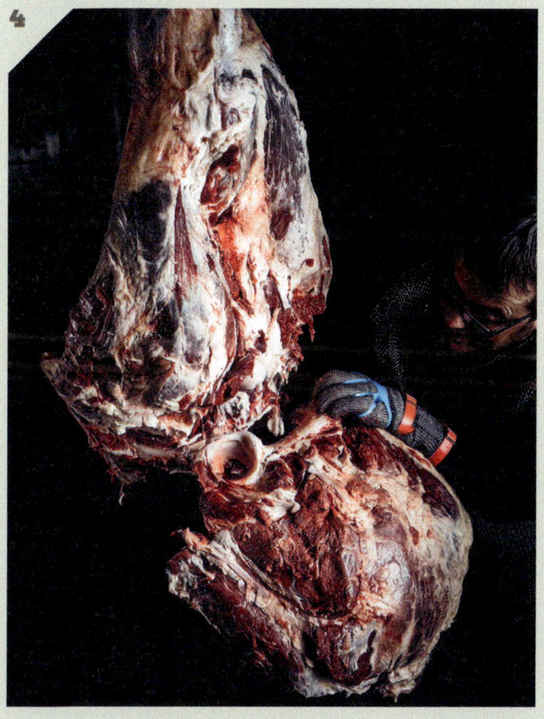

Spidersteak

D
Fledermaus-Steak, Kachelfleisch

F
Araignée de Bœuf

Das Spidersteak liegt direkt auf dem Hüftknochen, ist aber dennoch ein Stück der Oberschale. Im Schlossknochen ist ein Loch, und dort schaut das Spidersteak heraus. Es muss also nur herausgeschnitten werden (**1–3**).

Das Spidersteak verdankt seinen Namen der spinnwebartigen Marmorierung. Dadurch ist es auch besonders saftig. Es eignet sich besonders gut zum sehr heißen Kurzbraten, um danach noch kurz zu ruhen. Aber wie Sie vielleicht schon gemerkt haben, bin ich ein großer Freund des Grillens von niedrig nach hoch: erst sous-vide-garen und dann in den Beefer.

1

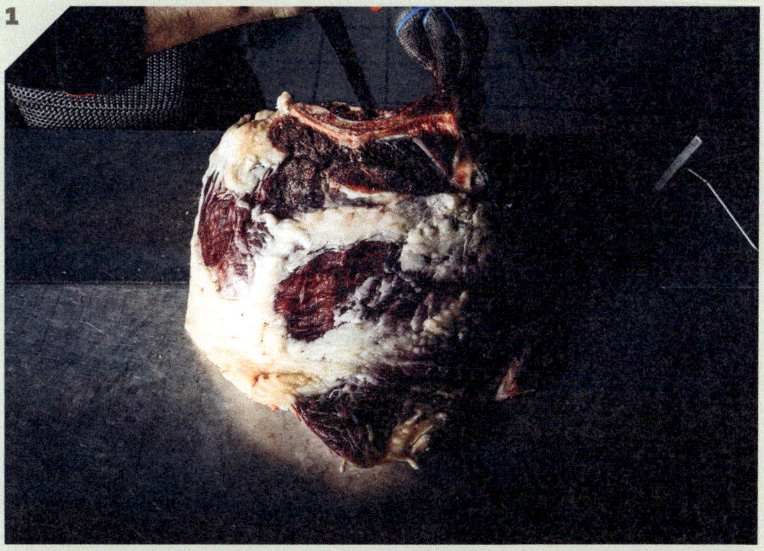

2

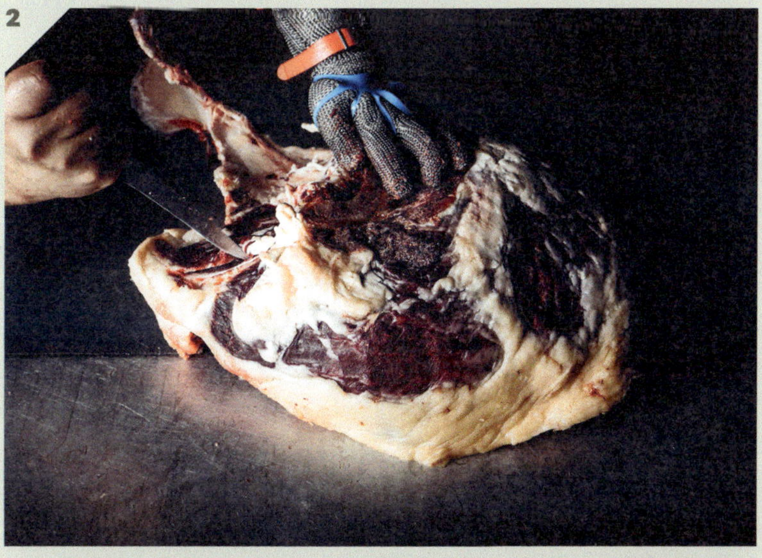

3

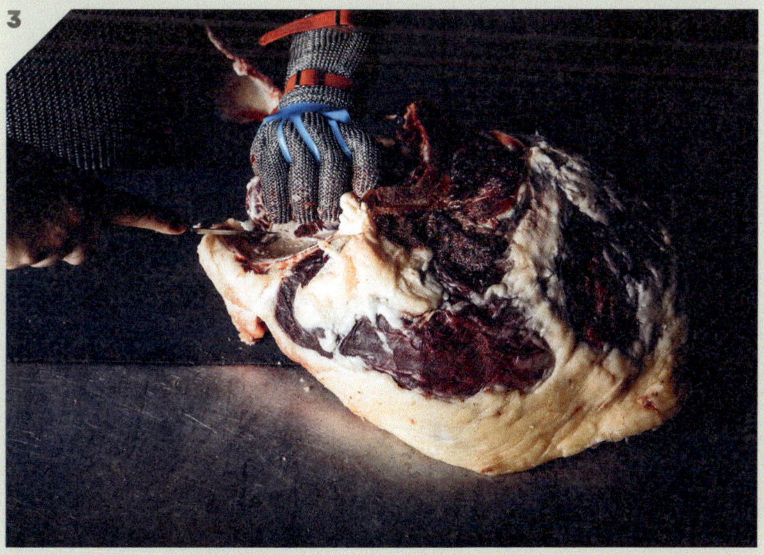

Herz des Oberschalendeckels
Oberschalendeckel
Zunge des Oberschalendeckels

D
Herz des Oberschalendeckels
F
Poire de Bœuf
USA
Front Side Muscle

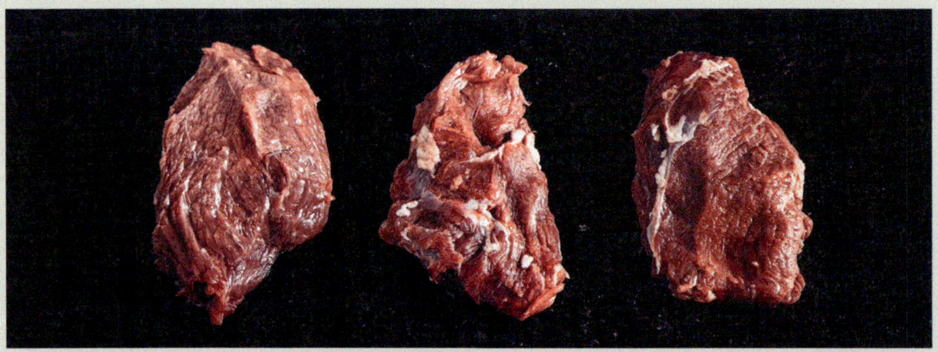

D
Oberschalendeckel
A
Schalendeckel
F
Dessus du tende de tranche
USA
Inside Cap

D
Zunge des Oberschalendeckels
F
Merlan de Bœuf
USA
Merlan Cut

1

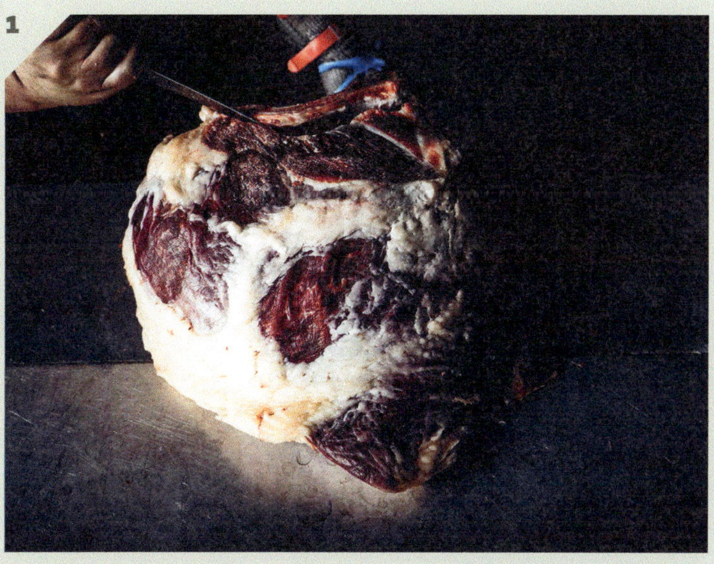

2

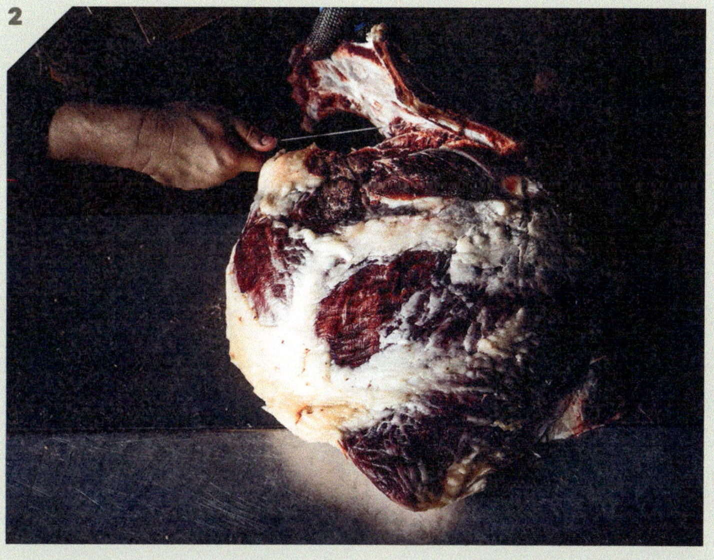

Aus dem Herz des Oberschalendeckels lassen sich hervorragende Grillspieße herstellen.
Der Oberschalendeckel ist eine interessante Alternative zum Flank Steak, falls man im Sommer zu wenig davon hat. Im Winter eignet er sich gefüllt gut als Familienroulade.
Die Zunge des Oberschalendeckels – aufgrund seiner Form im Französischen nach der Dorschart „Merlan" benannt – ist eine Alternative zum Teres Major (**siehe S. 172**).

Zuerst löse ich den Schlossknochen von der Oberschale (**1–2**).

3

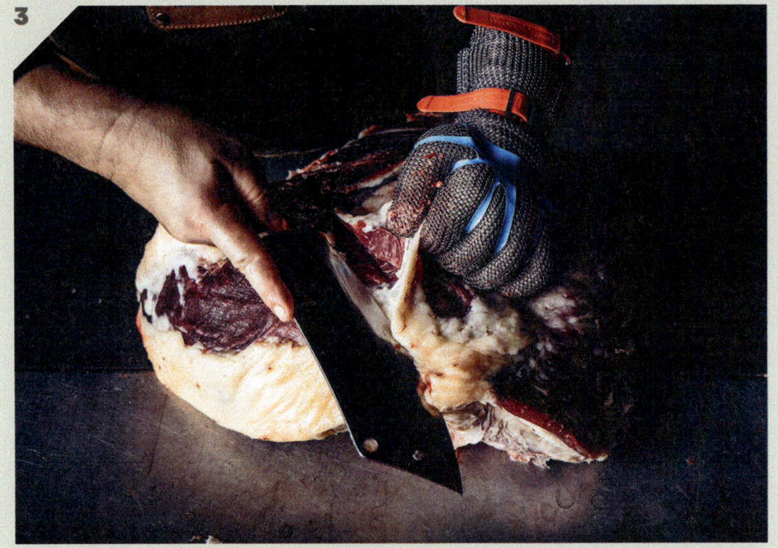

4

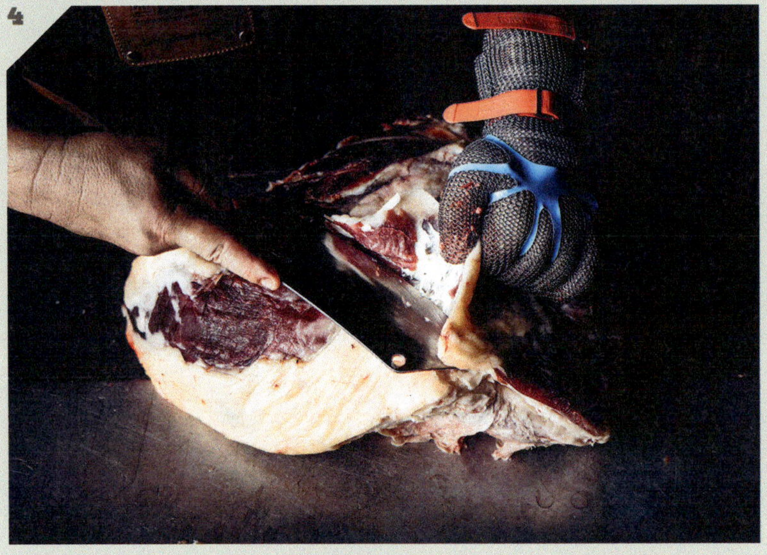

Im nächsten Schritt trenne ich den Oberschalendeckel ab und schneide hinter dem Vlies die drei Teilstücke heraus: das Herz des Oberschalendeckels, den Oberschalendeckel selbst und schließlich die Zunge des Oberschalendeckels (**3–6**). Zum Schluss wird alles noch entsprechend pariert.

5

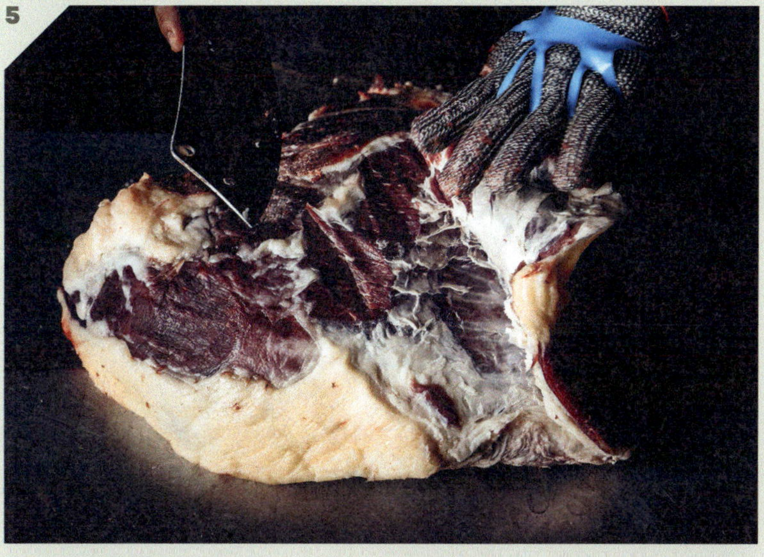

6

Mittelstück
Steakoberschale

D
Mittelstück

A
Schwarzes Scherzel

USA
Topside

D
Steakoberschale

A
Beinscherzel

USA
Inside, Topside

1

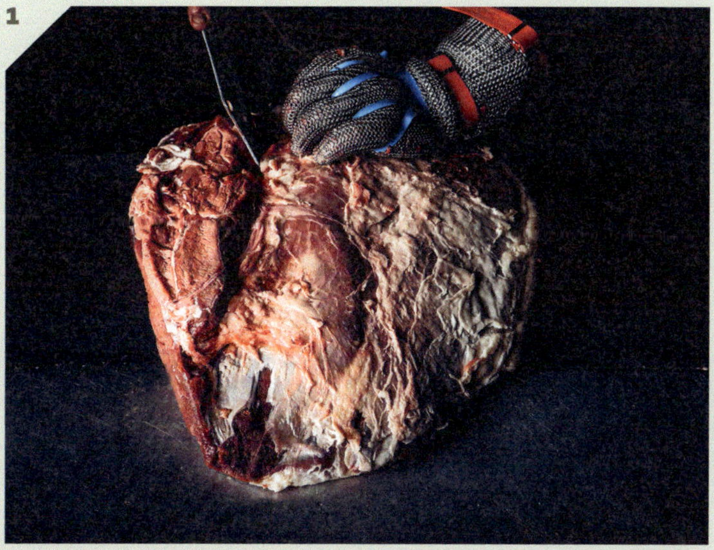

2

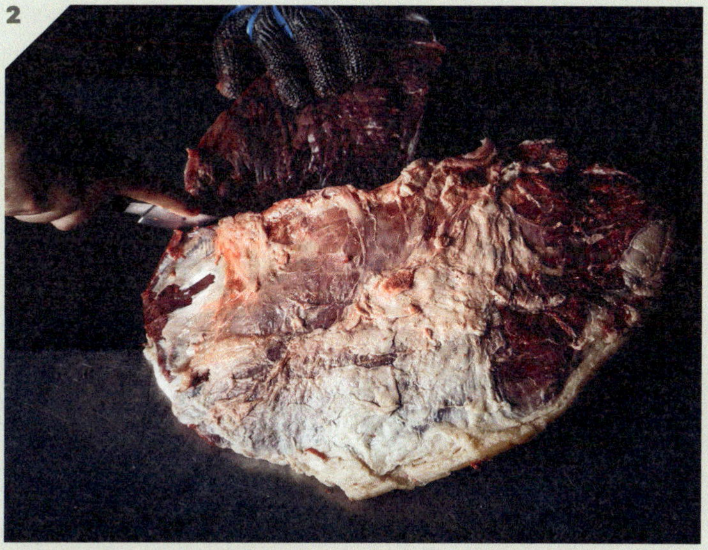

Wir haben nun noch die „entdeckelte" Oberschale vor uns. Diese befreie ich von Kollagen und Fettauflagen. Dann drehe ich sie auf der runden Seite und trenne das Mittelstück heraus (**1–2**). Übrig bleibt das große Kernstück, die Steakoberschale.

Das Mittelstück ist das zarteste Stück von der Oberschale. Hieraus bekommt man sehr gute Steaks, die man nicht nur grillen und braten kann, sondern die auch als Fonduefleisch, Carpaccio oder Tatar eine extrem gute Figur machen. Die Steakoberschale eignet sich – wie der Name schon sagt – für schöne Kluftsteaks (2–3 cm dick). Aber auch Spieße lassen sich daraus herstellen, ebenso Tatar oder Carpaccio. Im Winter lassen sich aus diesem Stück herzhafte Rouladen oder Braten schmoren.

Semerrolle

A
Weißes Scherzel

F
Piece ronde bœuf

USA
Eye of round

Von der hängenden Keule trenne ich jetzt die Semerrolle ab, indem ich das Stück von oben nach unten am Vlies entlang heruntertrenne (**1–3**). Auf dem Tisch entferne ich dann Fett und Bindegewebe.

Die Semerrolle ist vom Aussehen her eines der schönsten Stücke vom Rind, doch bei der Zartheit wird sie nicht trumpfen können. In manchen Restaurants und auch im Handel wird dieses Stück als Carpaccio angeboten. Ich mache daraus lieber einen schönen Braten.

1

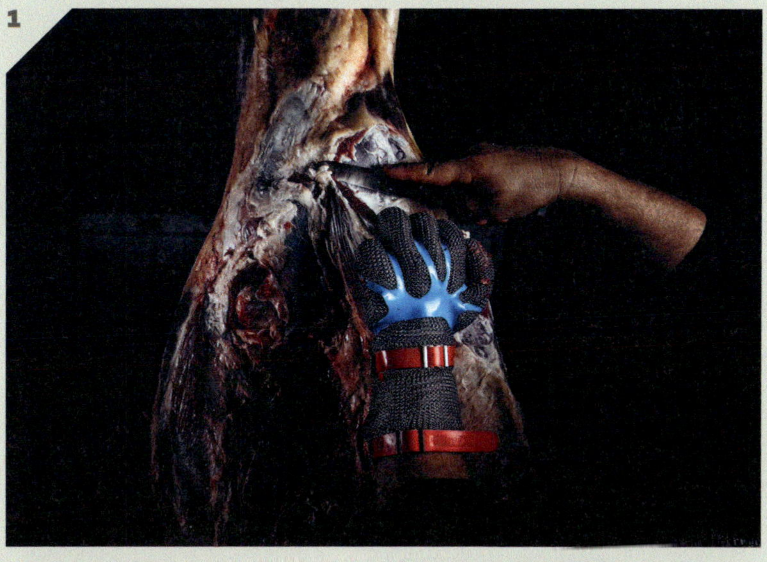

2

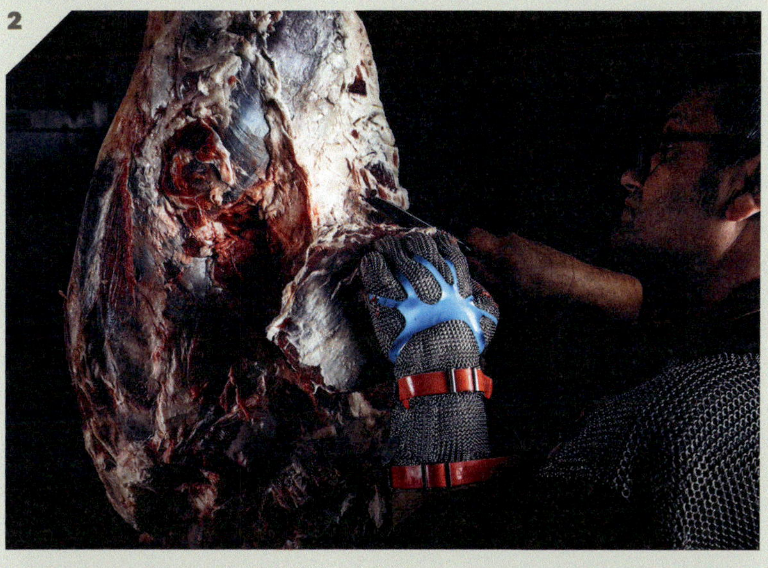

3

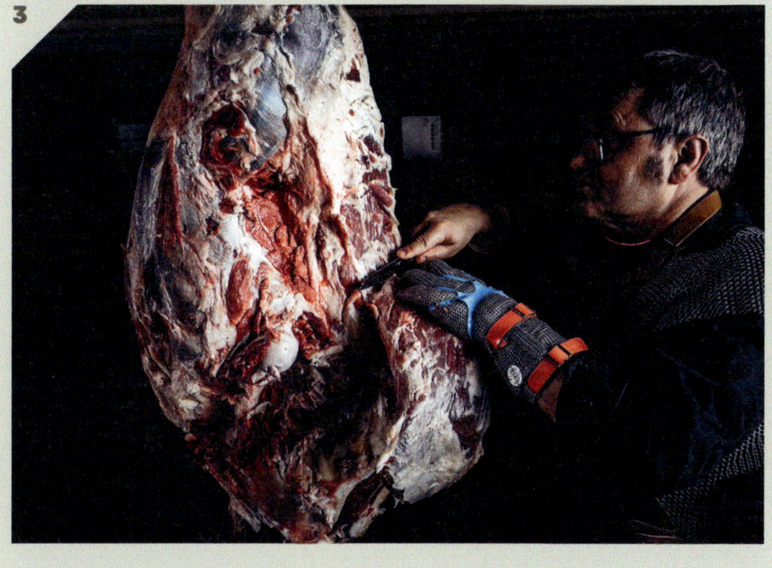

Bürgermeisterstück

D
Bürger-
meisterstück,
Pastorenstück,
Frauenschuh

A
Hüferschwanzel

F
Aiguillette
baronne

USA
Tri-Tip

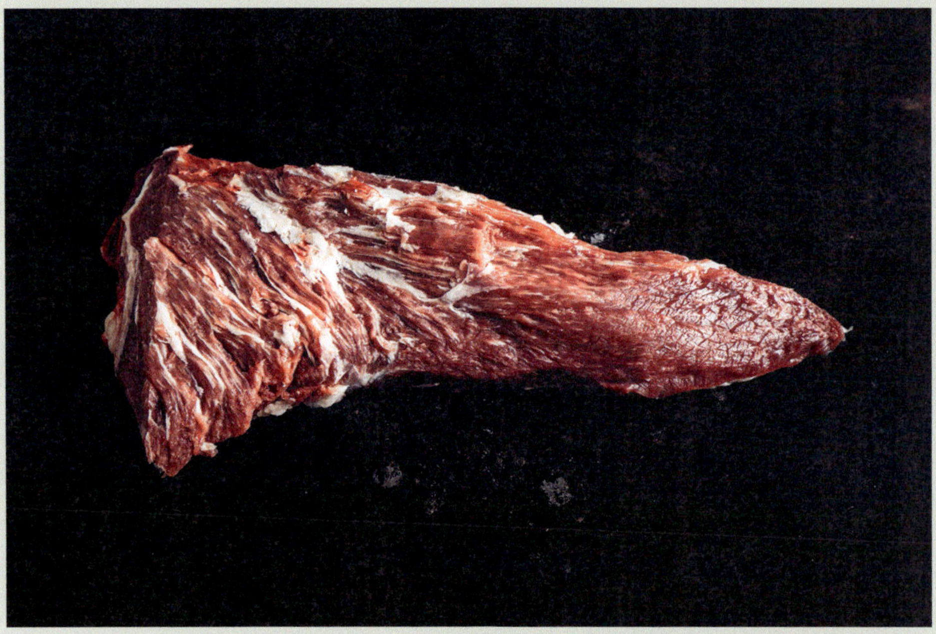

Das Bürgermeisterstück liegt an der Kugel und der Hüfte. Zuerst löse ich das Bürgermeisterstück von der Kugel (**1–2**). Dann trenne ich es vorsichtig am Vlies entlang von der Hüfte (**3**).

Über die Namensherkunft dieses besonderen Bratenstücks kursieren viele Legenden. Vermutlich stammt er aus der Zeit, als die ersten kommunal betriebenen Schlachthöfe aufkamen. Wenn dann die Rinder hängend zerlegt wurden, konnte man dieses Stück einfach herausschneiden, ohne dass sein Fehlen großartig auffiel – und das wurde dann „unter der Hand" gerne an die ranghöchsten Personen des Ortes vergeben, eben den Bürgermeister oder auch den Pastor. Das Bürgermeisterstück zeichnet sich meist durch eine schöne Marmorierung aus. Das intramuskuläre Fett sorgt dafür, dass das Stück beim Braten, Grillen oder auch Schmoren schön saftig bleibt. Im Sommer freuen sich Grillfreunde über dieses besondere Steak, im Winter ist es eine tolle Alternative zum Tafelspitz.

1

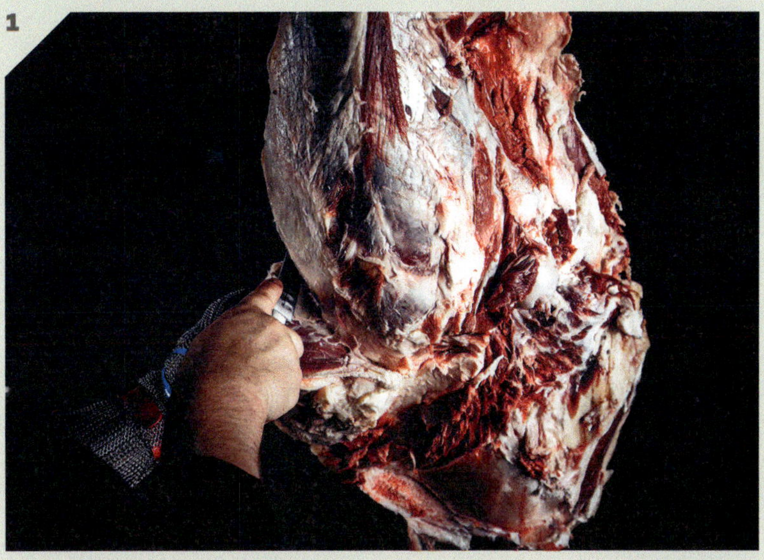

2

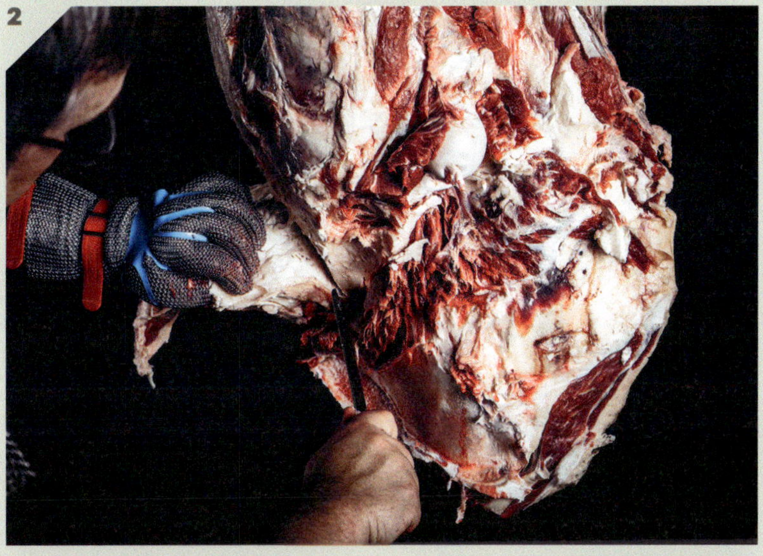

3

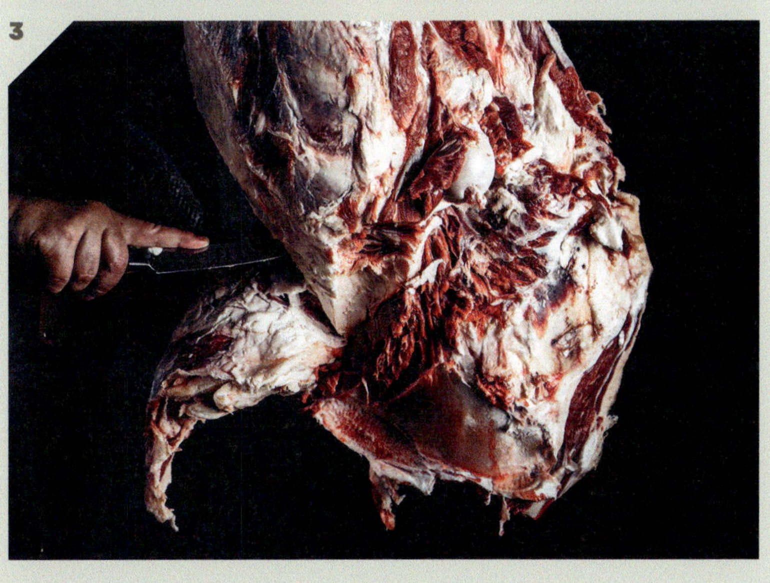

Kugel

A
Nuss

F
Tranche semi-paré

USA
Beef Knuckle

1

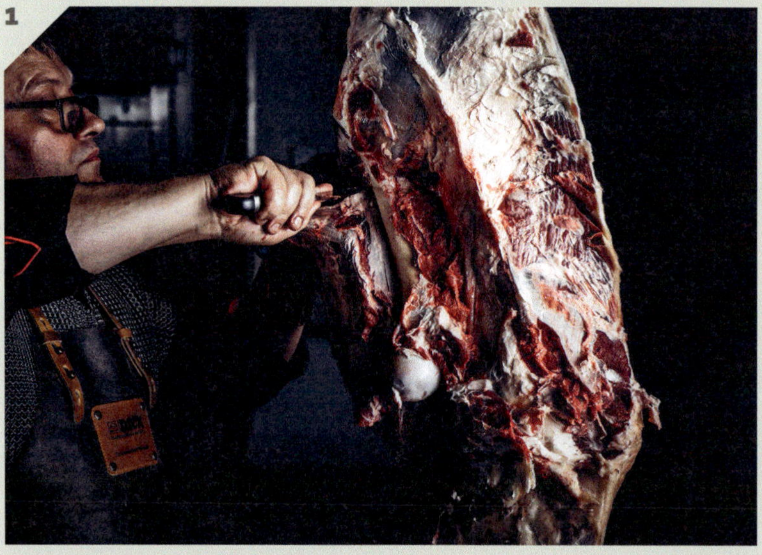

Jetzt trenne ich die Kugel von der Keule herunter, indem ich sie am Knochen vorsichtig anschneide und die Knochenhaut löse, damit so wenig Fleisch wie möglich am Knochen bleibt (**1–4**).

Die Kugel schneide ich anschließend in mehrere Muskelpartien auf: Kugeldeckel, Flache Nuss und Runde Nuss (**s. nächste Seiten**).

2

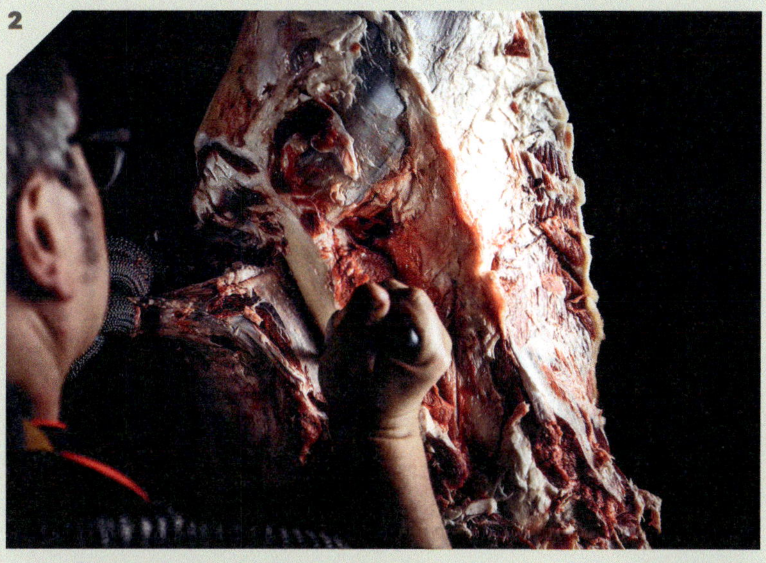

3

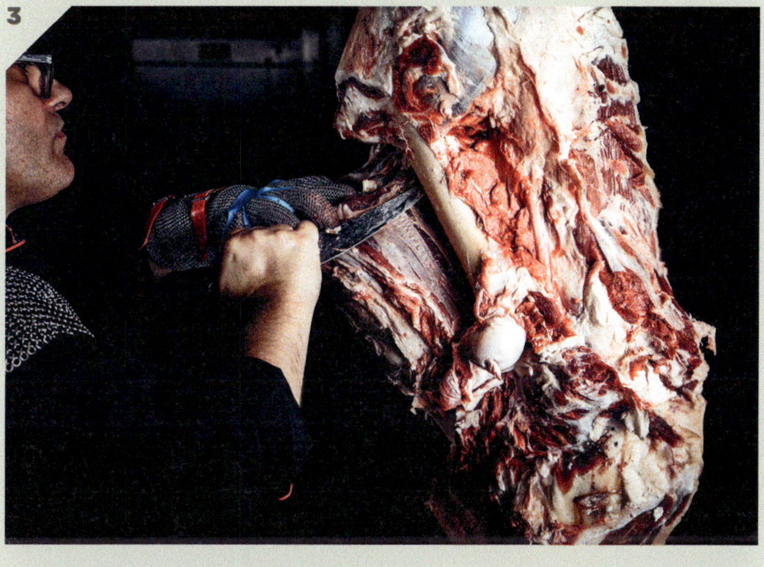

4

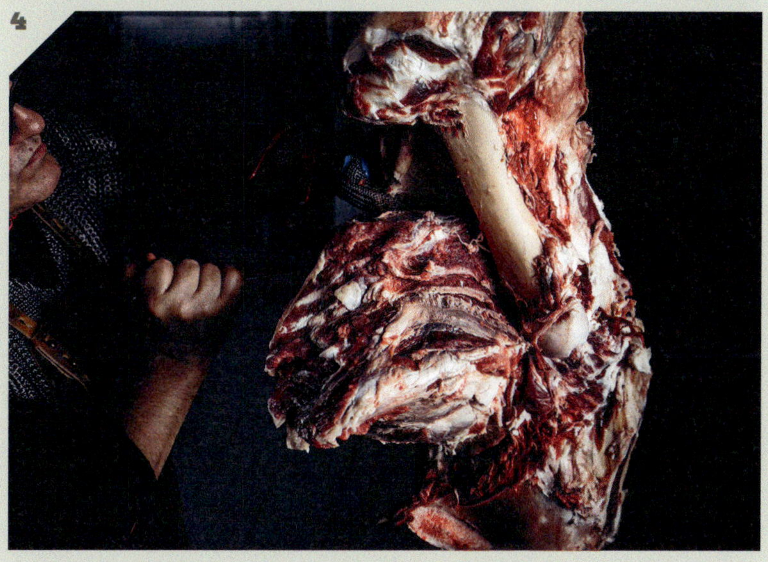

Kugeldeckel

A
Nussdeckel

F
Mouvant de bœuf

USA
Cap of Knuckle

Aus dem Kugeldeckel lassen sich zwei zarte Fleischstücke herauslösen. Wichtig ist es, am Kollagen entlangzuschneiden, sodass wir das schiere Fleisch bekommen. Zuerst schneide ich den Kugeldeckel herunter (**1–2**). Den Kugeldeckel selbst zerteile ich dann in zwei Teilstücke (**3–4**). Danach werden die Teile noch schön pariert.

Das kleinere Stück (im Bild unten) ist ein sehr zartes Steak und eignet sich hervorragend zum Grillen. Doch auch das etwas dickere Stück wird auf dem Grill butterweich.

1

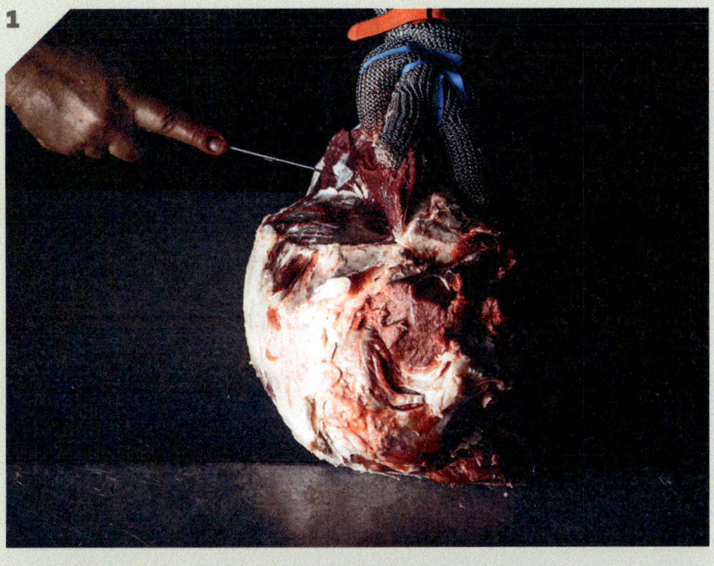

2

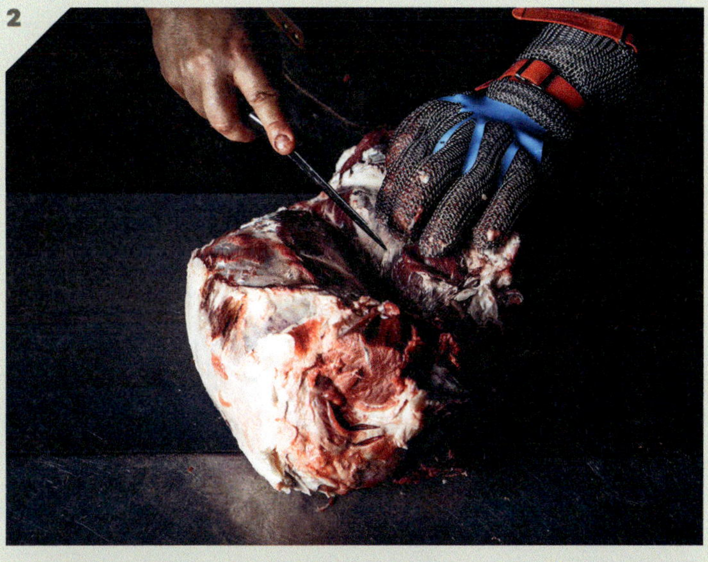

3

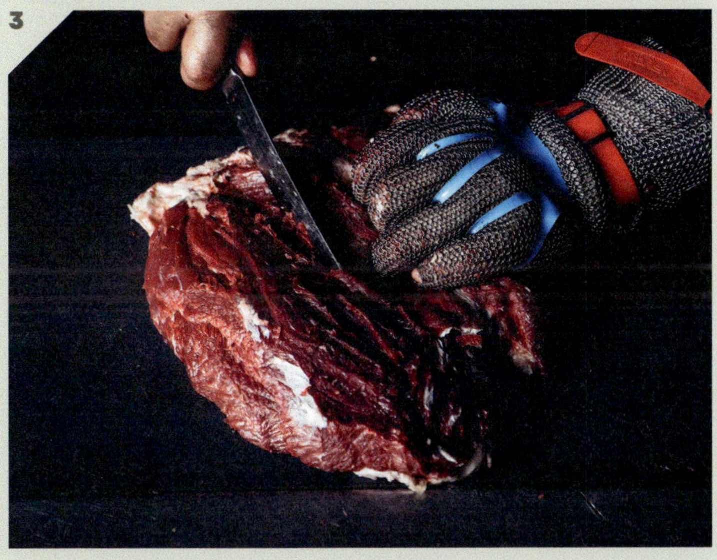

4

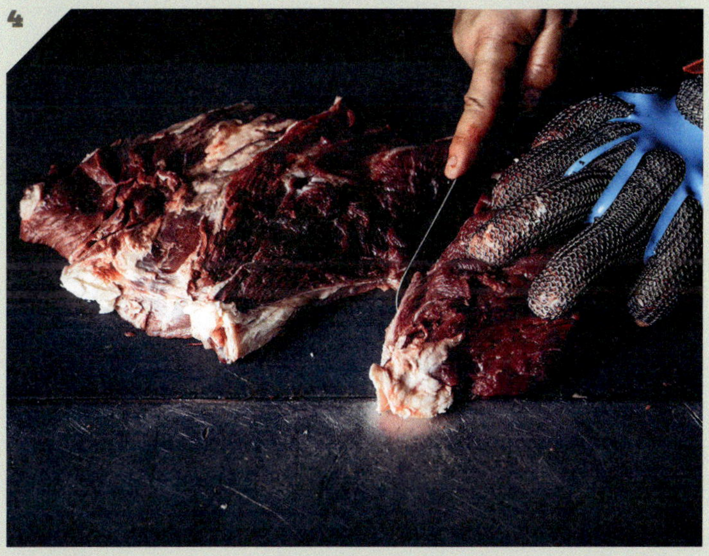

Flache Nuss

D
Flaches Stück der Kugel

F
Plat de fausse tranche

USA
Sirloin Tip (Knuckle) Side Roast

Ich trenne die Flache Nuss von der Runden Nuss, indem ich vorsichtig an der „Naht" entlangschneide, die aus Kollagenen besteht (**1–2**).

Die flache Nuss sieht zwar von all den Teilstücken der Kugel am schönsten aus, hat aber eine sehr feste Struktur. Daher eignet sie sich besser für Schmorgerichte wie Rouladen oder Braten.

1

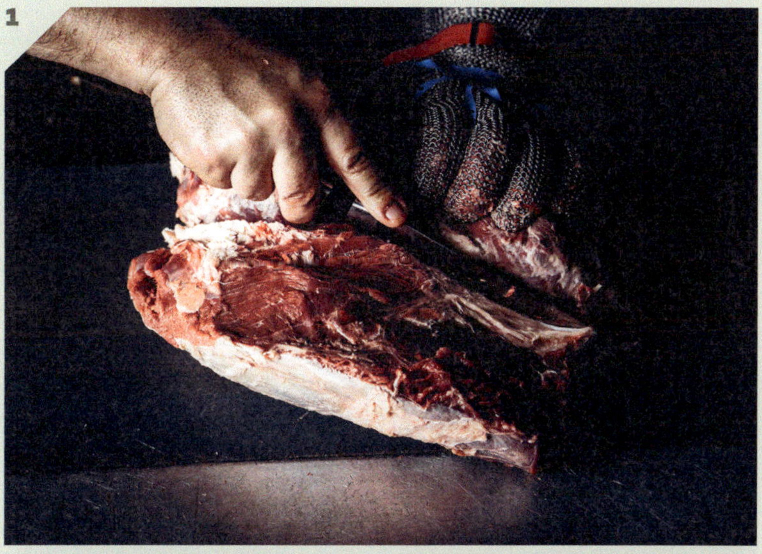

2

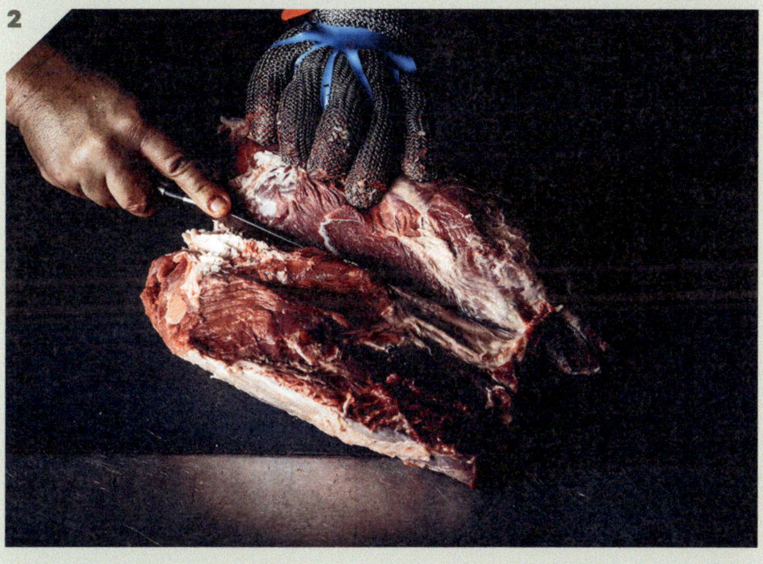

Runde Nuss

A
Nussrose

F
Rond de fausse tranche

USA
Sirloin Tip (Knuckle) Center Roast

Nachdem die Flache Nuss abgetrennt wurde, habe ich nun noch die Runde Nuss vor mir liegen. Ich trenne die Runde Nuss einmal in der Mitte, wieder an den Kollagenen entlang (**1–3**). So bekomme ich zwei tolle Steakstücke.

Das flachere Stück der Runden Nuss ist sehr zart und bietet eine gute Alternative zum Flank Steak. Das dickere Stück zerteile ich in kleine Steaks, die beim Grillen oder Braten ebenfalls butterzart werden.

1

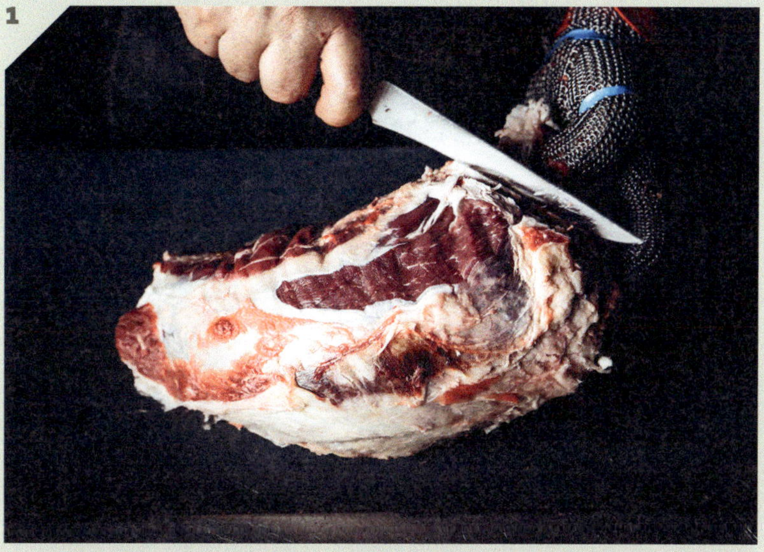

2

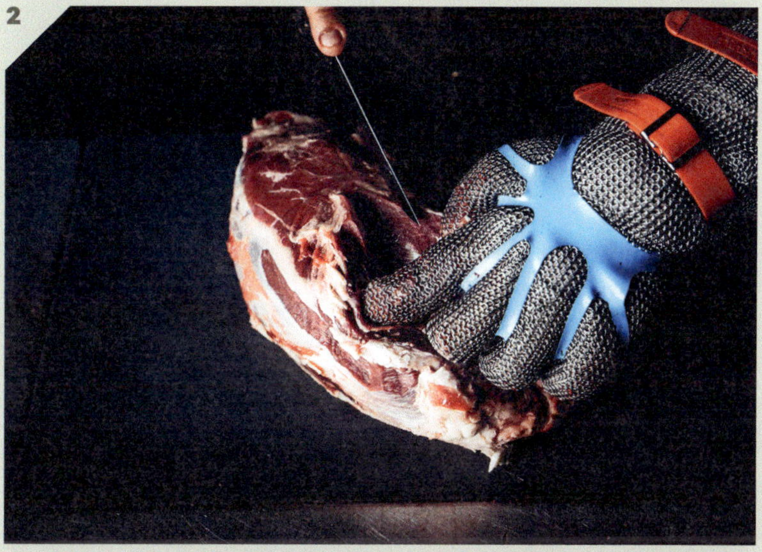

3

Hüfte

Hüfte, Hüftzunge, Hüftfilet

D
Hüfte
A
Hüferscherzel
F
Cœur du rumsteck
USA
Top Sirloin Butt

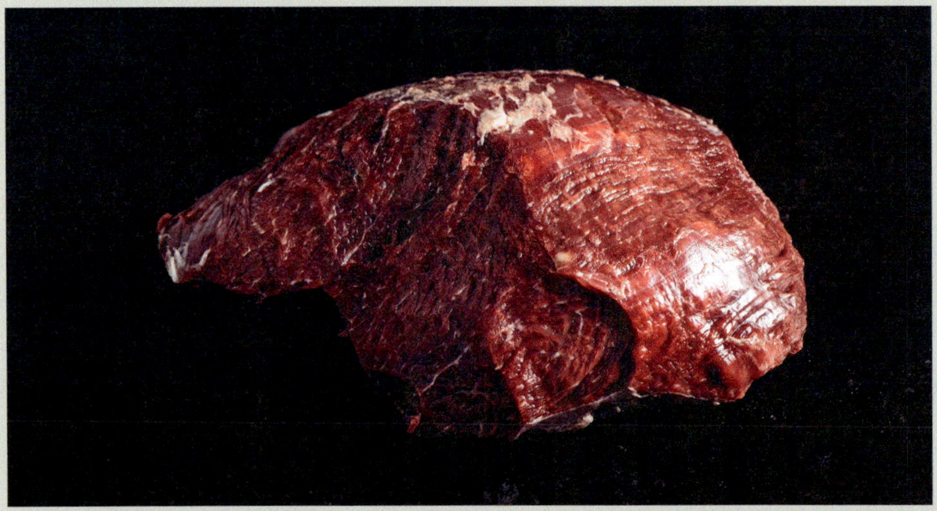

D
Hüftzunge
A
Zungenstück der Hüfte
F
Limand

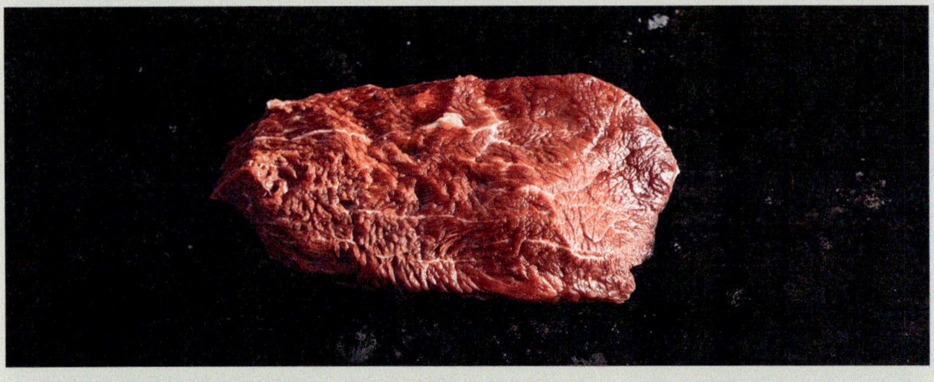

D
Hüftfilet
A
Hüftzapfen
F
Filet de rumsteck
USA
Baseball Cut

1

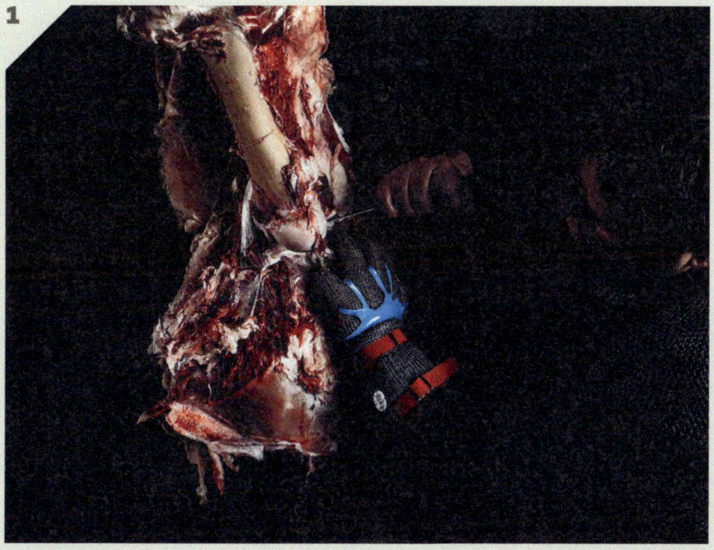

2

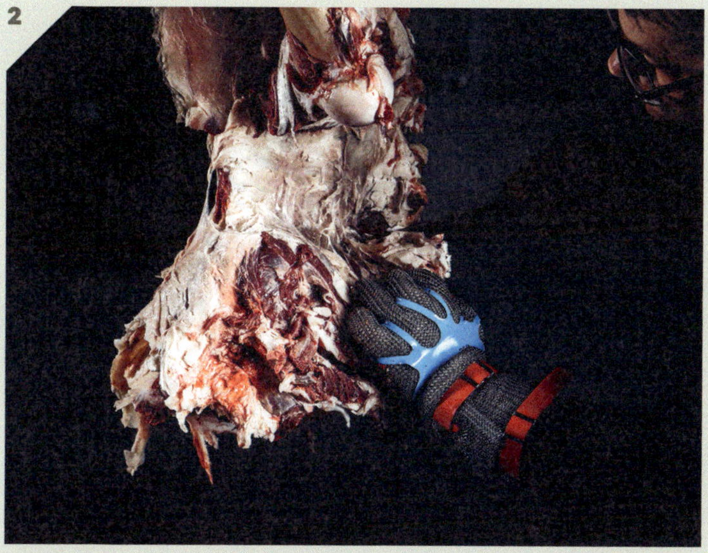

Das Fleisch aus der Hüfte ist als klassisches Steakfleisch bekannt – mehr muss man dazu eigentlich gar nicht sagen. Das Hüftfilet ist noch etwas feiner, weshalb man den Preis an der Theke entsprechend anpassen sollte. Ob als Tatar oder Carpaccio, fürs Fondue oder als besonderes Steak – das Hüftfilet braucht sich nicht hinter dem Filetsteak zu verstecken. Doch nun zur Königsklasse: die Hüftzunge. Dieses wohlgehütete Metzgergeheimnis kam früher so gut wie nie in den Verkauf, sondern war für den Chef bestimmt – so besonders und ultrazart ist dieses Stück.

Die Hüfte sitzt im Inneren der Keule und schließt mit dem Ansatz des Roastbeefs. Ich trenne die Hüfte also zunächst aus dem Vlies vom Knochen ab (**1–2**).

3

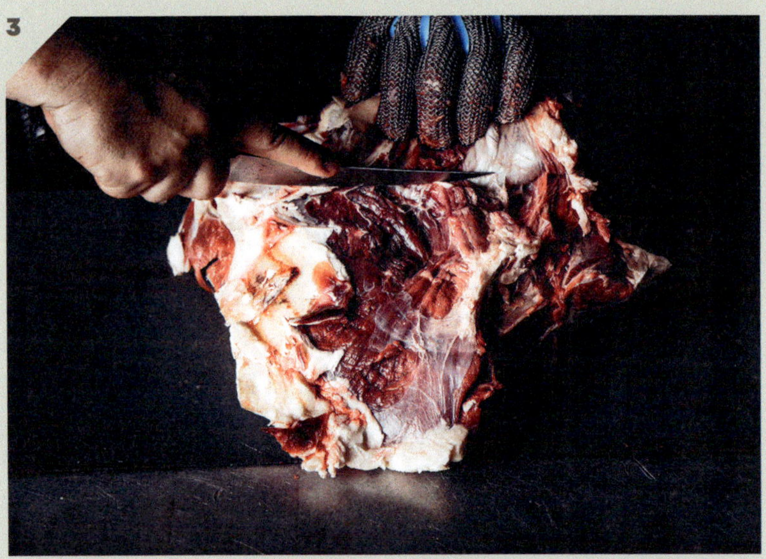

4

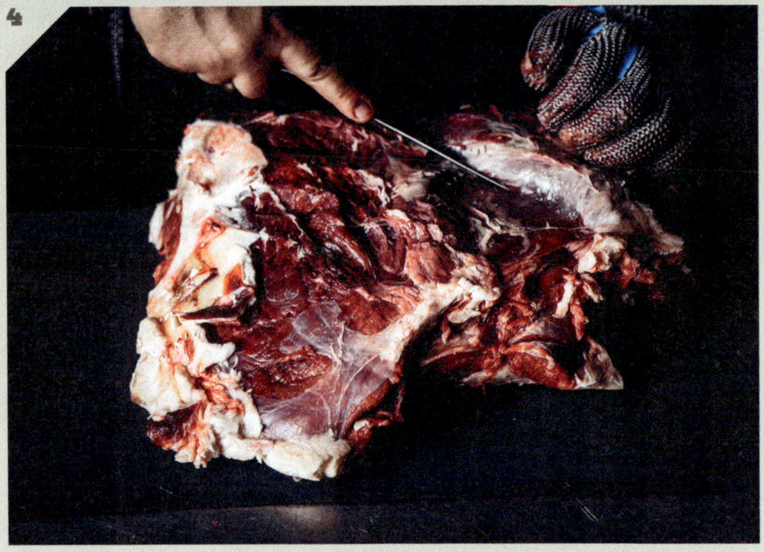

Dann geht es an die Feinarbeit – ich zerlege die Steakhüfte in drei Teile: Zuerst schneide ich die Hüftzunge, die auf der Steakhüfte liegt, heraus (**3–4**).

5

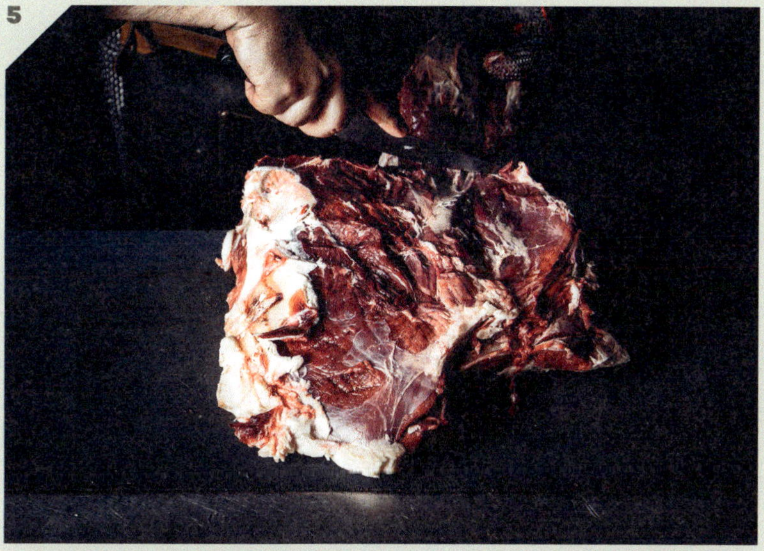

6

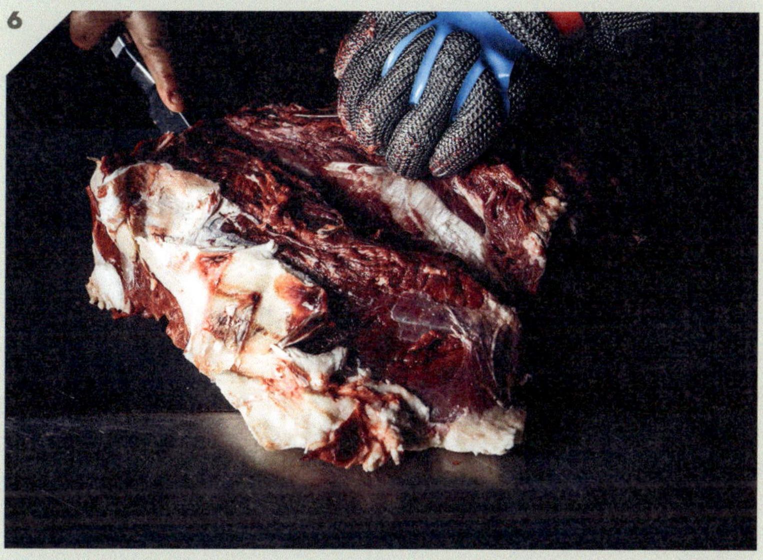

Als nächstes löse ich das Filet aus, indem ich es an der Sehne entlang freischneide (**5–6**). Bei diesem Stück verlaufen die Fasern diagonal, weshalb wir die Steaks dann auch entsprechend schneiden.
Die nun noch übrige Hüfte wird anschließend ordentlich pariert.

Tafelspitz

D
Tafelspitz,
Hüftdeckel

F
Aiguillette de
rumsteck

USA
Rump Cap,
Sirloin Cap

Nun geht es wieder an die noch hängende Keule. Ich trenne den Tafelspitz unterhalb des Knochens ab (**1–3**) und pariere ihn. Hier kann man auch schon sehen, dass das Fleisch immer zarter wird, je näher man zur Spitze kommt.

Der Tafelspitz ist ein klassisches Siedestück, das besonders in Österreich und im Süden Deutschlands als Traditionsessen auf den Tisch kommt. Aber auch in der Grillszene erfreut sich dieses Stück als „Picanha“ immer größerer Beliebtheit. Hierfür wird das Fleisch in etwa handgroße Stücke zerteilt, aufgespießt und auf der Fettseite gegrillt. Das Geräusch des zischend ins Feuer tropfenden Fetts gab dem Fleisch, das auf diese traditionelle Art zubereitet wird, seinen Namen: Churrasco.

1

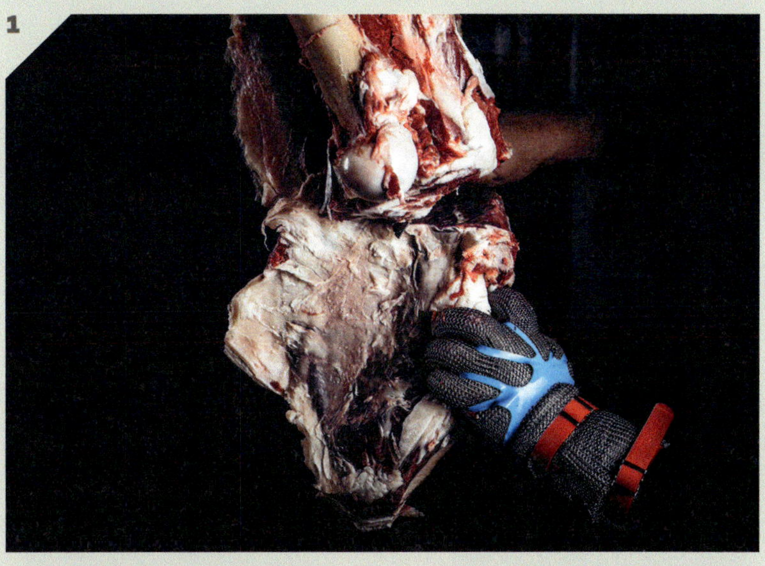

2

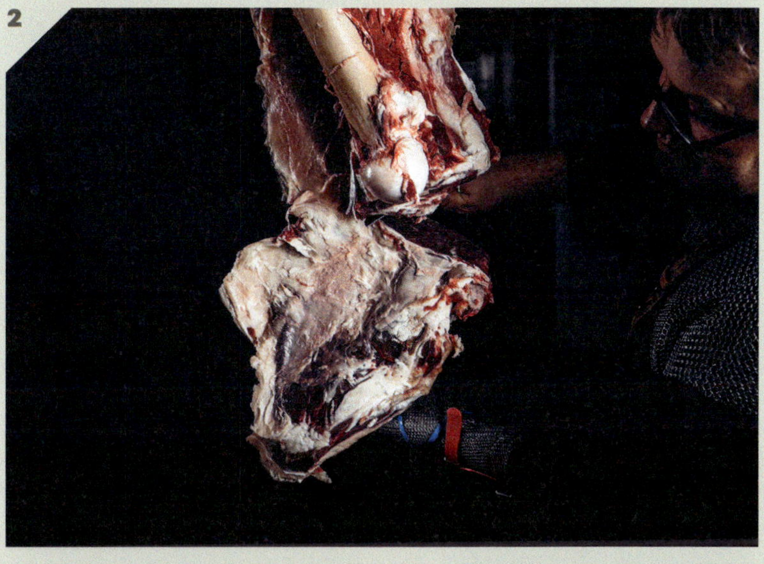

3

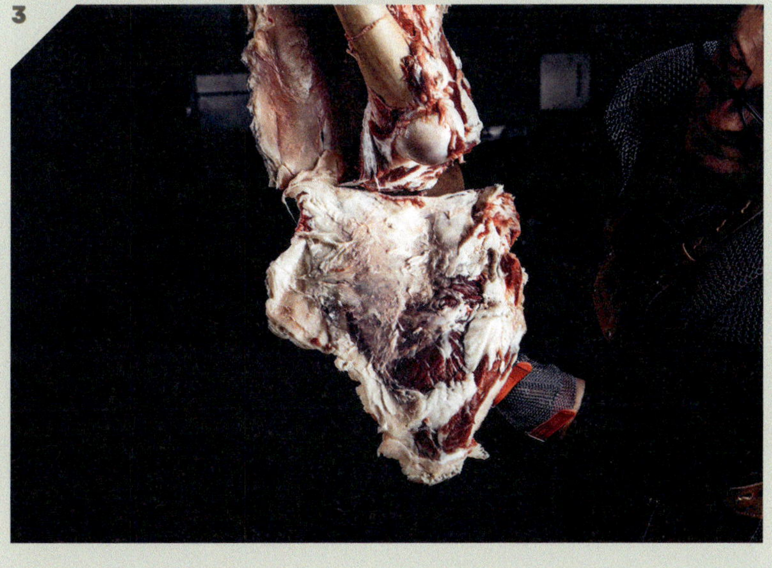

Unterschale ohne Semerrolle

Kleiner Tafelspitz, Großes Stück

F
Aguillette de gîte noix

USA
Silverside Brick

A
Tafelstück

F
Plat de gîte

USA
Flat Silverside

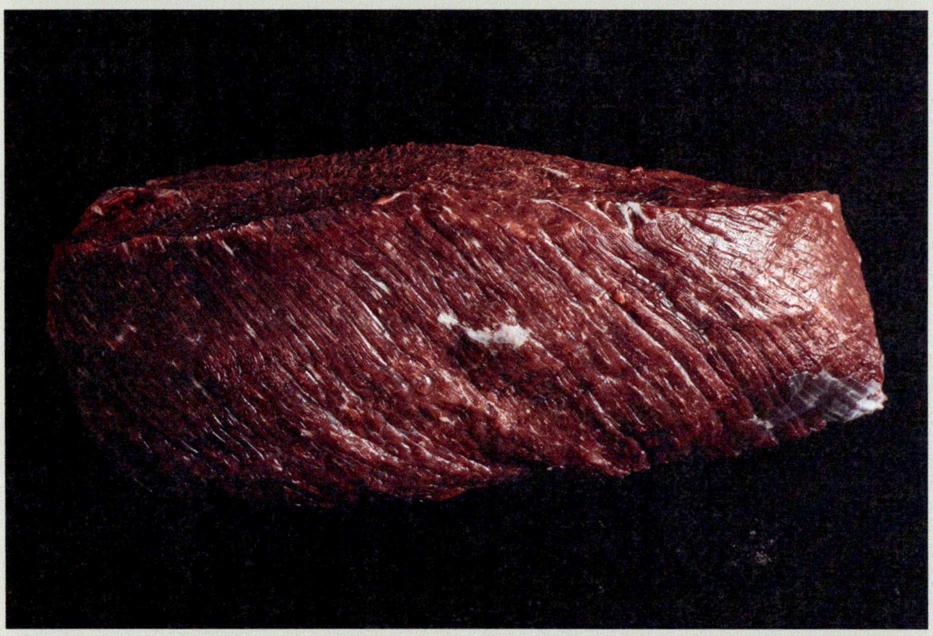

1

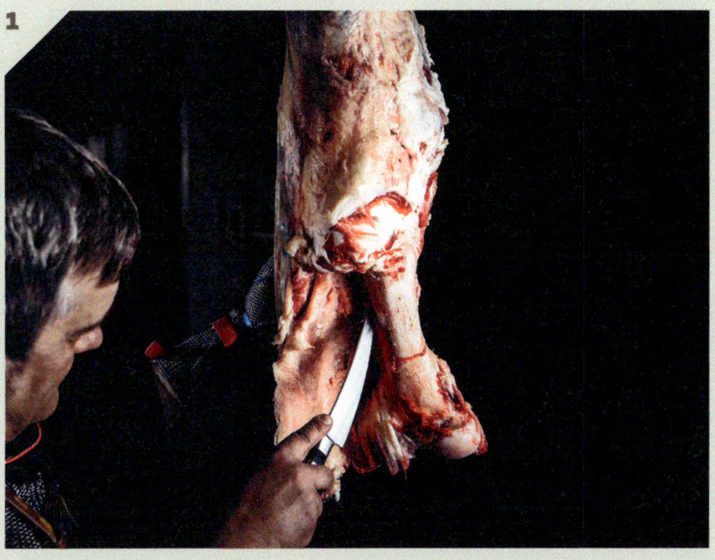

2

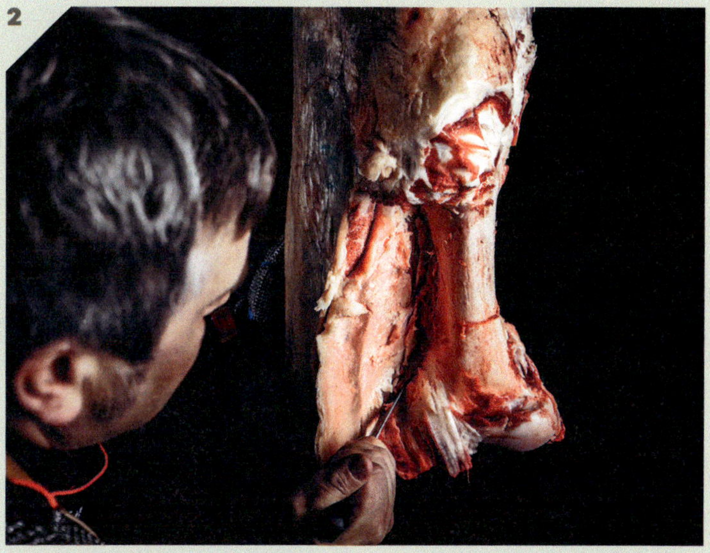

Ja, auch der Unterschale kann ich etwas abgewinnen, selbst wenn es eine recht grobfaserige Struktur hat. Aus dem Großen Stück kann man gute Rouladen machen, und das kleinere Stück ergibt – deswegen haben wir ihn hier so genannt – einen tollen Tafelspitz.

3

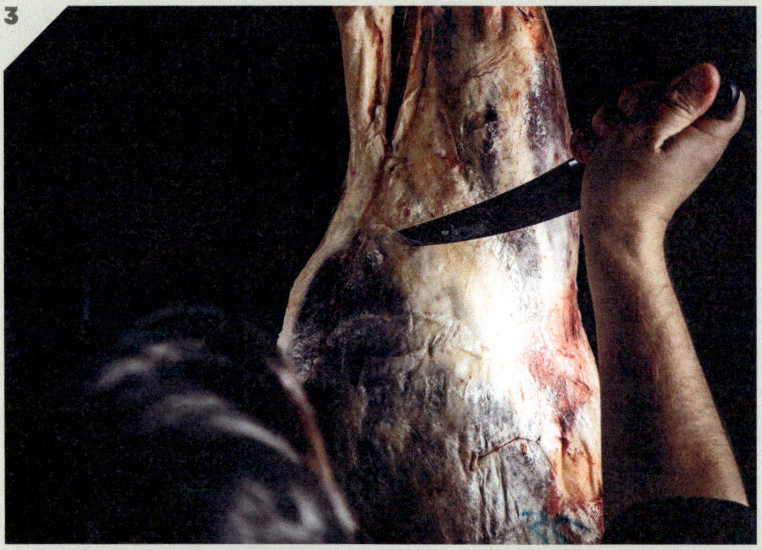

4

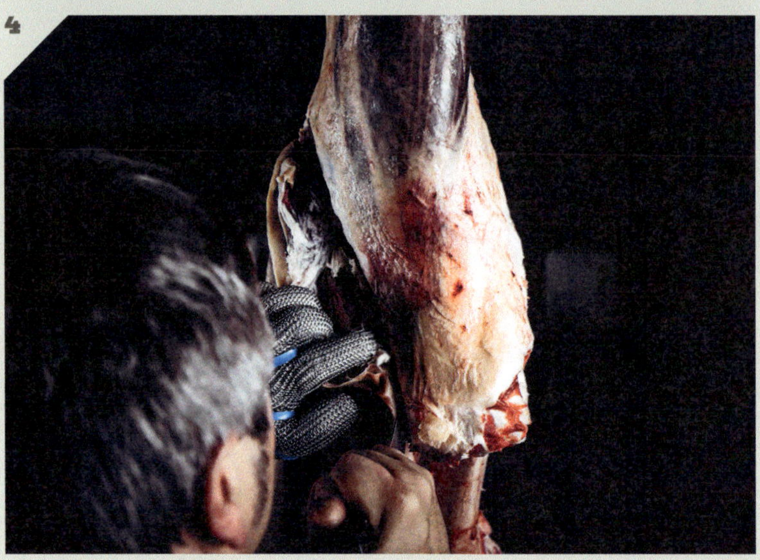

Die Unterschale besteht aus Semerrolle, Kleinem Tafelspitz und Großem Stück. Die Semerrolle habe ich ja bereits ausgelöst (**siehe S. 128**). Nun trenne ich die restlichen beiden Teile gemeinsam von der Keule ab (**1–5**).

5

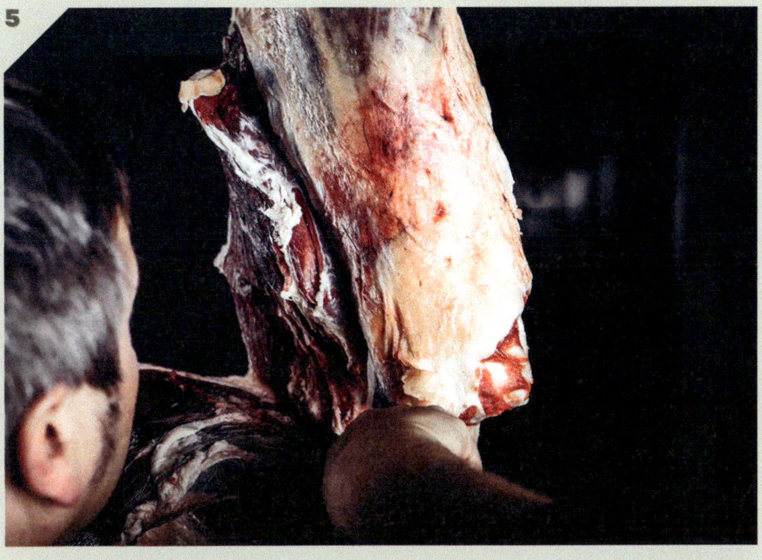

6

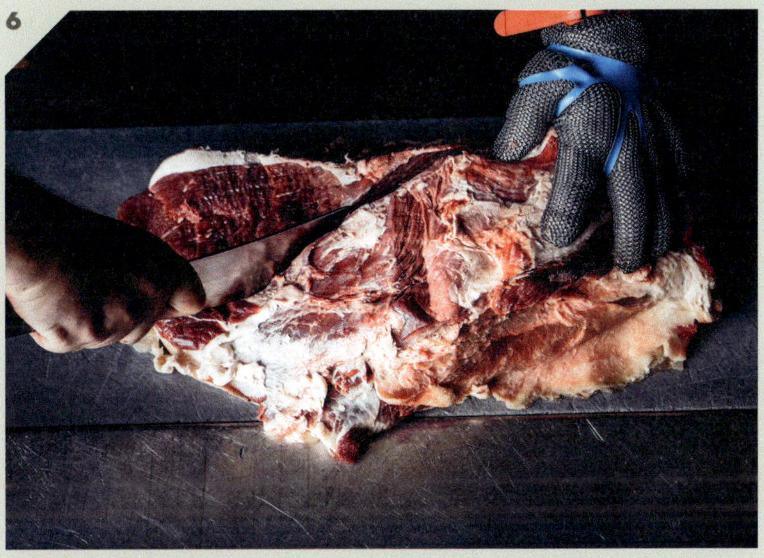

Wenn das Stück vor Ihnen liegt, können Sie gut erkennen, an welcher Stelle Sie als nächstes schneiden müssen, um den Kleinen Tafelspitz und das Große Stück voneinander zu trennen (6).

Rosenstück mit Rosenstrang

D
Rosenstück,
Sternrose

A
Wadelstutzen

F
Nerveux de gîte

USA
Outside Round
Heel

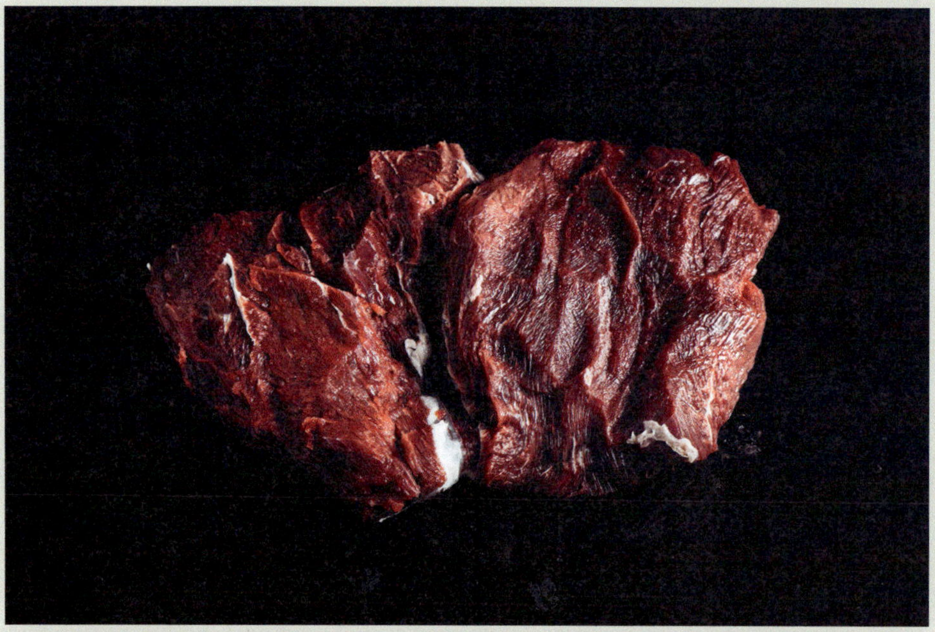

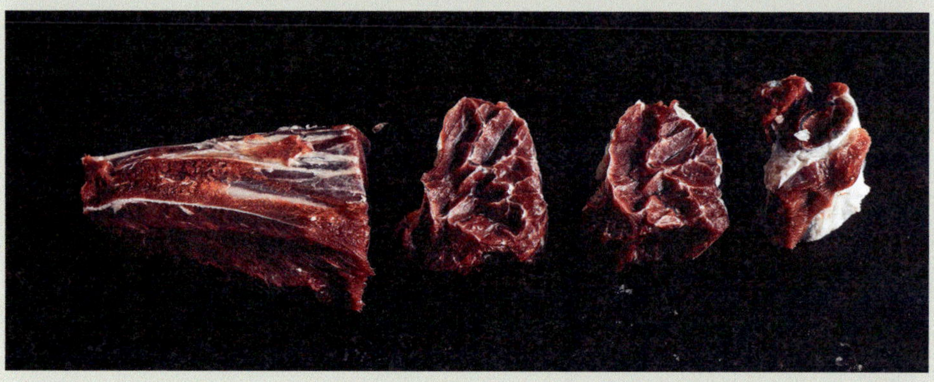

1

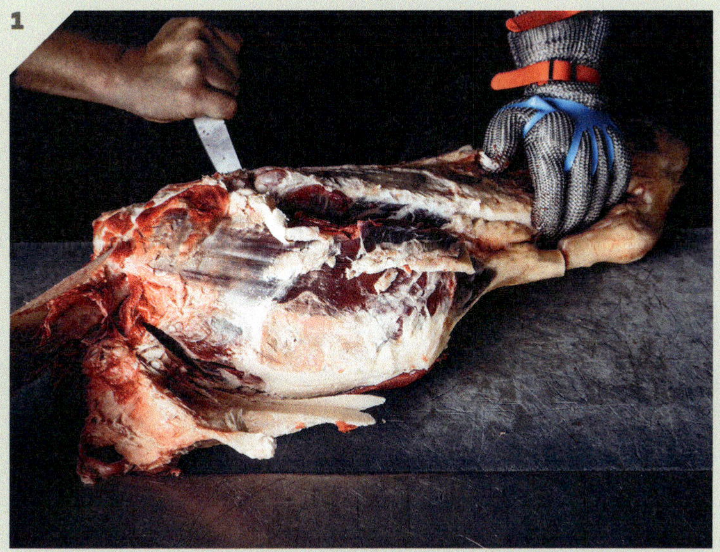

2

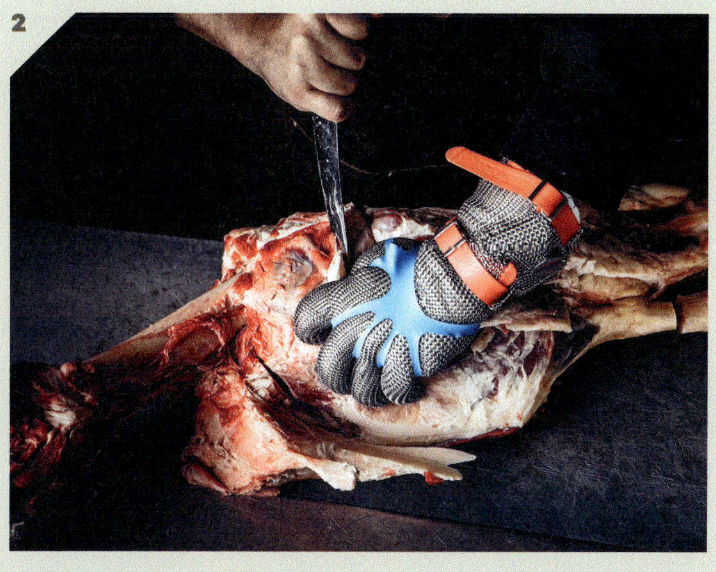

Das Rosenstück besteht aus drei Teilen, dem Runden Rosenstück, dem Flachen Rosenstück und dem Rosenstrang (auf den Bildern sehen Sie oben das gesamte Rosenstück und darunter den ausgelösten Rosenstrang).

3

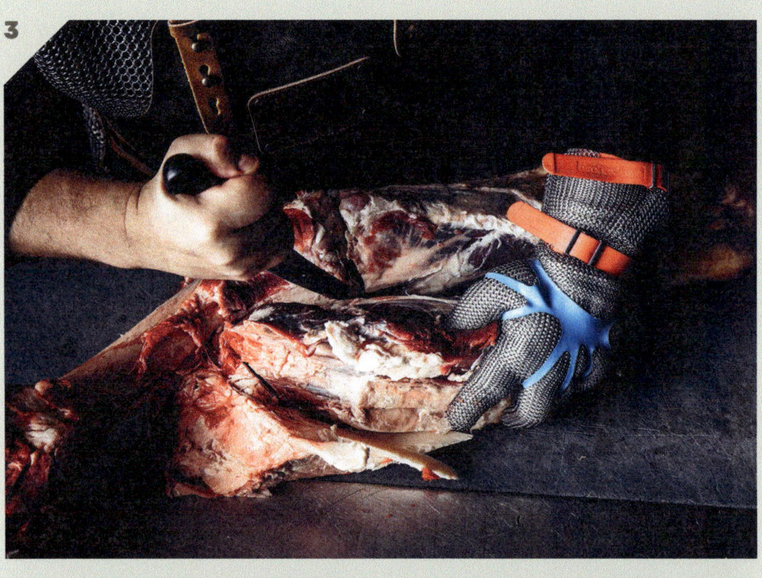

4

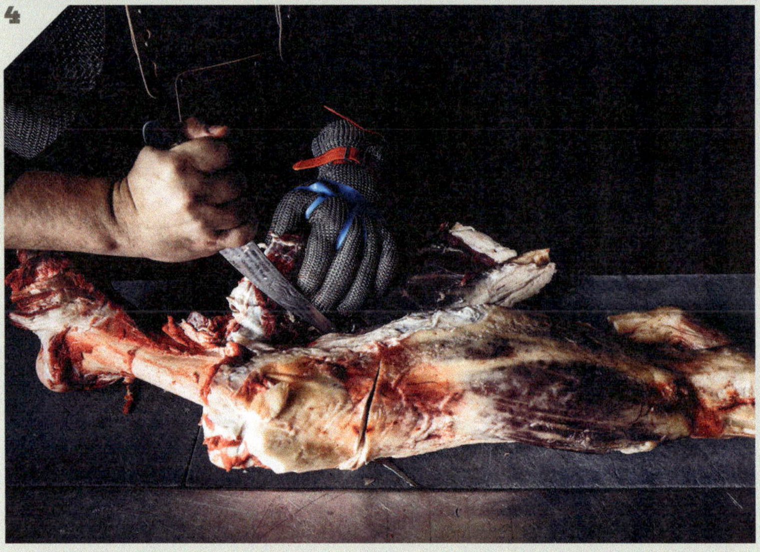

Um an diese Stücke zu gelangen, nehme ich den Rest der Keule und zerlege ihn liegend. Das Rosenstück bedeckt die hintere Beinscheibe mit der Unterschale, wie man auf den Bildern gut erkennt. Ich schneide also zunächst das Fleisch vom Knochen (**1–4**) und löse dann den Rosenstrang heraus (**5–6**).

5

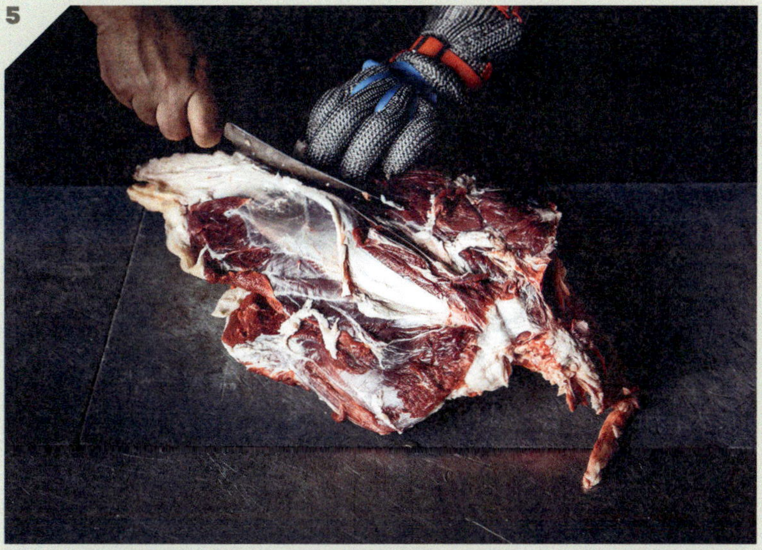

6

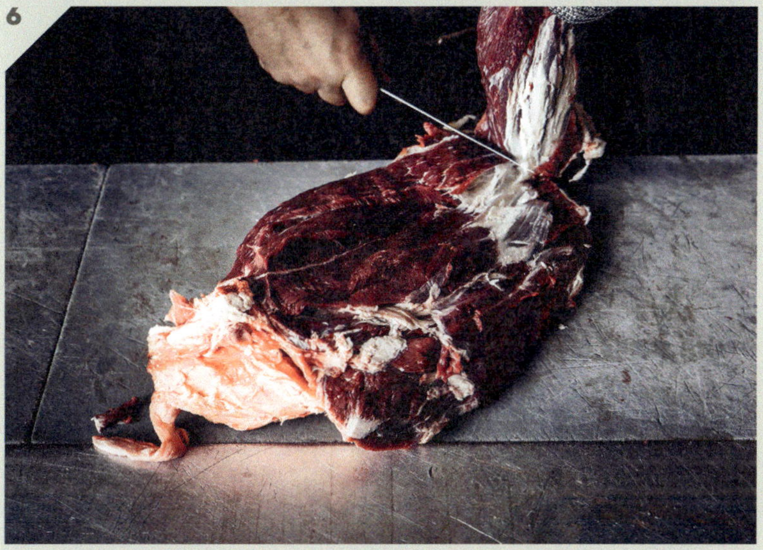

Alle drei Stücke eignen sich ganz hervorragend für ein gutes Gulasch. Durch den hohen Kollagenanteil in den Muskeln wird das Fleisch butterweich – und der Soßenbinder ist auch schon dabei.
Wer sich die Mühe macht, das Kollagen aus dem Flachen Stück herauszuschneiden, wird mit gutem Fleisch für Grillspieße belohnt.

Röhrenknochen hinten

F
Os à moelle

USA
Marrow Bone

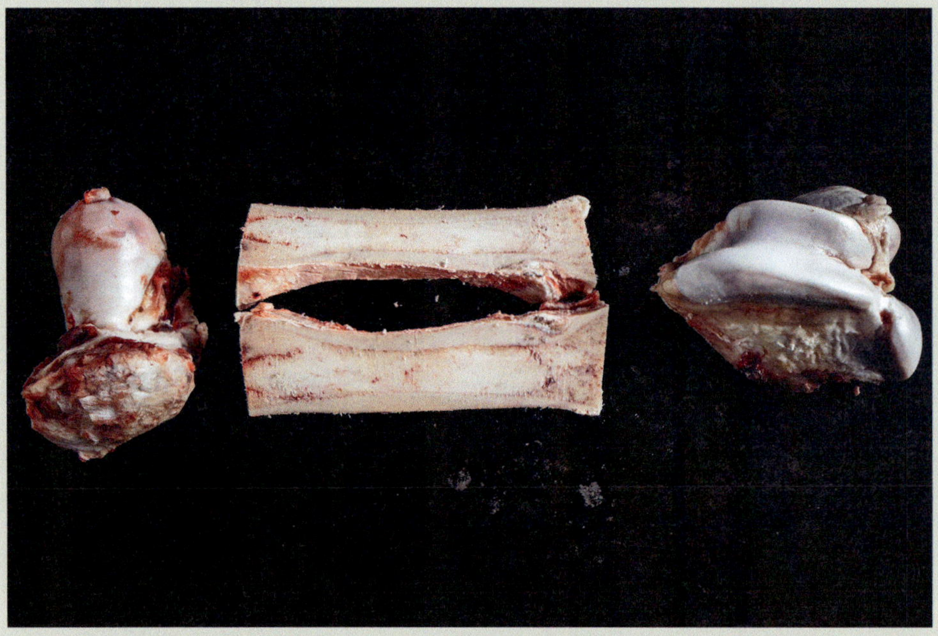

Nun habe ich die Keule nahezu restlos zerlegt. Doch auch jetzt erwarten uns noch einige Leckerbissen. Während der Röhrenknochen bis vor kurzem noch in Sand- und Markknochen aufgesägt und als Suppenbeilage verkauft wurde, spielt er mittlerweile eine größere Rolle – und manchmal sogar die Hauptrolle. Als ich 2016 auf der Sial war, einer großen Food-Messe in Paris, wurde ich anschließend in ein Zwei-Sterne-Restaurant von Alain Ducasse eingeladen. Ich, der Bergarbeitersohn, war etwas eingeschüchtert von den hohen Preisen, also bestellte ich nur eine Vorspeise für 28 Euro: Bone Marrow (engl. Knochenmark). Ich bekam einen der Länge nach aufgesägten Markknochen, der sehr schön angerichtet war – und der so hervorragend schmeckte, dass ich ihn mir jederzeit wieder bestellen würde. Ein Gedicht! Und viel zu schade, um ihn nur in der Suppe auszukochen.
Auch Knochenmarkbutter kann man daraus zaubern – versuchen Sie es, auf Steaks schmeckt die Butter einfach herrlich.

Beinscheibe von der Hinterhesse

A
Hinterer Wadschinken mit Knochen

F
Jarret avec os

USA
Hindshank

Die Hinterhesse fristet in Deutschland noch immer ein Dasein als Suppenfleisch – doch auch hier gibt es tolle Zubereitungsalternativen. Zum Beispiel als Schmorbraten. Ja, richtig gelesen: Im Winter kann man aus der Hinterhesse einen richtig schönen Schmorbraten am Knochen zaubern. Oder man löst das Fleisch vom Knochen und bereitet ein Saftgulasch daraus zu. Im Sommer bietet es sich an, die Hesse in Beinscheiben zu zerteilen, sie dann zunächst sous-vide zu garen und anschließend zu Ossobuco vom Rind (anstatt vom Kalb) zu verarbeiten.

Vorderviertel

Kasten

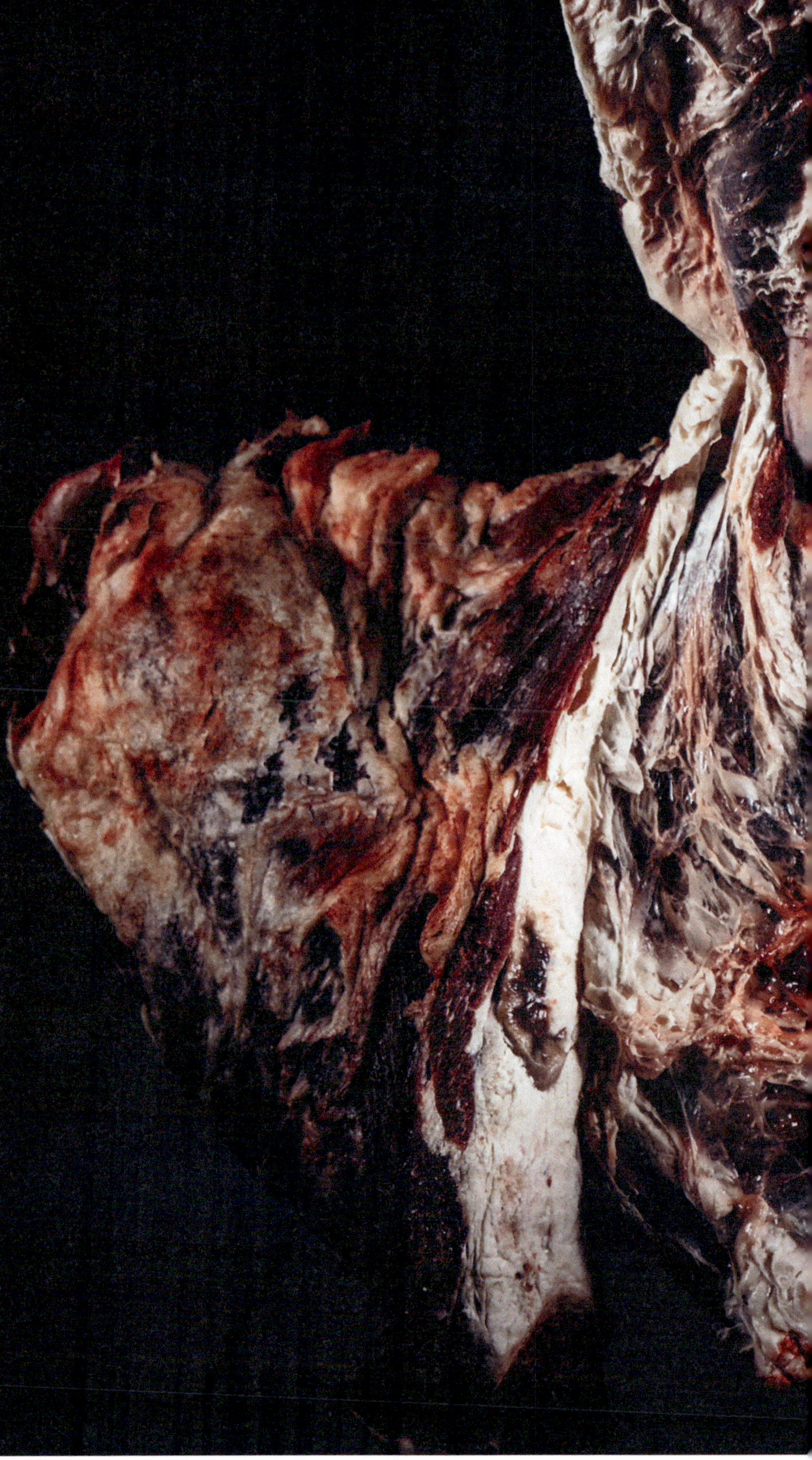

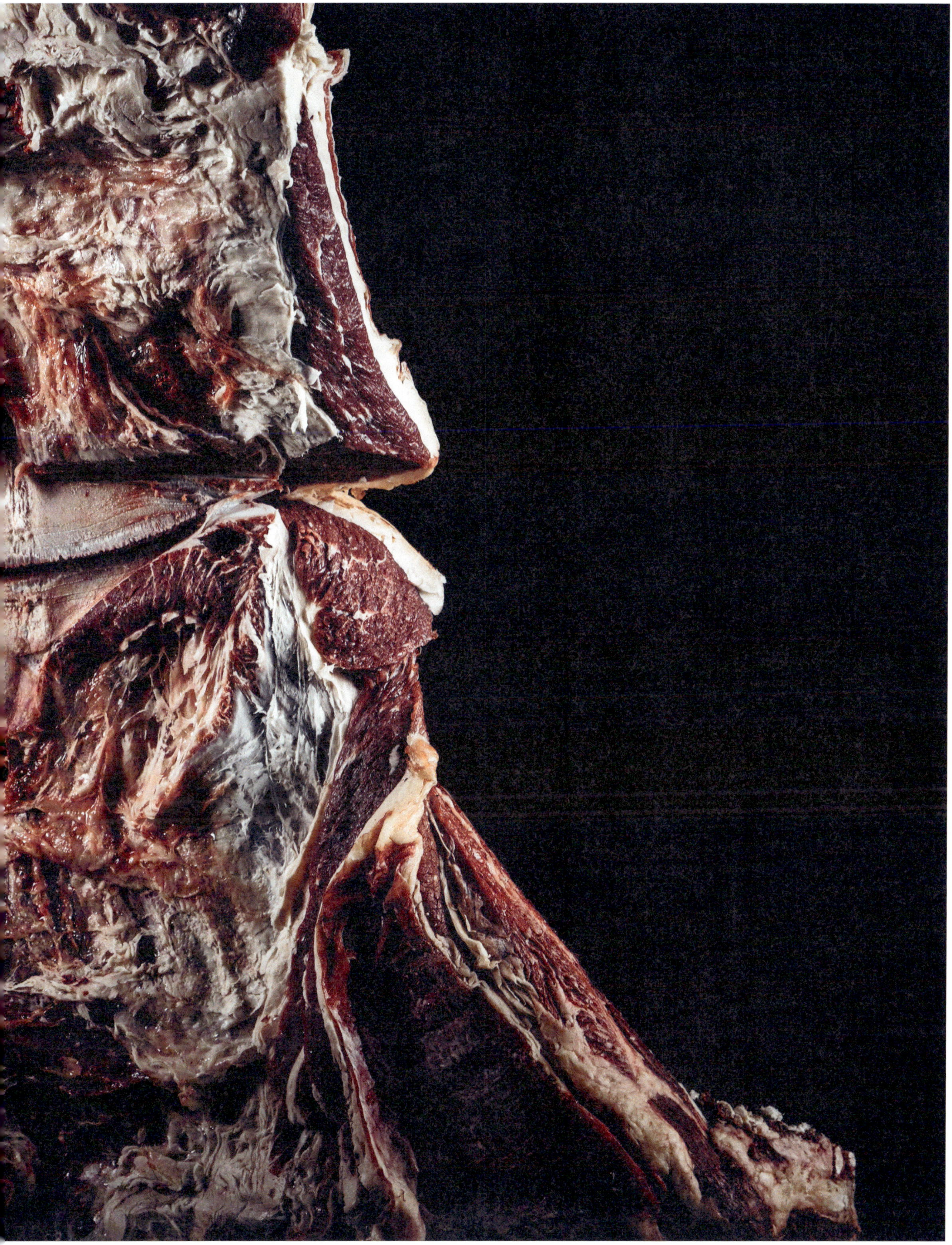

Kasten

1

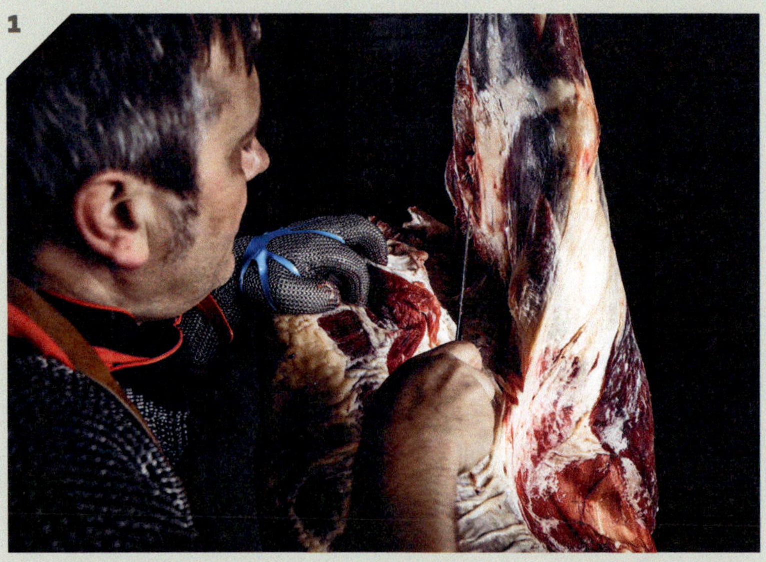

Das Hinterviertel habe ich zerlegt – wenden wir uns also dem Vorderviertel zu. Zuerst trenne ich Kasten und Schulter voneinander, indem ich den Kasten am Bindegewebe entlang herunterschneide (**1–3**). Die Schulter bleibt erst einmal hängen, ich kümmere mich zuerst um den Kasten.

2

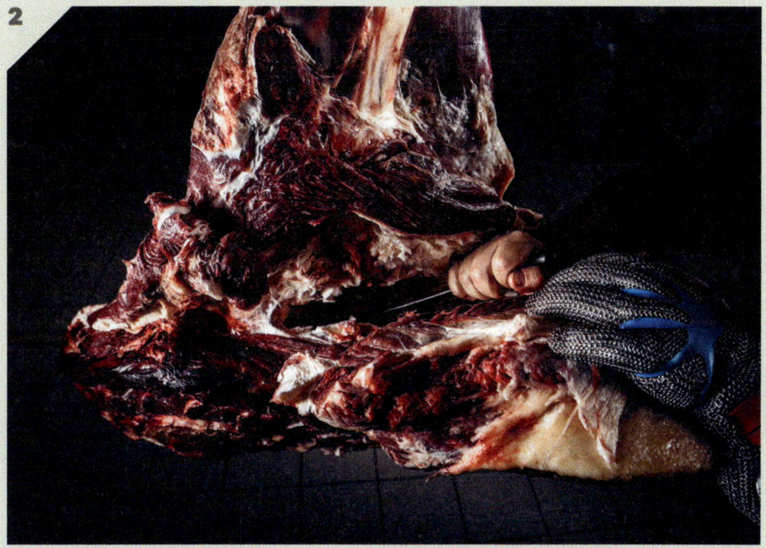

3

Brisket

Flat, Point, Fat Cap

D
Brust ohne Knochen

F
Bateau

USA
Brisket

1

2

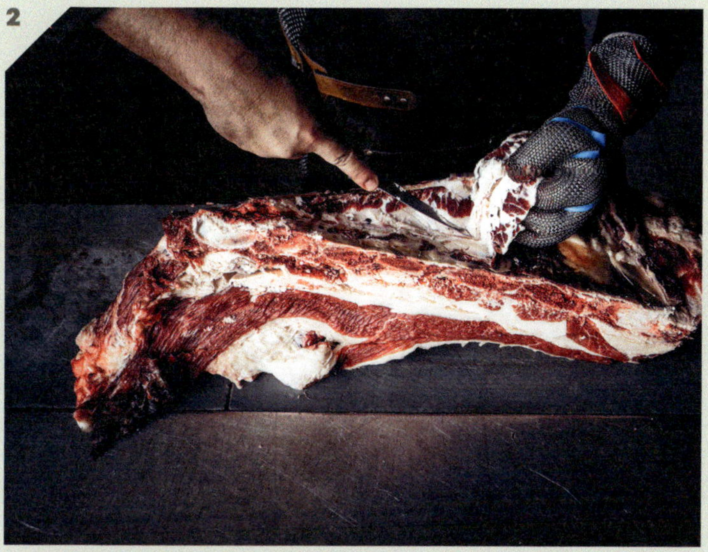

Ich säge vom Kasten die Brust herunter und lege sie dann auf den Tisch. Jetzt könnte man sie samt Knochen in Scheiben sägen und ganz klassisch als Suppenfleisch anbieten, oder man löst sie im Ganzen aus: Zuerst säge ich das Bruststück – das vorne schmale und hohe, hinten flache und breite Full Packed Brisket – ab (**1–2**).

3

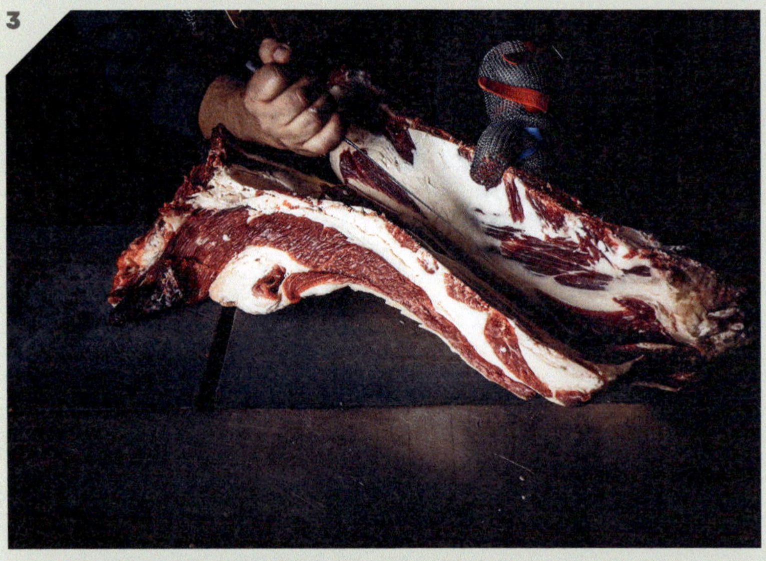

4

Im nächsten Schritt löse ich dann das auf der Brust liegende Fleisch ab, indem ich den Knochen quasi herausschäle (**3–4**). Anschließend wird das Fleisch noch in seine Muskeln zerteilt: in den großen Flat *(M. pectoralis major)*, den kleinen Point *(M. pectoralis minor)* und das Fat Cap (**5–6**). Das Fat Cap trennt die beiden anderen Stücke voneinander.

5

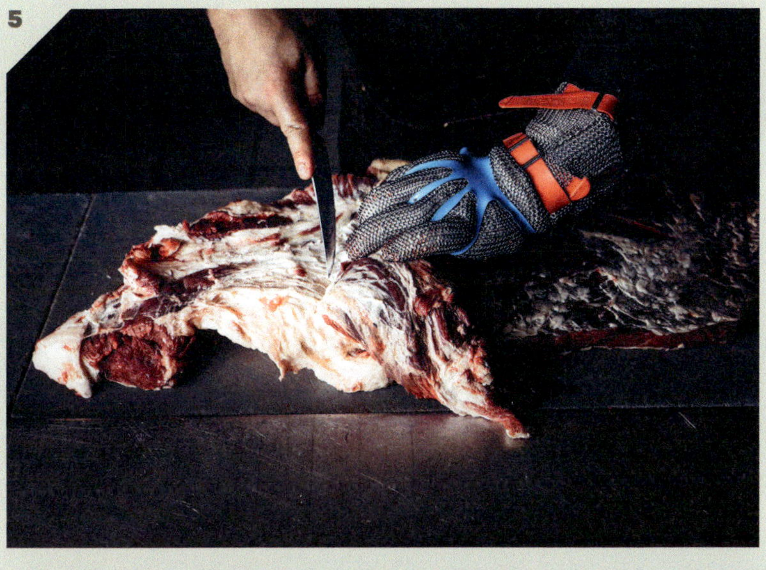

6

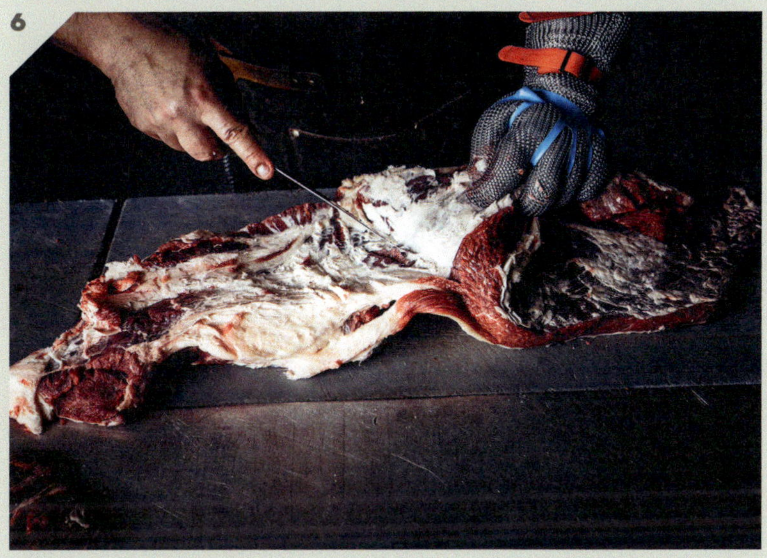

Die Brust kennt man eher als Suppen- oder Kochfleisch – für eine kräftige Rinderbrühe oder als gekochte Rinderbrust mit einer leckeren Soße für den Sonntagstisch. Auch Pastrami, ein klassisches Gericht der jüdischen Küche, kann man daraus zaubern. In der Grillszene gehört das komplette Brisket zusammen mit Spare Ribs und Pulled Pork zur Königsklasse, der sogenannten „Holy Trinity".

Short Ribs vom Vorderviertel

Um an die Short Ribs zu kommen, säge ich zunächst am Zungenstück beziehungsweise Halsstück entlang die Knochen durch (1) und trenne den Rest mit dem Messer ab (2). Dann säge ich mit einem weiteren geraden Schnitt an der Rippe entlang (3) und zerteile die Rippen final mit dem Messer (4). Jetzt habe ich den vorderen Rippenkasten herausgesägt, den ich zu Short Ribs verarbeite: Ich schneide die Knochenhaut ein, damit sich das Fleisch später ganz einfach vom Knochen löst, und zerteile dann die Rippen: Hier sind unsere Short Ribs!

Dieses Produkt erlebt zur Zeit einen regelrechten Hype. Was früher nur in der Suppe verwendet wurde, wird jetzt auf dem Keramikgrill (auch Kamado genannt) oder im Smoker gegart.

1

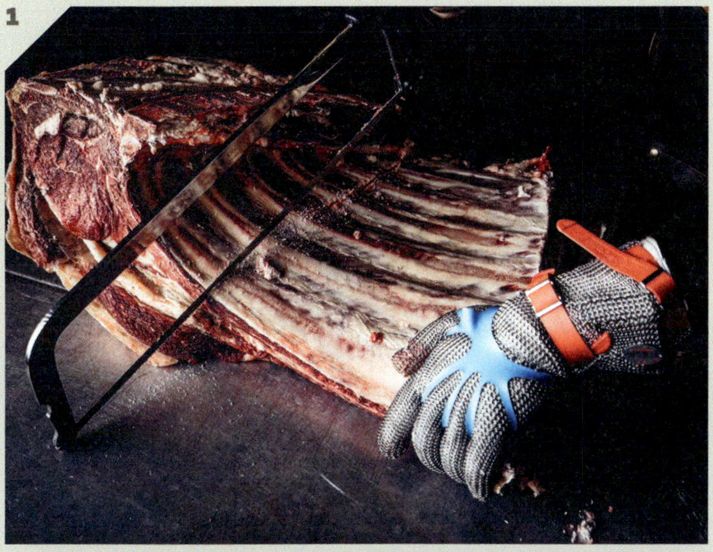

2

3

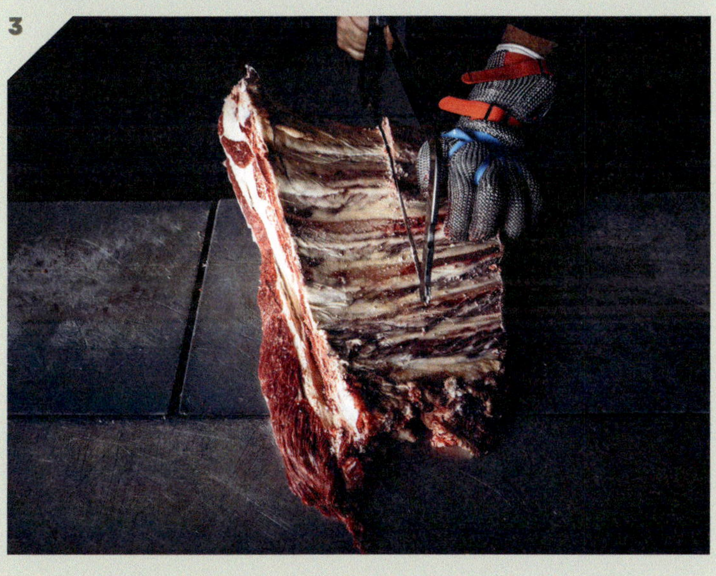

4

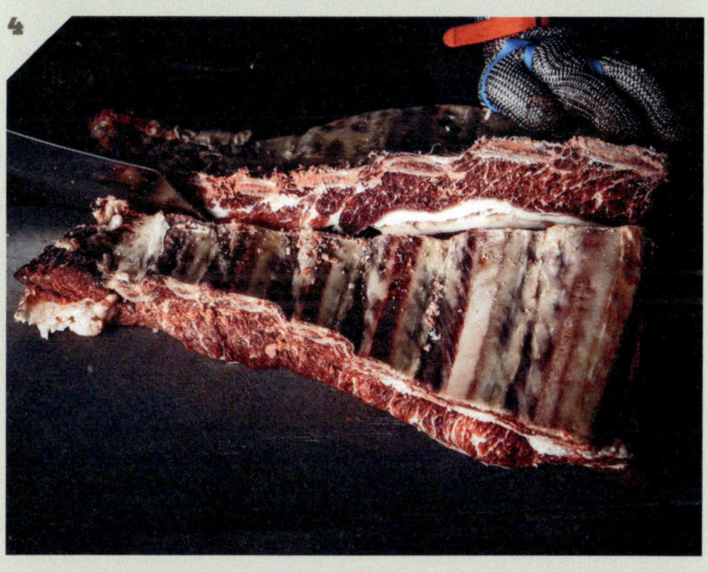

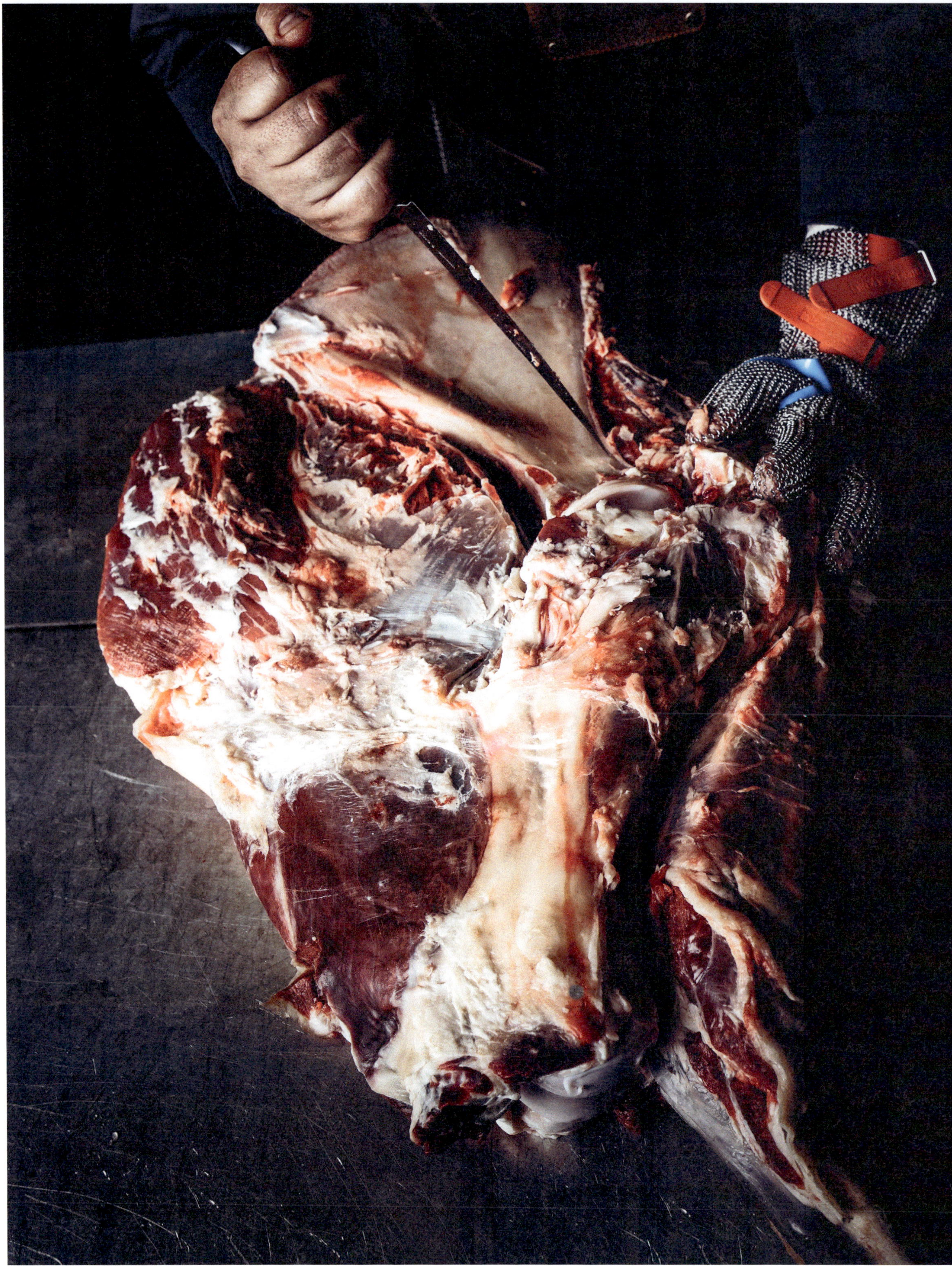

Schulter

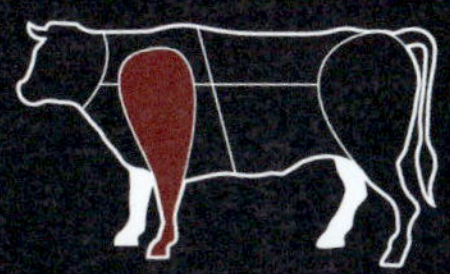

Beinscheibe von der Vorderhesse

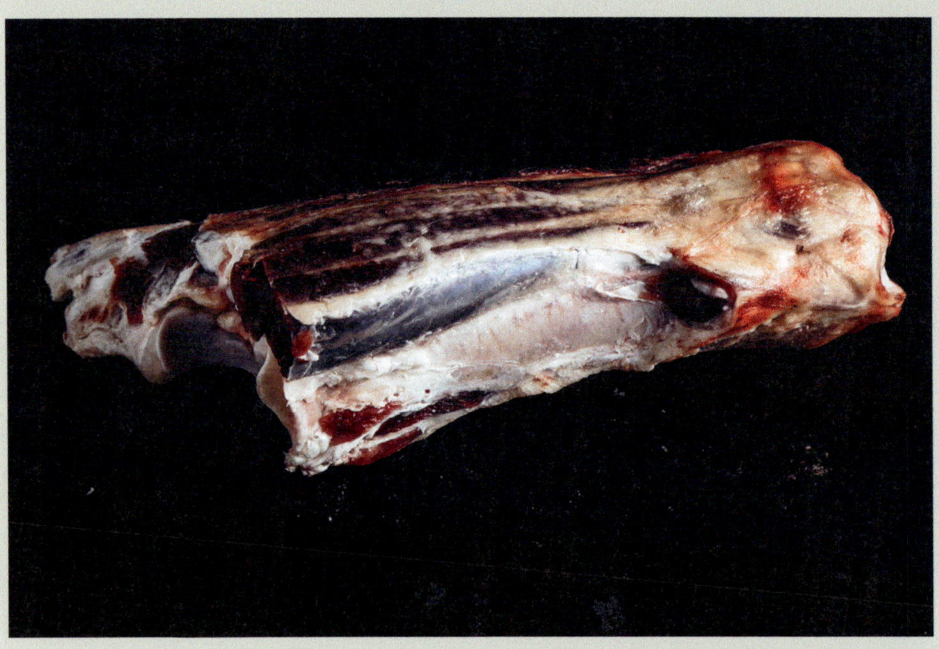

Der Kasten ist zerlegt, also geht es an die noch hängende Schulter. Die Rinderschulter ist ein besonderes Stück für mich, da sich hier viele sehr zarte und gute Cuts verstecken. Zunächst aber löse ich einen Teil des Knochens heraus, indem ich den seitlichen Muskel freischneide (**1–2**) und den Knochen dann abtrenne (**3**).

Aus der Vorderhesse kann man, wie auch beim Hinterviertel, wieder schöne Beinscheiben oder ähnliches herstellen (**siehe S. 155**).

1

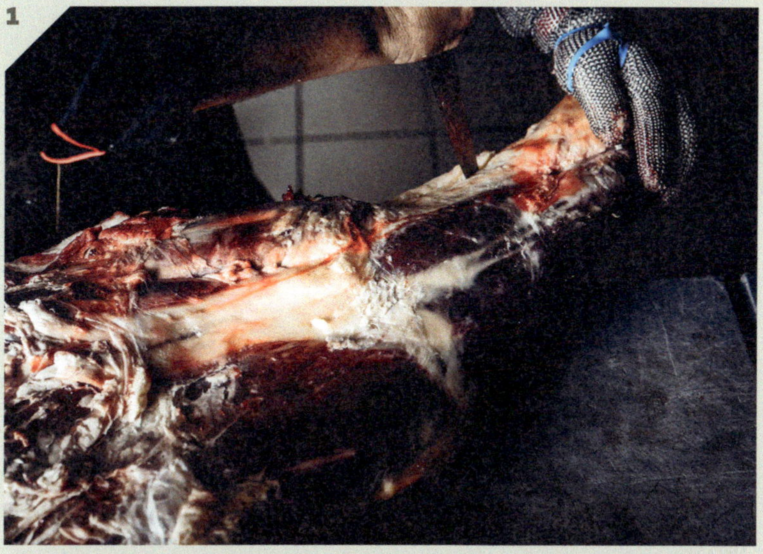

2

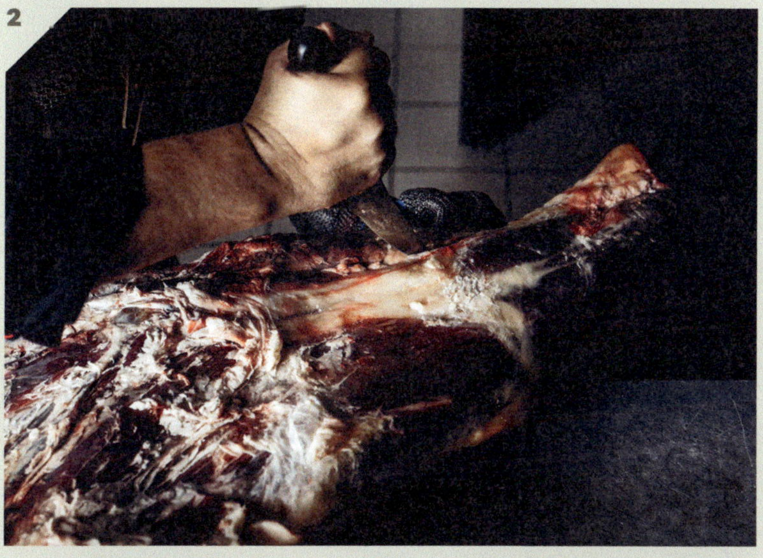

3

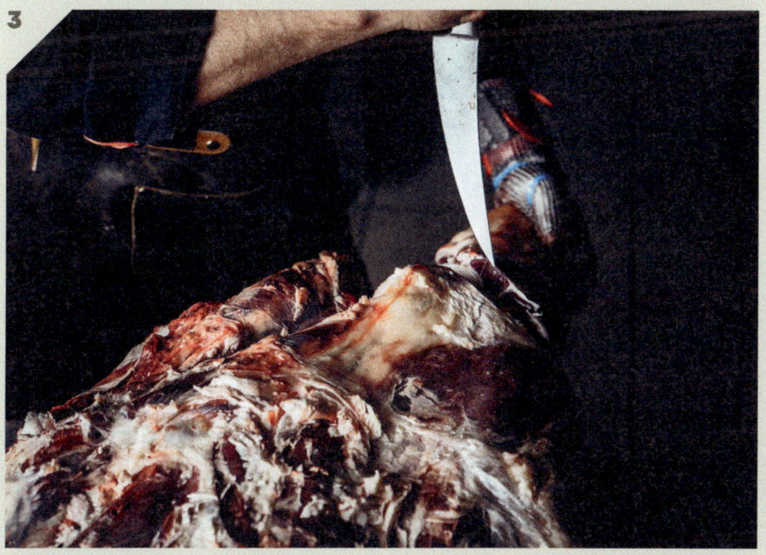

Teres Major

D
Metzgerstück,
Flaches Filet

F
Petit Tender

USA
Shoulder Tender

Das Teres Major befindet sich direkt auf der Naht des Bugstücks, am Rande des Schildstücks. Bei der Draufsicht lässt es sich schon gut als Teilstück erkennen. Ich schneide es vorsichtig heraus (**1–3**) und pariere es (**4**).

Das Teres Major ist sehr zart und saftig und – in Steaks oder Medaillons geschnitten – hervorragend zum Kurzbraten geeignet. Aber auch als Braten kann dieser große Muskel (so die wörtliche Übersetzung) sich sehen lassen.

1

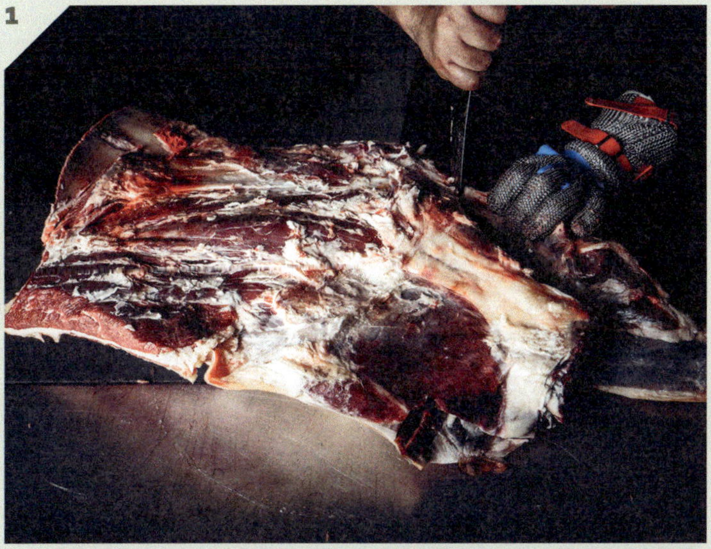

2

3

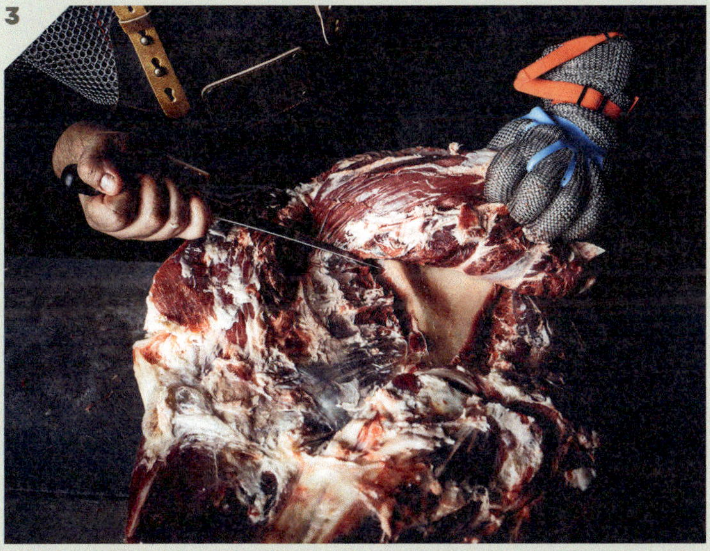

4

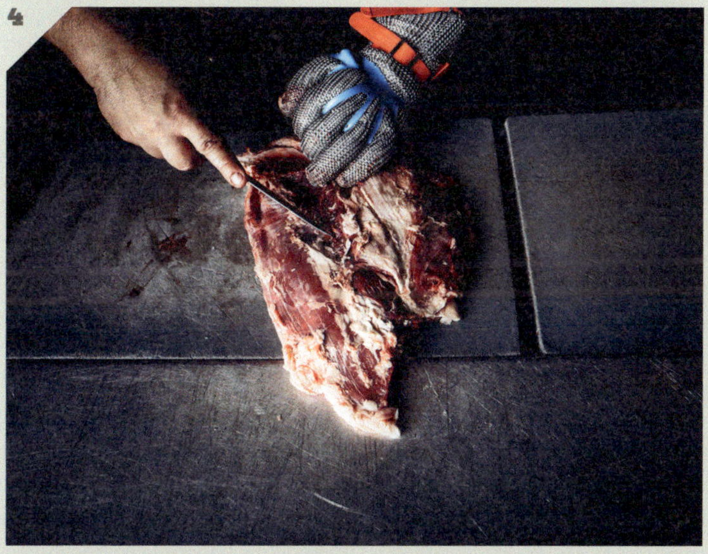

Vegas Strip

D
Deckel des Schulterblatts

F
Dessus de palette (surprise)

USA
Blade Undercut

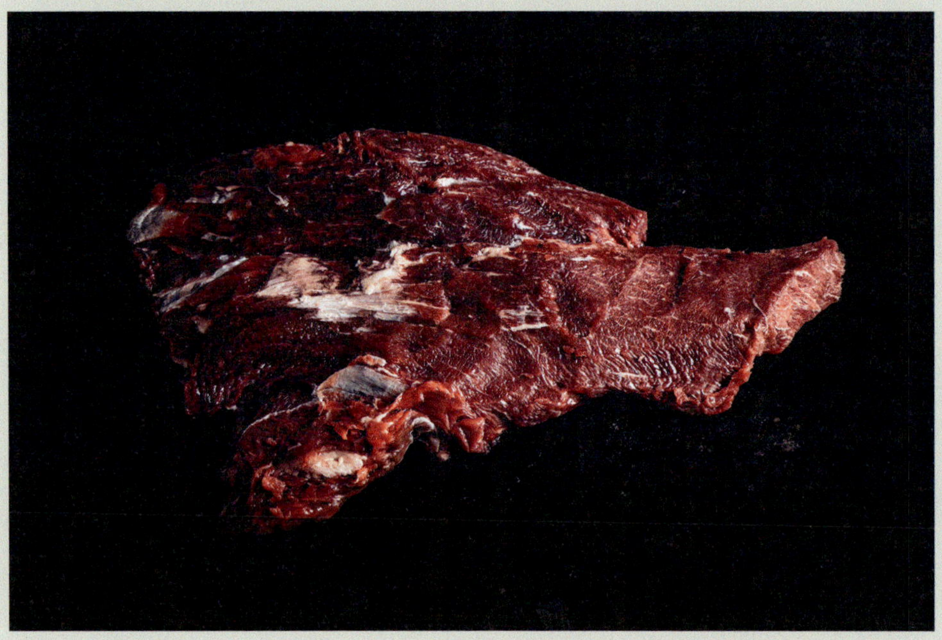

Das Fleisch für den Vegas Strip liegt direkt auf der Schaufel und heißt im Deutschen deshalb auch einfach „Deckel des Schulterblatts“. Wenn man das Stück aus dem umliegenden Bindegewebe herausgelöst hat, muss man es noch ordentlich parieren, indem man Knochenhaut und Kollagen herausschneidet (**1–2**).

Die Mühe des Parierens lohnt sich – seit seiner „Entdeckung“ 2013 ist dieser Steak Cut in den USA zu einem Superstar in der Grillszene geworden. Bei uns gilt das saftige und schön marmorierte Stück noch als Geheimtipp, aber das wird sich sicherlich bald ändern. Der Vegas Strip eignet sich hervorragend zum Grillen und Braten.

1

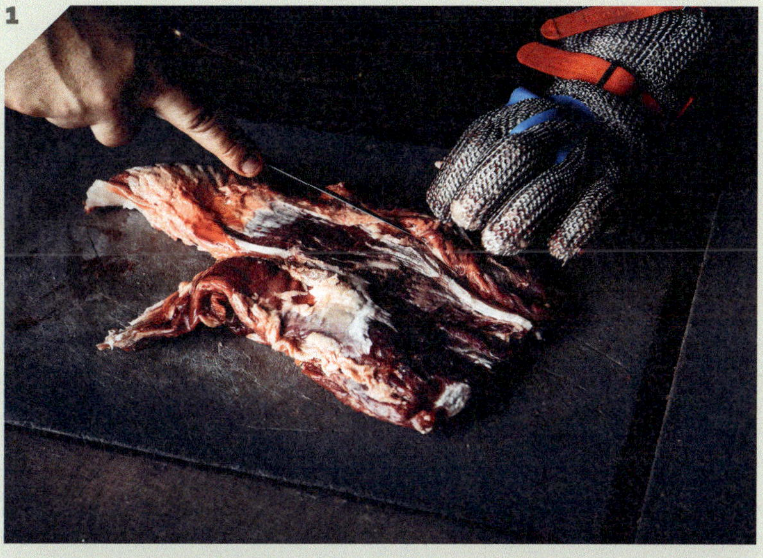

2

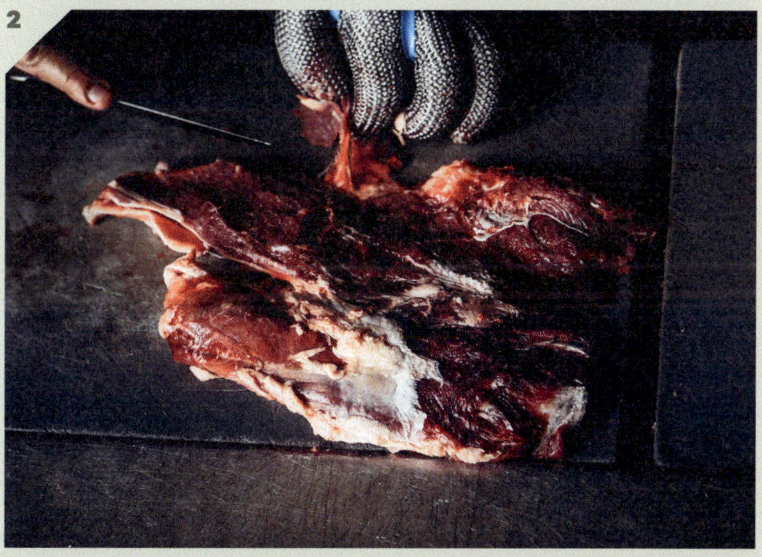

Schulterblattknochen

F
L'omoplate
USA
Blade Bone

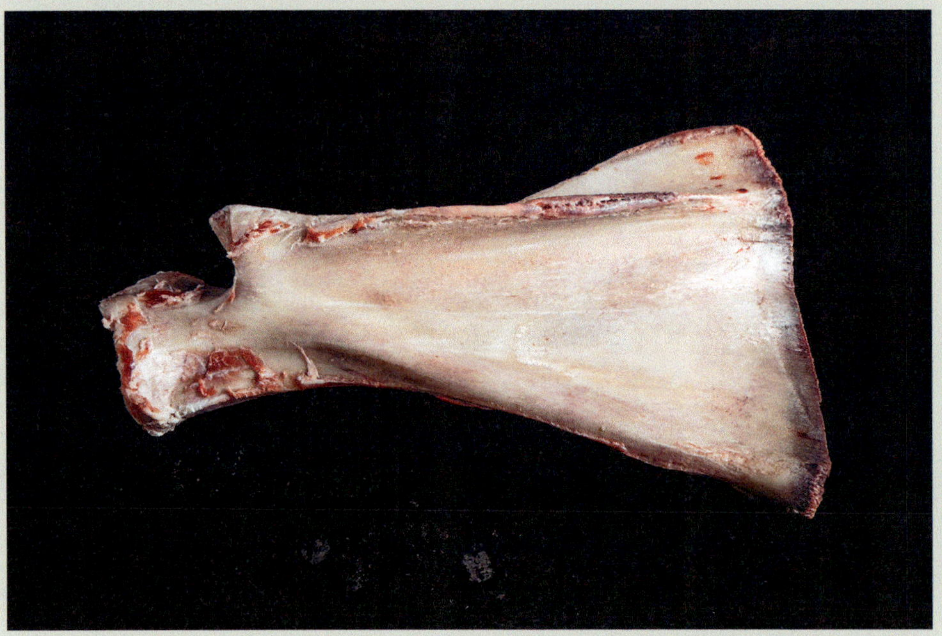

Ich löse nun das Schulterblatt heraus, indem ich es vorsichtig freischneide (**1–3**). Dann gehe ich mit dem Wetzstahl – da er keine Klinge hat, aber stabil ist, kann ich ihn gut als Hebel benutzen, ohne etwas zu zerschneiden – unter den Knochen und hebele ihn heraus. Letzte Reste löse ich mit dem Messer. Schließlich ziehe ich mit der Hand die Knochenhaut des Schulterblatts herunter. Danach wird es noch gesäubert und anschließend gebleicht.

Falls Sie sich gerade gefragt haben, warum das Schulterblatt gebleicht wird: Ausnahmsweise wird dieser Knochen nicht ausgekocht oder aufgeschnitten, sondern soll uns als langlebigerer Gegenstand dienen. Er eignet sich als dekorativer Grillteller ebenso wie als Serviertablett mit praktischem Griff – ein absoluter Hingucker!

1

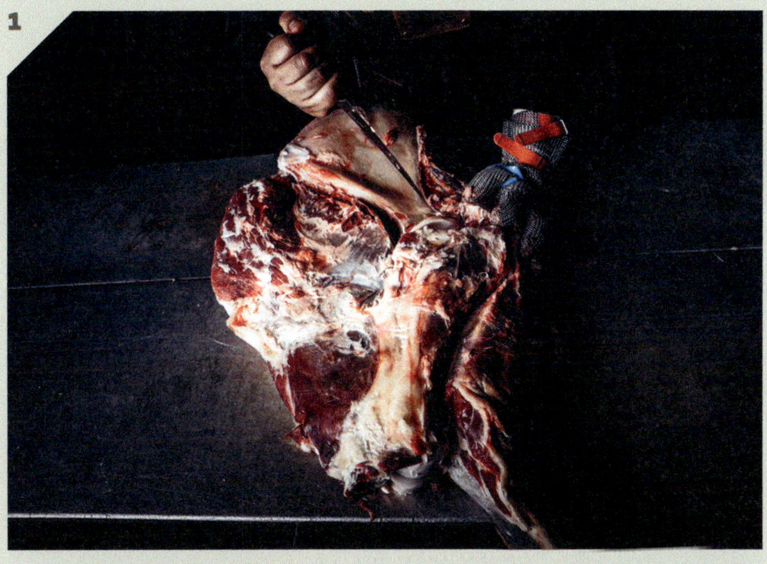

2

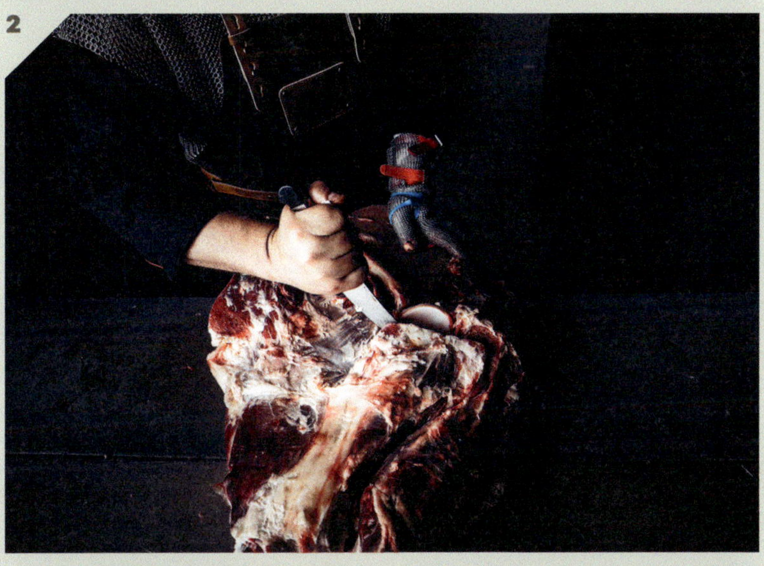

3

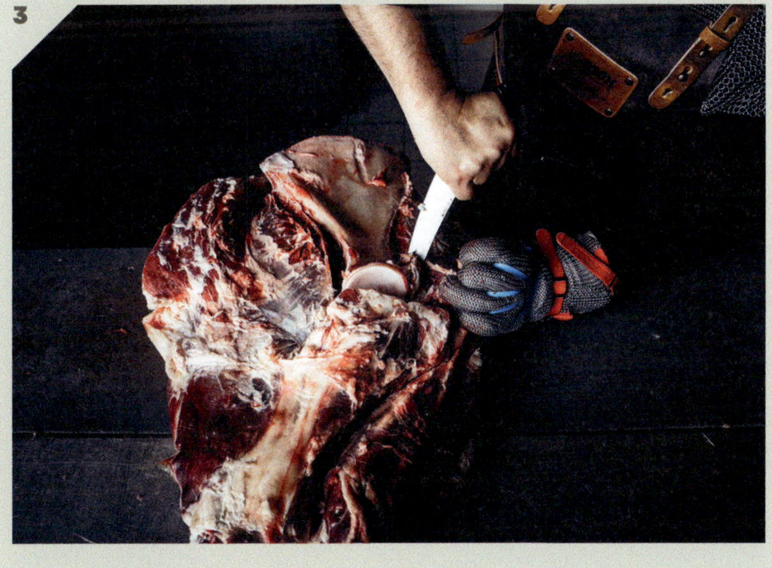

Röhrenknochen vorne

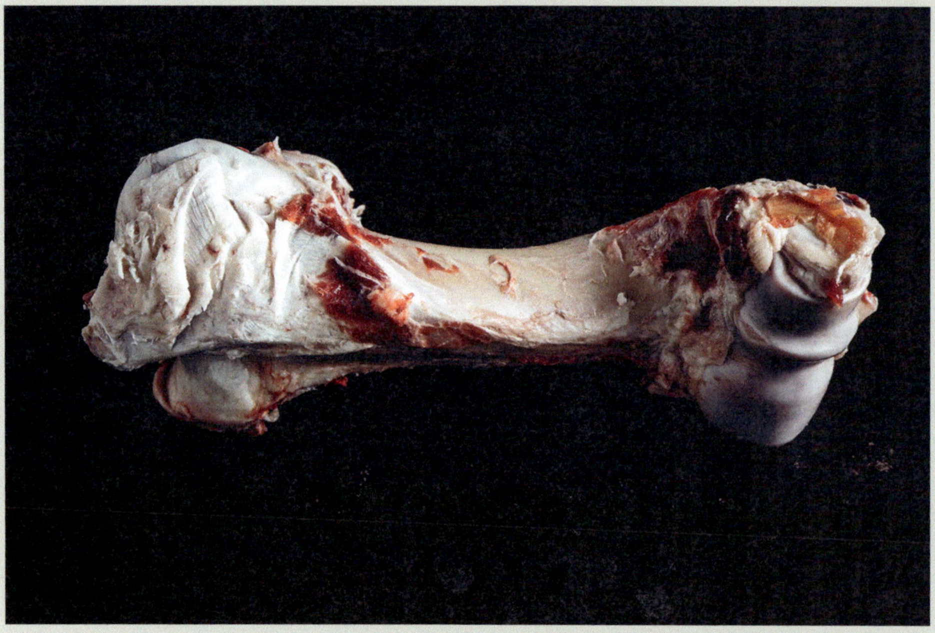

Zunächst schneide ich das Bindegewebe vom Knochen herunter (1). Mit dem Messer löse ich dann die Knochenhaut, sodass der Knochen oben freiliegt (2). Nun muss man ihn nur noch herausheben (3).

Auch hier bietet es sich wieder an, den Röhrenknochen aufzusägen, um an das feine Mark zu kommen. Man kann die Knochen auch in Scheiben schneiden, auf einem Blech backen oder grillen und das durch die Hitze weich gewordene Mark mit etwas Brot aufdippen – ein leckere Vorspeise nicht nur fürs Barbecue.

1

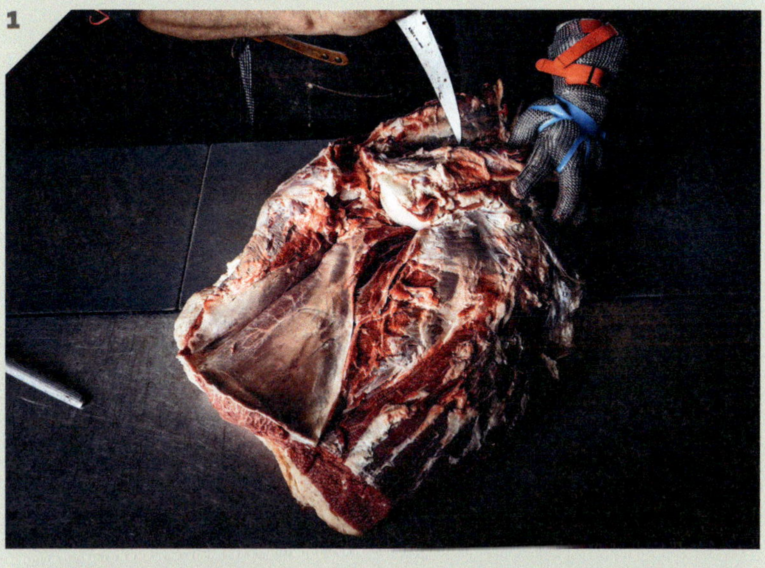

2

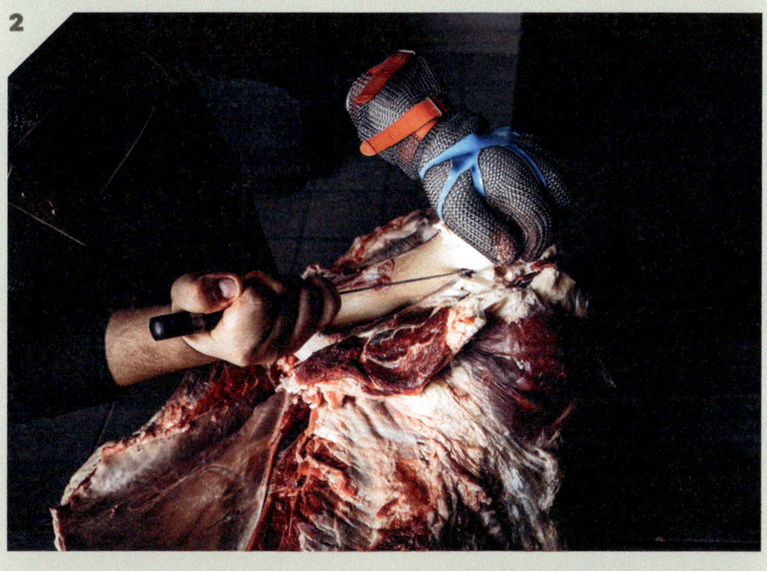

3

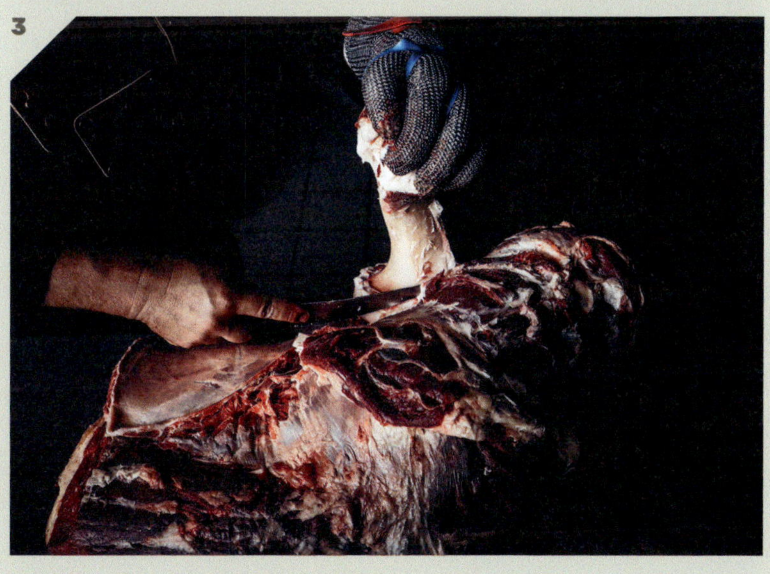

Square Cut

D
Seite des Bugstücks

USA
Square Cut, Pectoral Meat

Der Square Cut liegt am unteren Ende des Bugstücks. Ich schneide dieses Teilstück von oben mit einem flexiblen Ausbeinmesser aus dem Bindegewebe des Bugs (**1–2**), sodass nur noch das Dicke Bugstück (**siehe S.182**) zu sehen ist. Dann trenne ich das Fett ab – und habe den Square Cut freigeschnitten.

Der Square Cut hat eine etwas festere Struktur als das Flank Steak (**siehe S.68**), ist aber, wenn es gut abgehangen ist, mit ihm vergleichbar – ein tolles Steak zum Grillen.

1

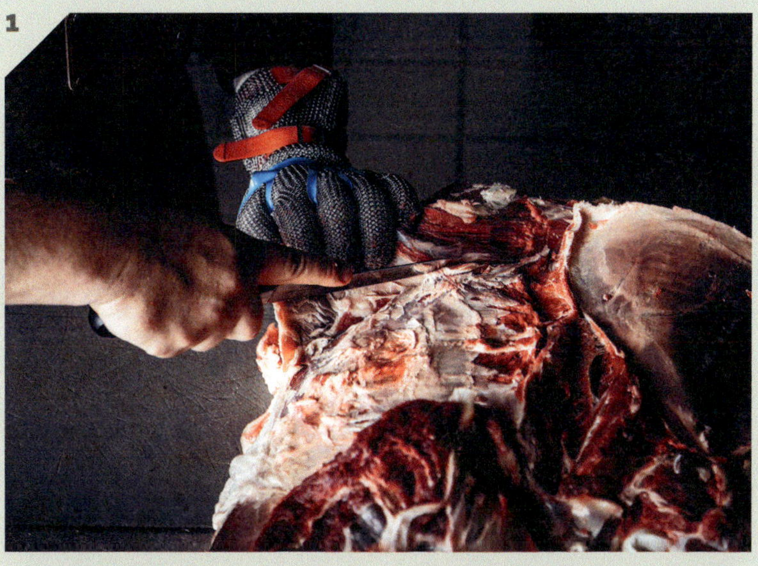

2

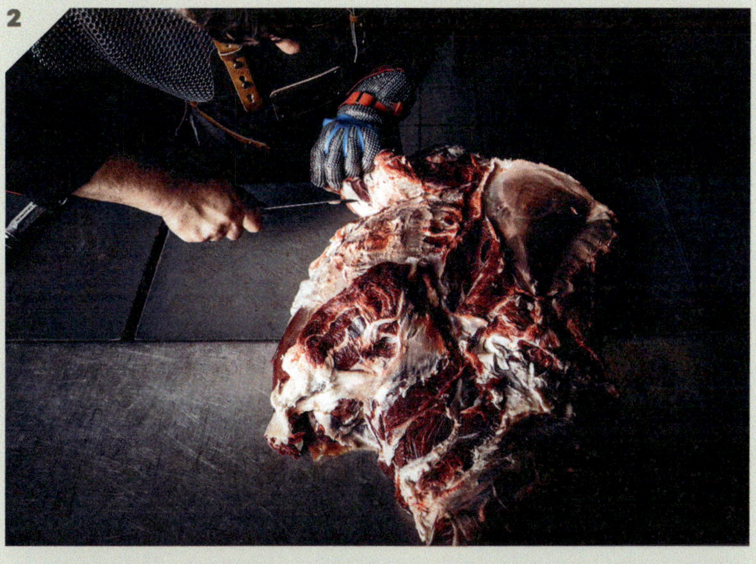

3

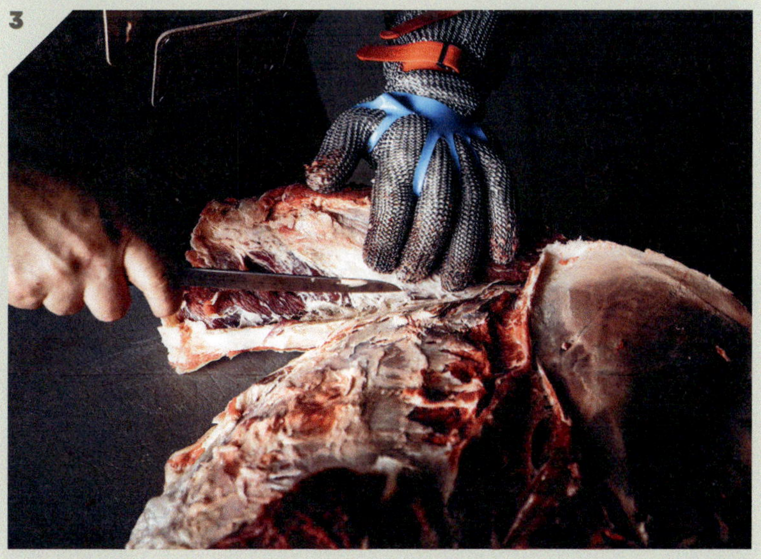

Armroast

D
Dickes Bugstück, freigeschnitten

F
Macreuse à bifteck, Noix / Boule de macreuse

USA
Armroast (Steak)

1

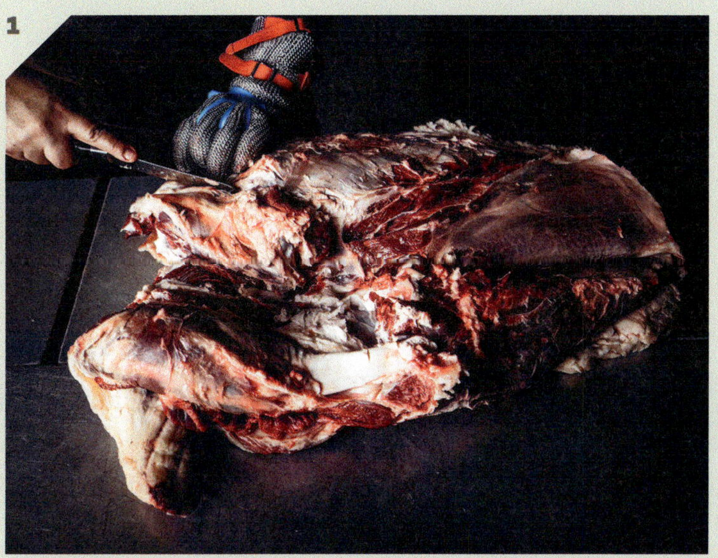

2

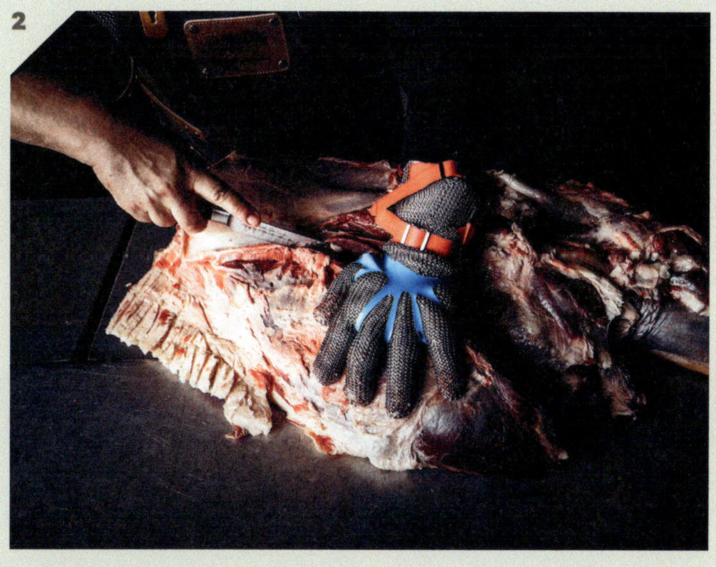

Aus dem dickeren Stück, dem eigentlichen Armroast, kann man schön marmorierte, gleichmäßige Armroast-Steaks (auch Ranchsteaks genannt; im unteren Bild links zu sehen) schneiden. Das kleinere Stück eignet sich als Schmorbraten oder auch als kleiner Tafelspitz.

3

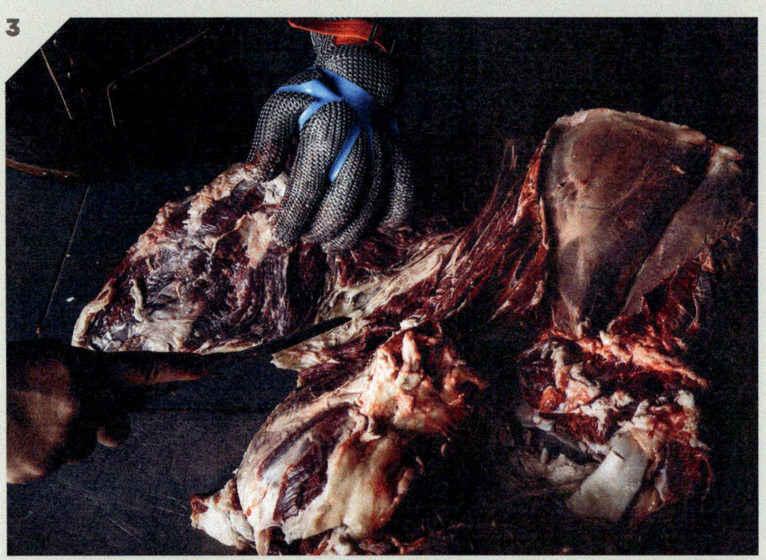

4

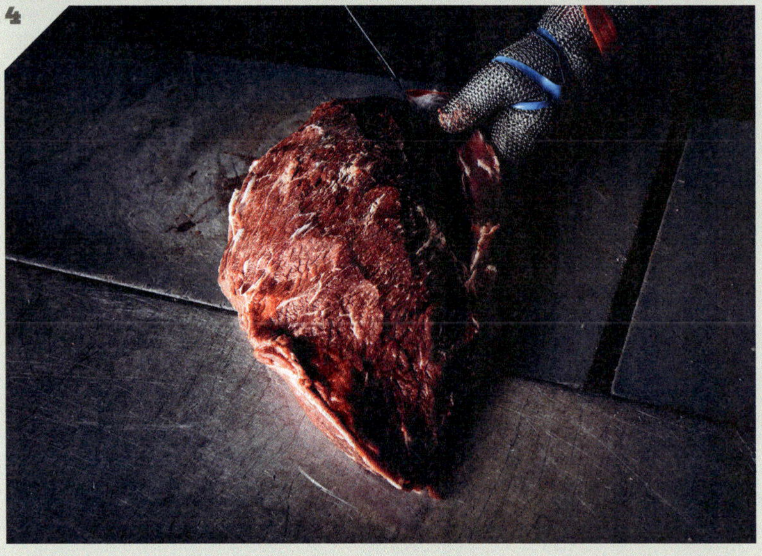

Nachdem ich das Dicke Bugstück am Vlies vom Schildstück getrennt habe, kann ich es weiter parieren. Ich schneide das Bugstück von der oberen Sehne frei und trenne hinten die Fettschicht ab (**1–3**).

5

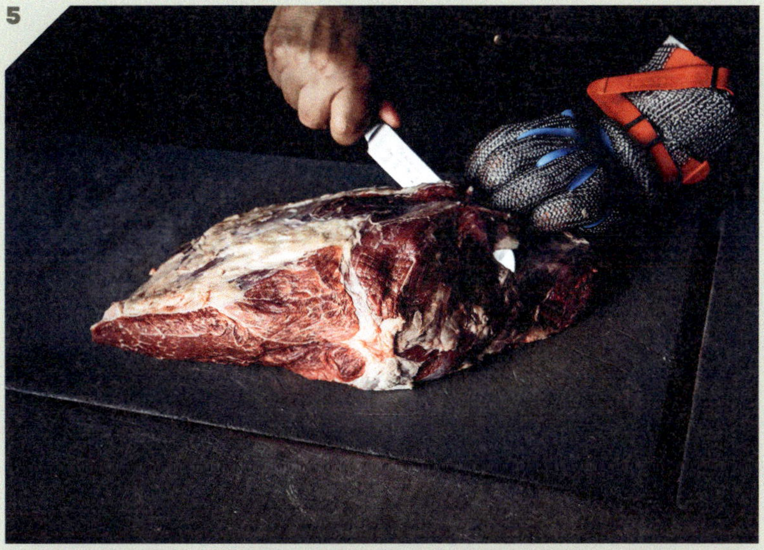

6

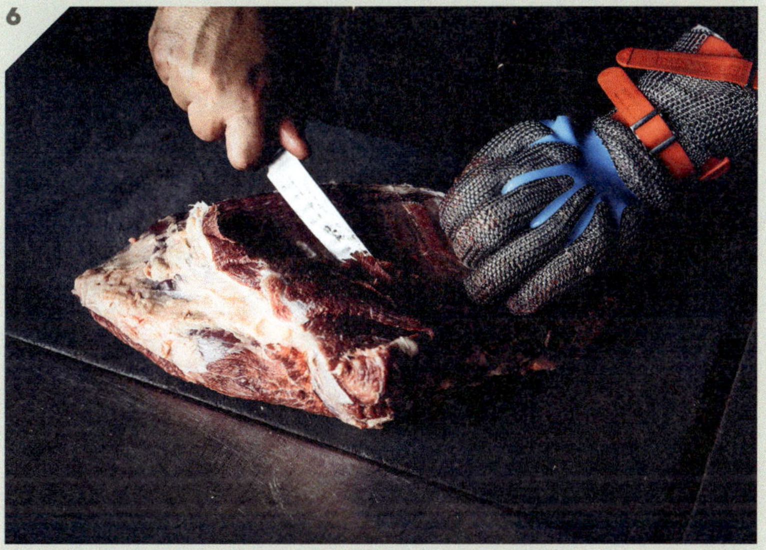

Dann nehme ich das sauber beschnittene Stück (4) und schneide von oben die dicke Sehne heraus (5–6). Wenn die Sehne herausgetrennt ist, haben wir zwei sehr schöne Stücke vor uns.

Flat Iron

D
Schildstück, Mittelbug (mit Mittelsehne)

F
Paleron

USA
Blade Oyster (mit Mittelsehne), Flat Iron (ohne Mittelsehne)

Um an die Flat Iron Steaks zu gelangen, trenne ich zunächst das Schildstück vom Falschen Filet ab (**1**). An sich sieht das Fleisch schon jetzt toll aus – aber die dicke Sehne muss noch entfernt werden (**2**). Ich zerteile das Stück also entlang der Sehne (**3–4**), sodass ich zwei Stücke bekomme. Das eine muss nun noch von Knochenhaut und Kollagenen befreit werden, das andere von Fett und Sehnen – und ich habe zwei schöne Cuts.

Dieser Cut hat es tatsächlich geschafft, sich einen festen Platz auf den Steakkarten der Welt zu sichern. Zu Recht: Gegrillt oder in der Pfanne gebraten und dann in Tranchen aufgeschnitten, hat das Flat Iron einen extrem guten Fleischgeschmack bei einer gleichzeitig tollen Konsistenz.

1

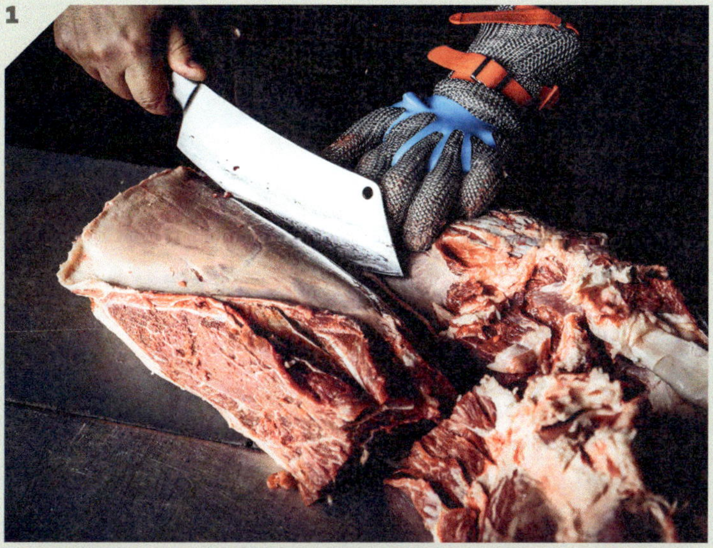

2

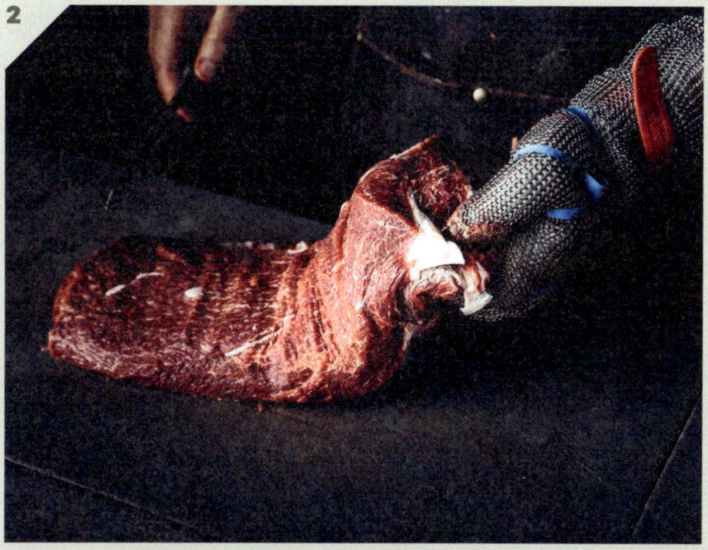

3

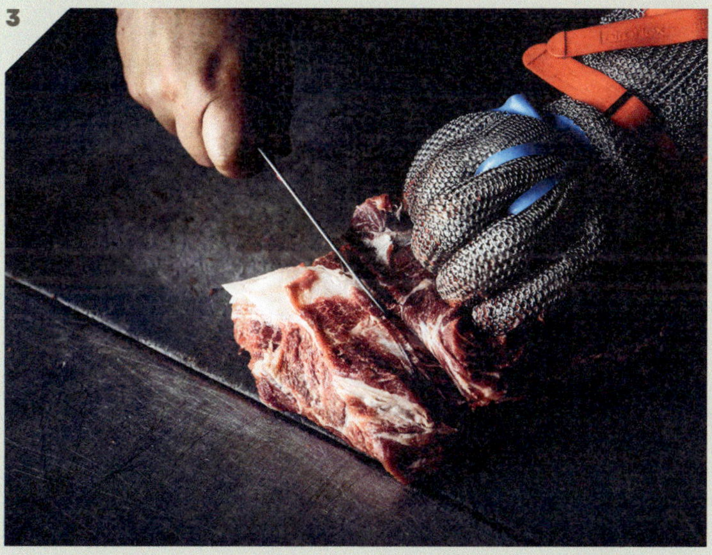

4

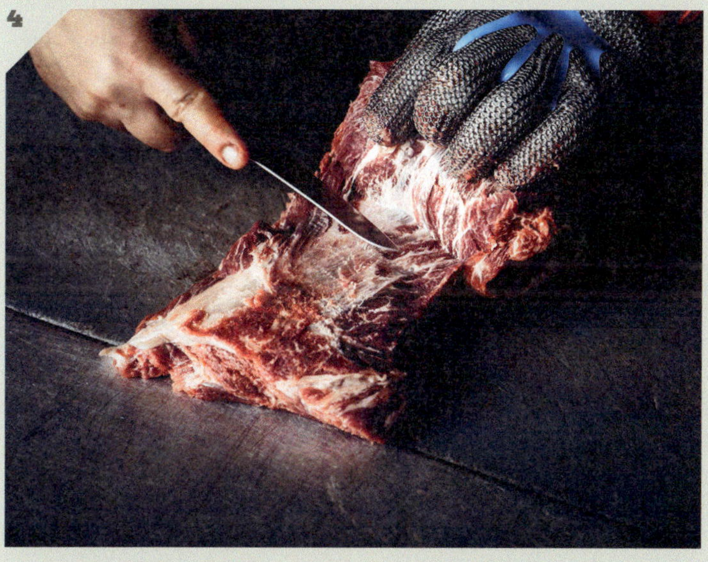

Falsches Filet

F
Jumeau

USA
Chuck Tender

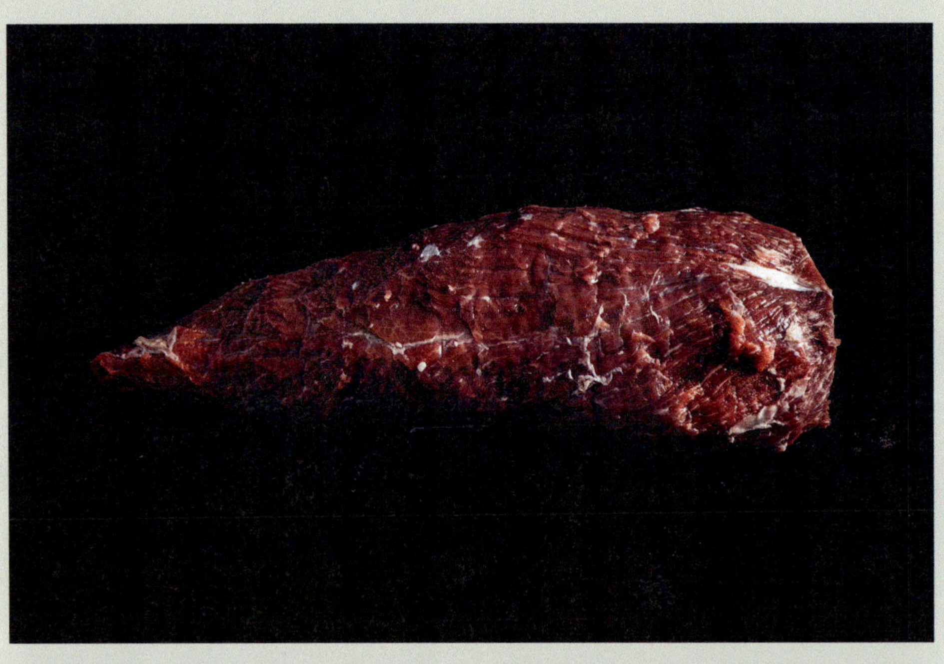

1

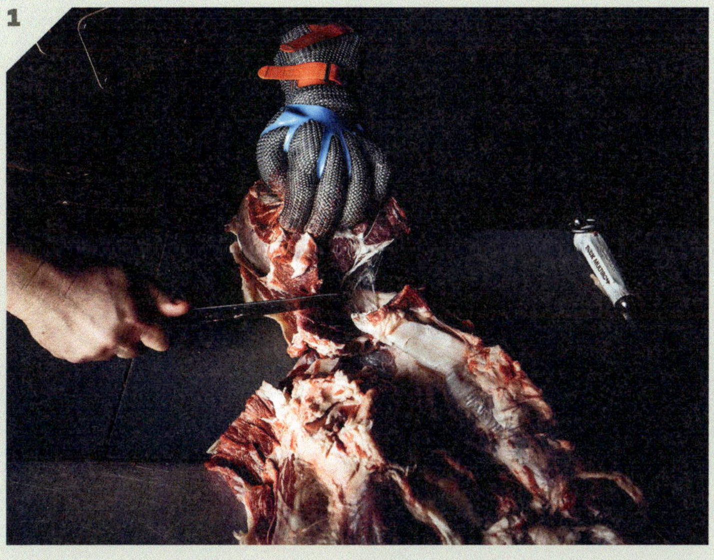

2

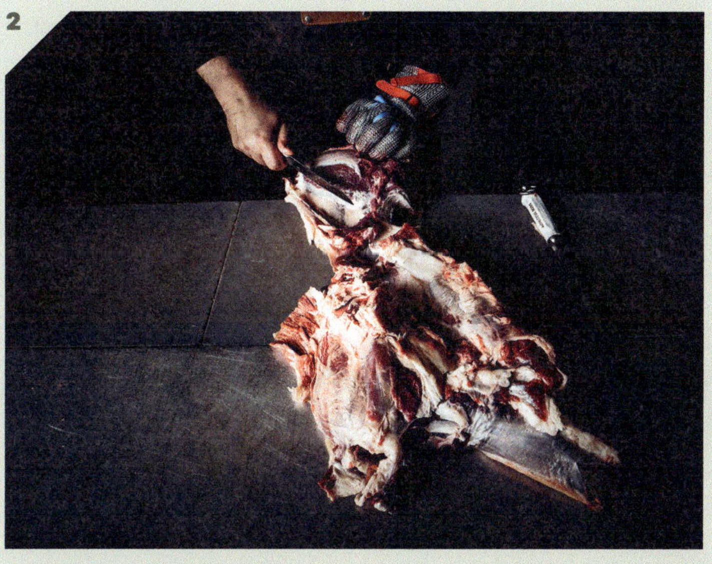

Ich zerteile das Falsche Filet in zwei Teile, indem ich die Mittelsehne herausschneide. Dann kann man daraus sehr schöne Medaillons gewinnen, die etwas fester im Biss sind.
Schneidet man die Sehne nicht heraus und belässt die beiden Fleischteile am Stück, hat man einen beliebten Schmorbraten, der auch als Sauerbraten oder Kochfleisch sehr gut geeignet ist.

3

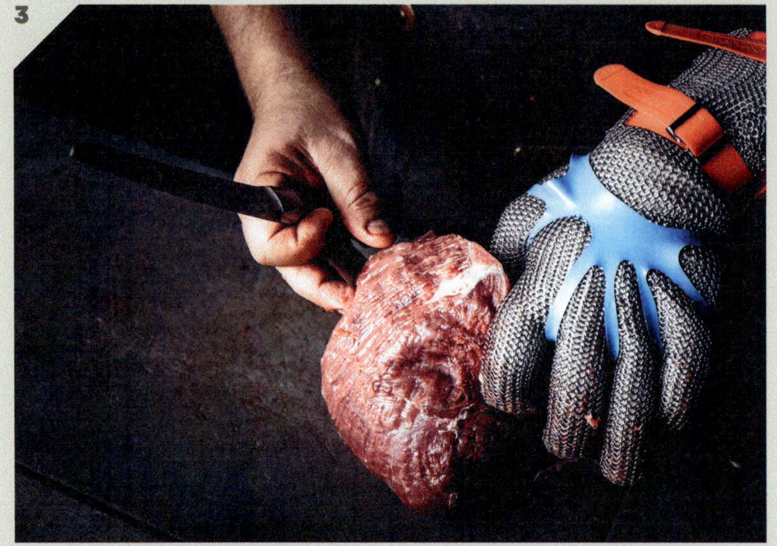

4

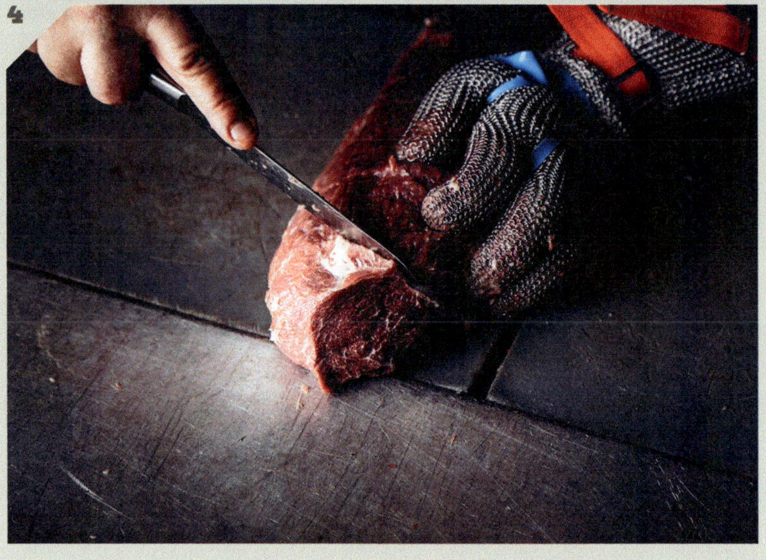

Zunächst trenne ich das spitz zulaufende Falsche Filet am Bindegewebe entlang ab, wie auf der vorhergehenden Seite zu sehen ist (**1–2**). Dann befreie ich das Falsche Filet von Fett und Knochenhaut (**3–4**).

5

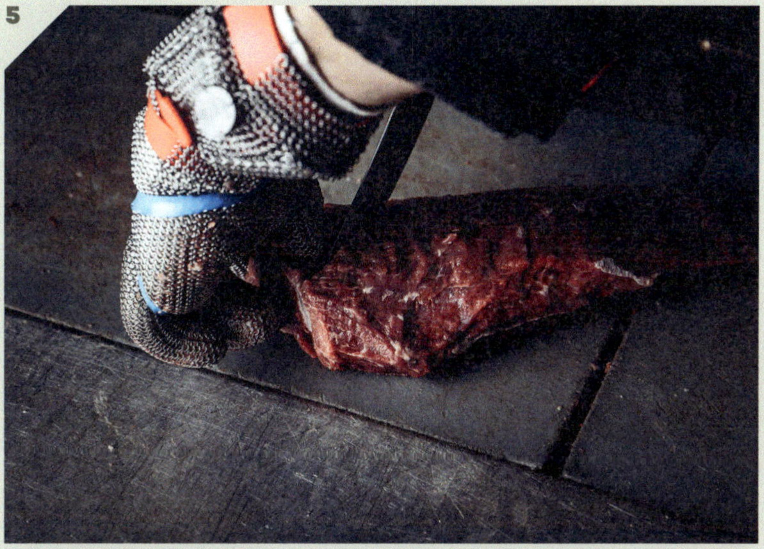

6

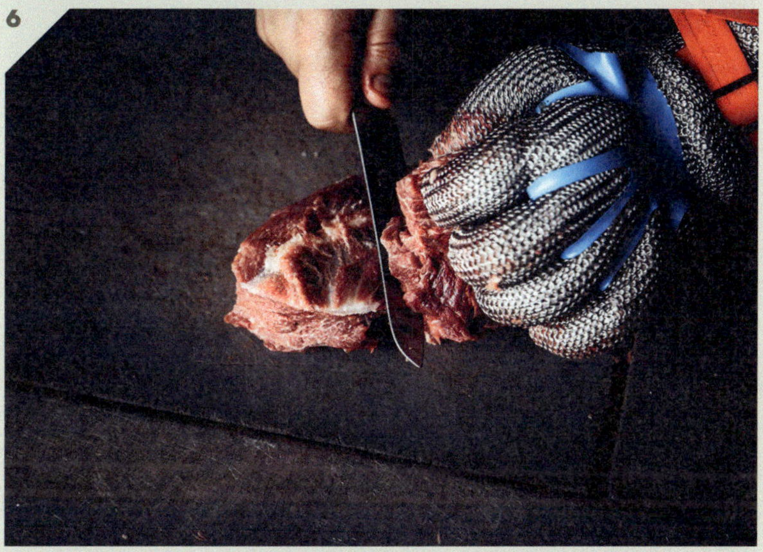

Anschließend setze ich das Messer von oben an und trenne die sichtbare Sehne, die sich in der Mitte befindet, heraus (**5–6**). Jetzt habe ich ein dickeres Stück, aus dem ich Medaillons schneide, und ein flaches, das man im Ganzen grillen oder braten kann.

Muskelstück

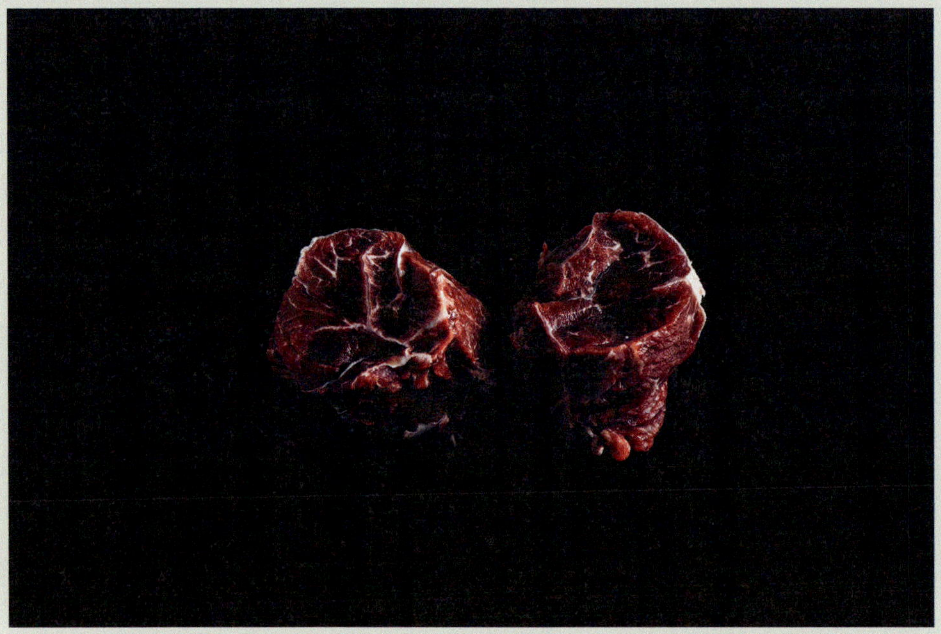

So nennt man das eiförmige, am Röhrenknochen liegende Stück, das ich beim Herausschneiden des Falschen Filets bereits teilweise ausgelöst habe. Nun schneide ich es aus dem restlichen Bindegewebe frei (**1–2**) und zerteile es dann in große Gulaschstücke.

Dieses Fleisch eignet sich sehr gut als aromatisches Gulasch – im Sommer kann man das übrigens auch prima in einem Dutch Oven auf dem (Keramik-) Grill schmoren. Im Ganzen belassen hat man einen kleinen Schmorbraten. Der Kollagengehalt dieser Fleischpartie ist sehr hoch, sodass man sich das Andicken der späteren Soße sparen kann.

1

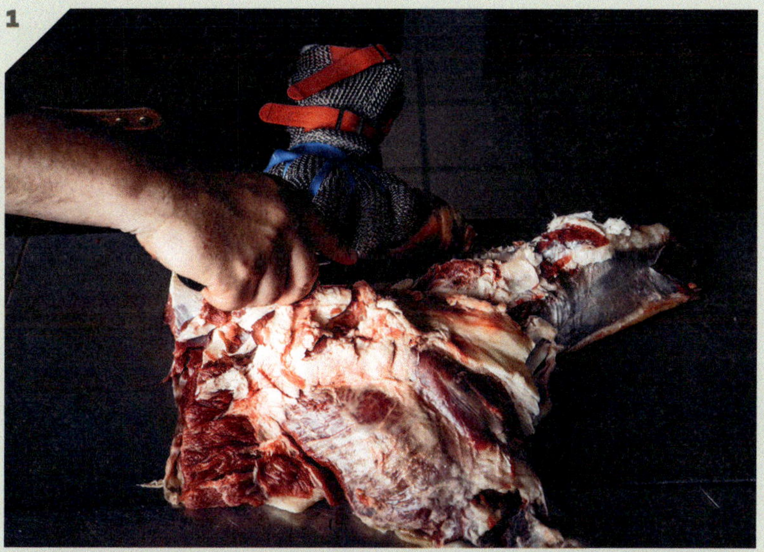

2

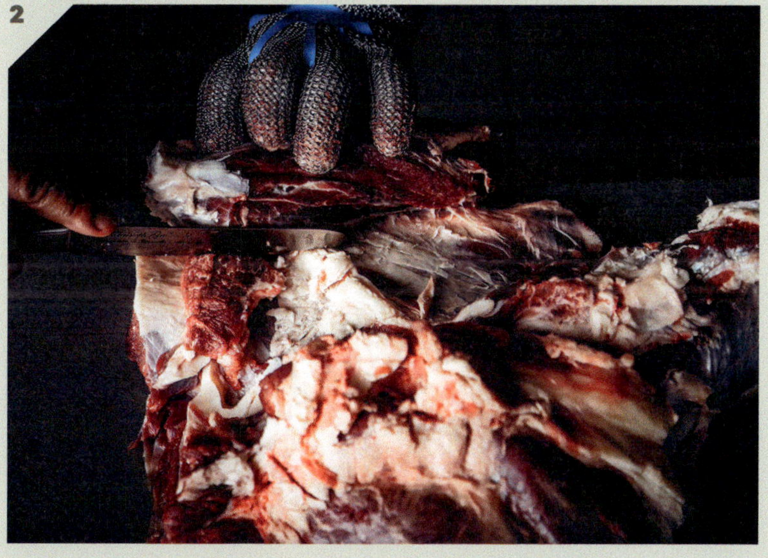

Special Cuts aus dem Hammerstück

Hier kommen drei sehr interessante Stücke aus der oberen Schulter, dem Hammerstück. Zuerst schneidet man die sogenannte Maus heraus (vorne links in **Bild 2** zu sehen). Aus dem Rest (in **Bild 2** unter meiner Hand) des Hammerstücks schneiden wir noch zwei weitere besondere Cuts.

Jedes der drei Stücke kann man individuell einsetzen, sie haben alle ihre ganz eigene Struktur. Aus der Maus, dem seitlichen Stück, das an der Beinscheibe sitzt, kann man ein saftiges Gulasch oder einen kleinen Schmorbraten machen. Die anderen beiden Stücke haben tatsächlich noch keinen Namen; sie geben aber hervorragende Steaks ab.

1

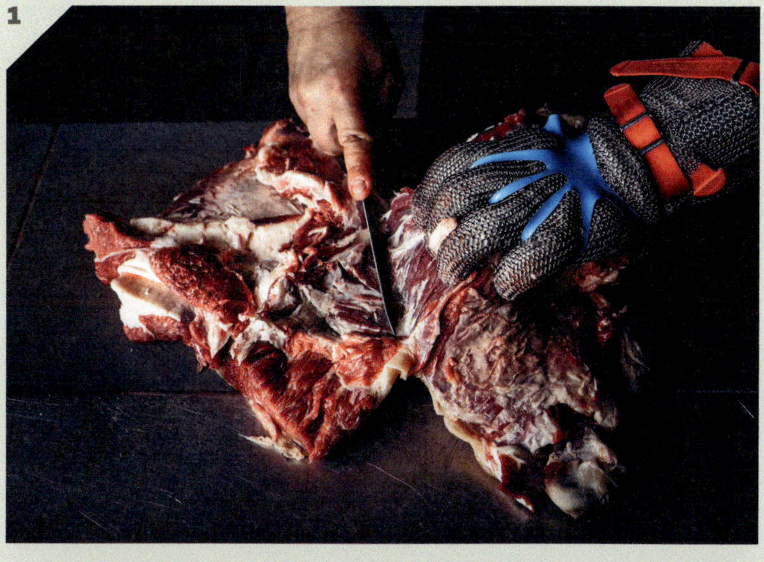

2

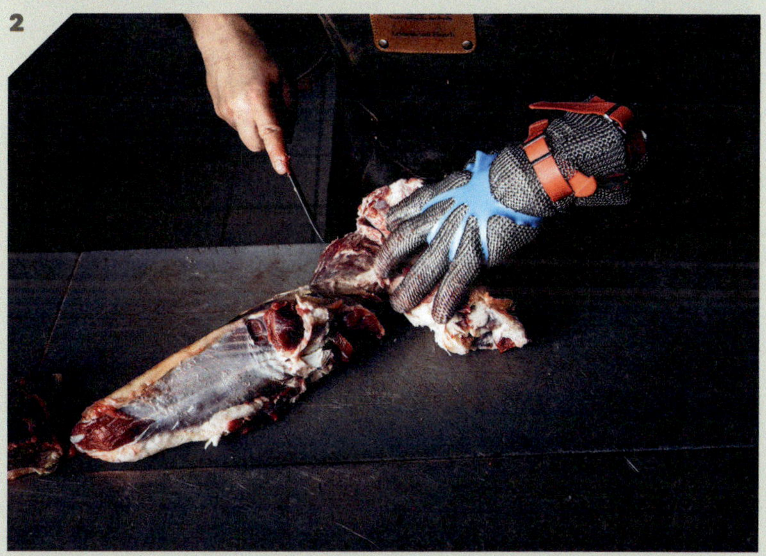

Hals

Chain of Neck

D
Kette aus dem Rinderhals

Am vorderen Teil des Nackens befindet sich ein Fleischmuskel, den ich am Knochen entlang heraustrenne. Dann schneide ich die Kette fett- und sehnenfrei.

Das Fleisch aus der Nackenkette eignet sich sehr gut zum Grillen, im Ganzen oder als Spieß, aber auch als Kurzbratstück.

1

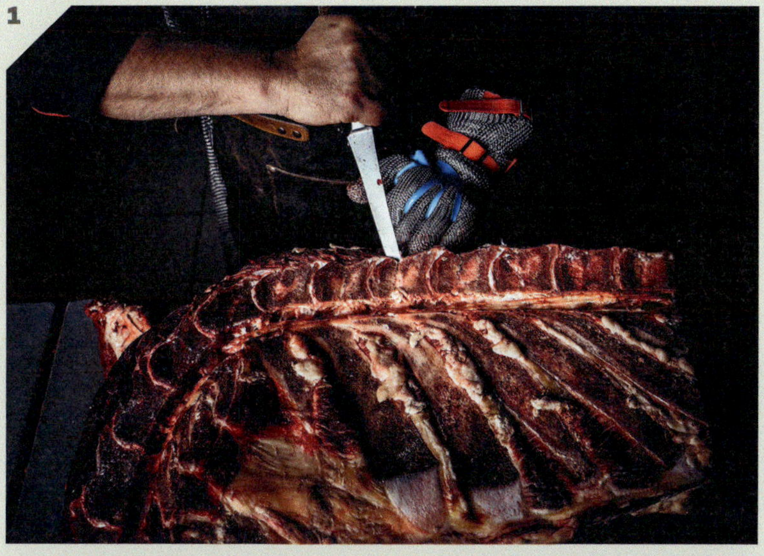

2

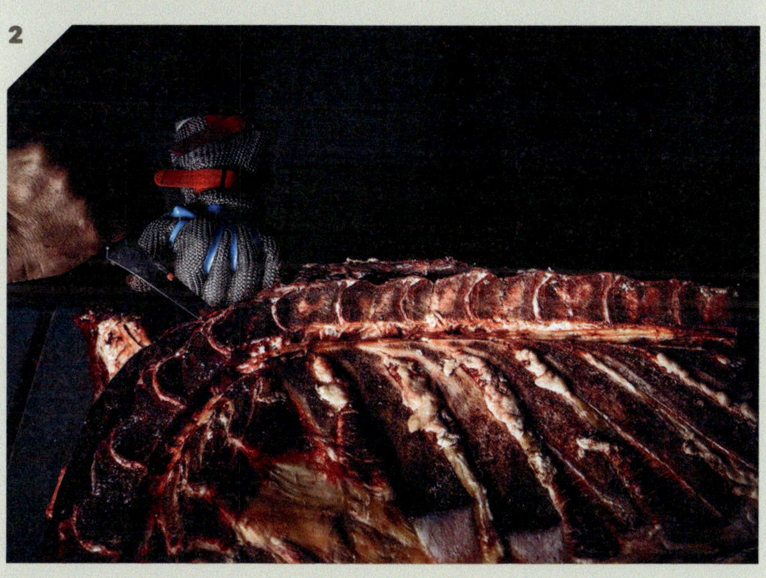

Butcher Secret Cut: Paleta

Dieser „geheime“ Cut liegt auf dem Schulterblattknochen, genauer: auf dem Knorpelblatt. Um ihn freizuschneiden, lege ich das Messer auf den Knorpelknochen und schneide ihn vorsichtig herunter (**1–2**). Dann trenne ich die Sehnenhaut (**3**) – und habe eines der schönsten Stücke überhaupt vor mir liegen.

Dieses Stück begleitet mich, seitdem ich mich mit Cuts vom Rind befasse. Es ist ein recht kleines Stück, aber unübertrefflich in Sachen Marmorierung, Zartheit und Geschmack. Deshalb hat dieser kleine Star es auch auf das Cover des Buches geschafft – und Hand aufs Herz: Beim ersten Hinsehen dachten Sie sicherlich, das wäre ein Stück vom Wagyu, oder? Als ich noch selbstständig war, habe ich dieses Stück für meine besten Kunden reserviert – und konnte dafür auch mehr verlangen als für das Filet.

1

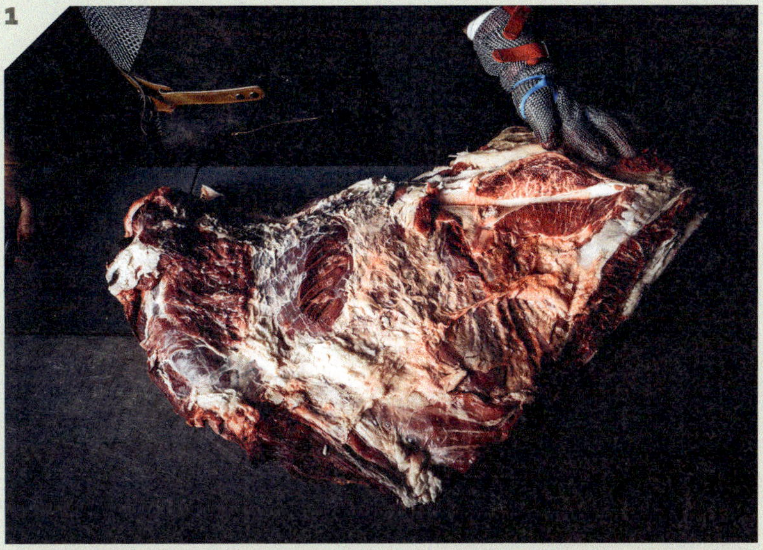

2

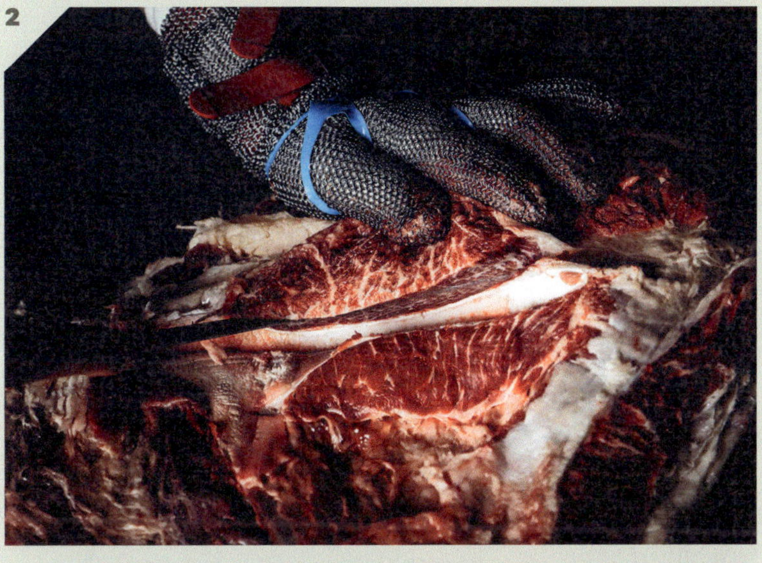

3

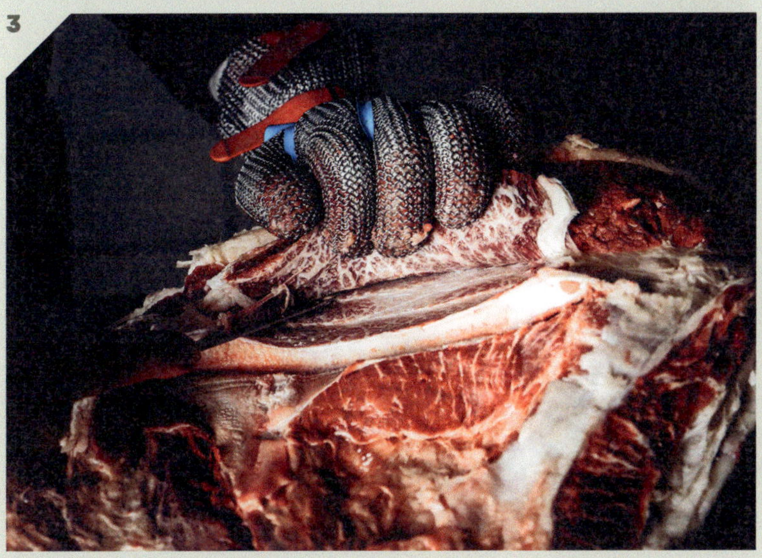

Nackensehne

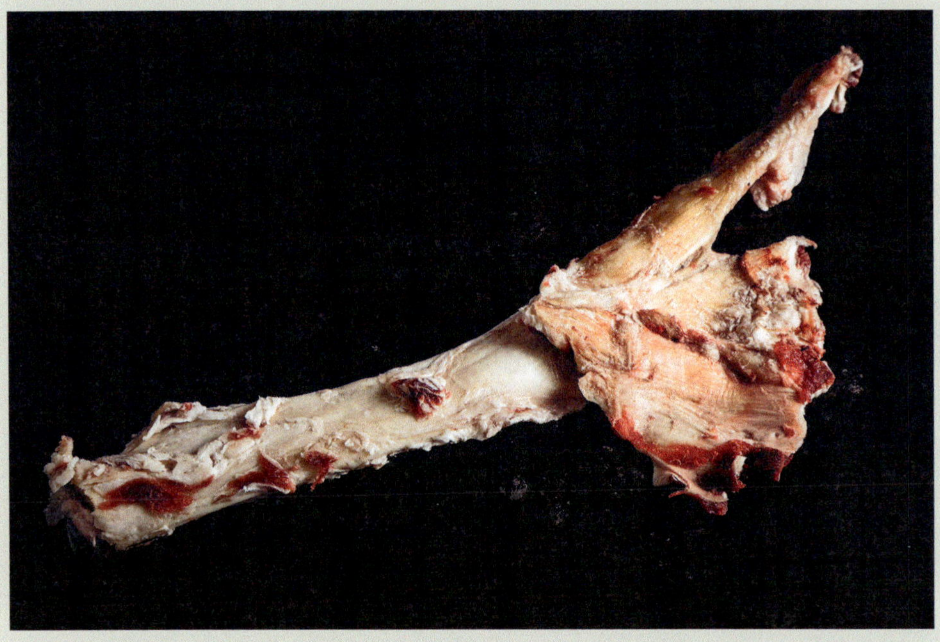

Die Nackensehne ist mit die stärkste Sehne des Rinds. Sie sitzt am oberen Halsbereich unter den Federknochen des Halses und sieht ein bisschen wie ein dickes Gummiband aus. Ich schneide die dicke Sehne zunächst am Bindegewebe entlang frei (**1–2**) und trenne sie dann heraus.

Ich koche die Sehne gerne aus und bereite daraus einen Fond oder eine Demi Glace. Als besonderen Service können Sie beides einkochen, in Gläser abfüllen und Ihren Kunden zu den entsprechenden Fleischstücken empfehlen. Wem das zu viel Aufwand ist: Hundebesitzer freuen sich, wenn sie ihren vierbeinigen Freunden etwas mitbringen können. Verkaufen Sie die stabile Sehne doch einfach als langlebiges Kauspielzeug.

1

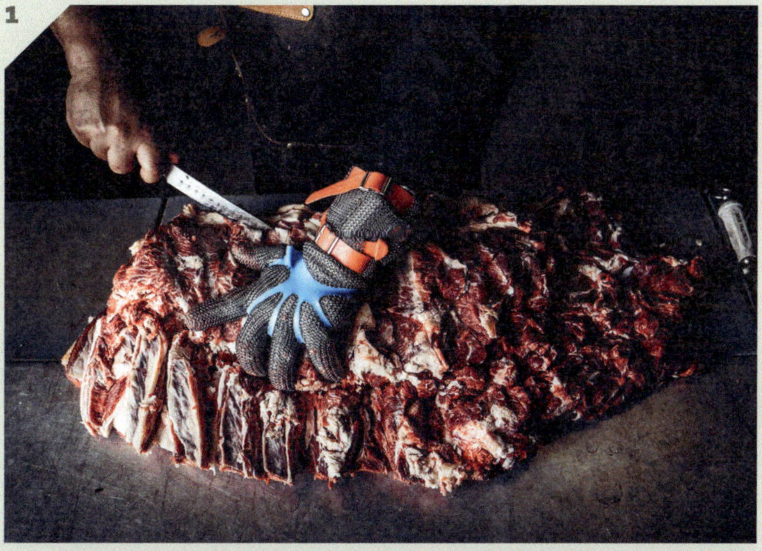

2

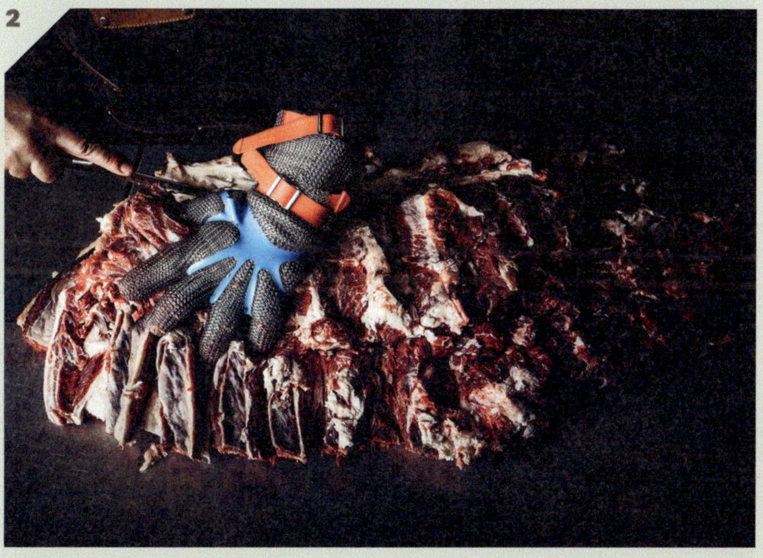

Chuck Roll

D
Kern der hohen Rippe

F
Basses côtes sans os

Um an dieses besondere Steakfleisch zu kommen, setze ich am obersten Rippenknochen (vom Hals aus gesehen) an (**1**) und trenne das Chuck Roll am Bindegewebe entlang heraus, wie man auf den Bildern gut erkennen kann (**2–3**).

Das Chuck Roll ist ein sehr preiswerter Steak Cut – für mich aber derjenige, der am aromatischsten ist, ob aus der Pfanne oder vom Grill. Dennoch ist dieser absolut besondere Cut in unseren Fleischtheken bisher noch sehr selten zu finden, was sich aber hoffentlich bald ändern wird.

1

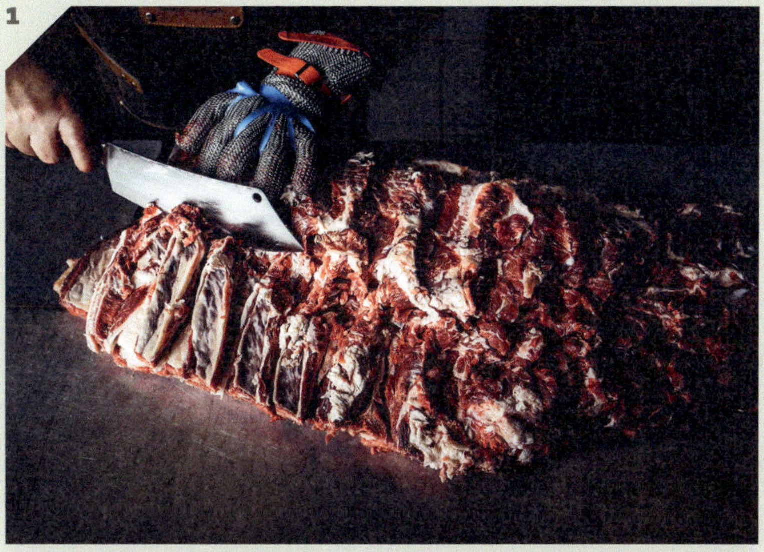

2

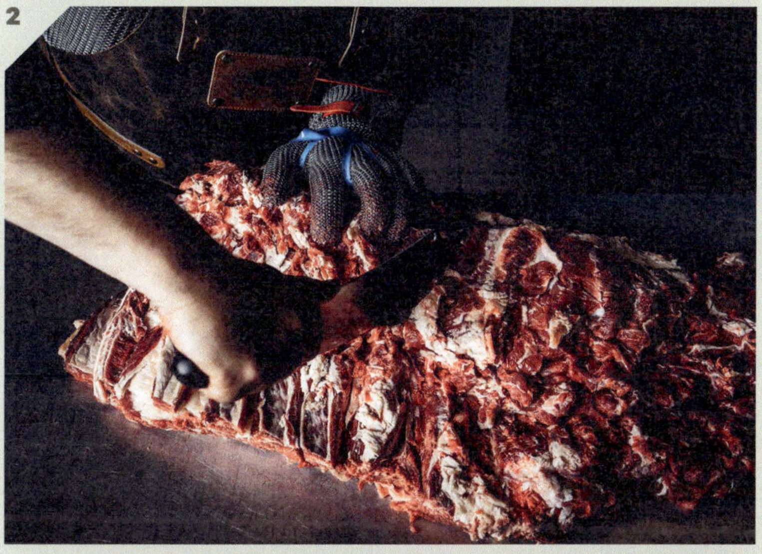

3

New York Stripes

D
Zwischenfleisch der Rippe

USA
New York Stripes, Rib Finger

Wie schon zuvor beim Roastbeef, schneide ich auch hier das Fleisch zwischen den Rippen heraus, um an die New York Stripes zu kommen (**1–4**).

Die New York Stripes aus dem Hinterviertel lassen sich ebenso gut grillen wie die aus dem Vorderviertel (**siehe S.112**).

1

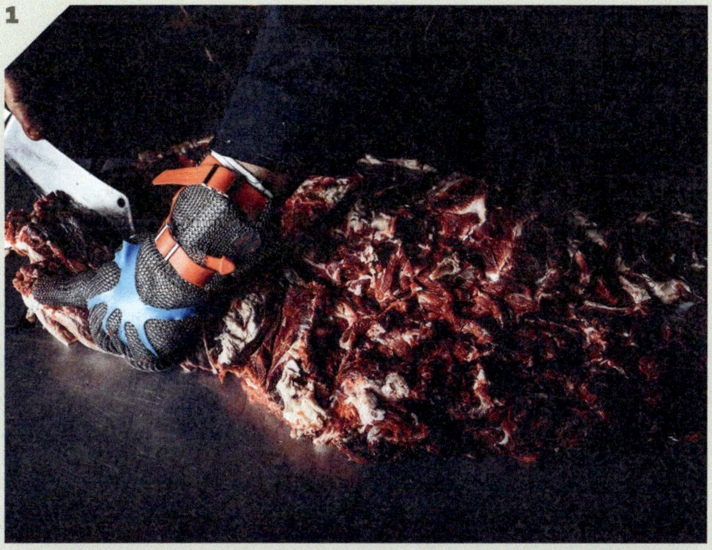

2

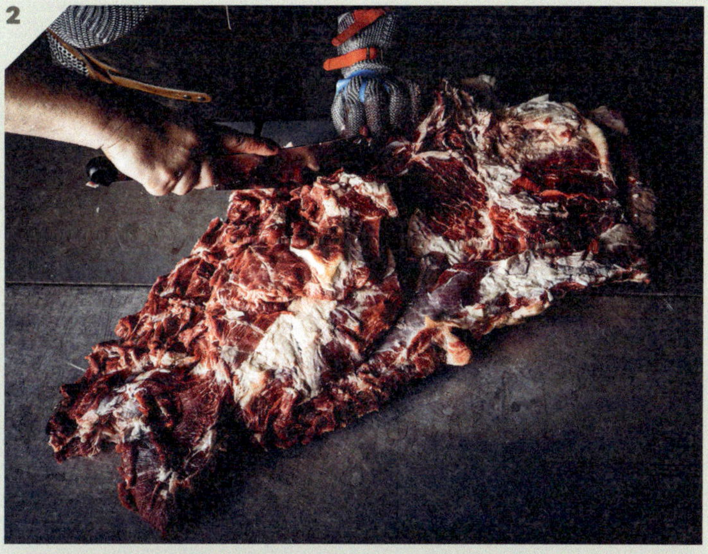

3

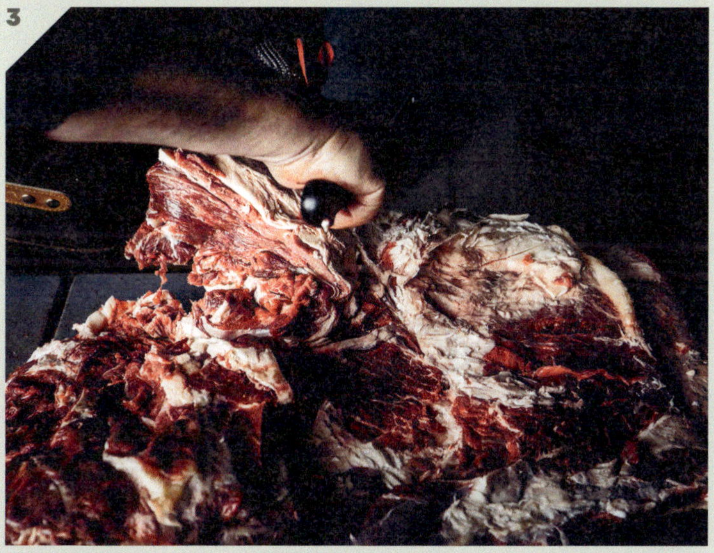

4

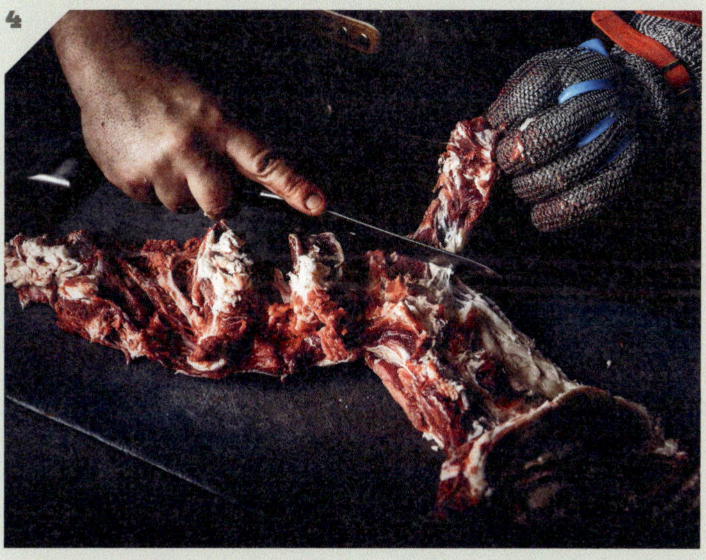

Denver Cut

F
Persille

USA
Underblade,
Center Cut,
Chuck Flap Edge
Roast

Der Denver Cut liegt am unteren Ende des Halses, wo ich zuvor noch die Chuck Roll abgetrennt habe. Ich schneide das Stück frei, indem ich es zunächst abtrenne (**1–2**) und dann von Bindegewebe und Knochenhaut befreie (**3**).

Dieses Teilstück landet auch heute noch oft in Burgern oder Wurst. Doch bei manchen Rinderrassen ist die Qualität des Fleisches dafür viel zu gut. Der Denver Cut ist dann einer der meistmarmorierten des ganzen Rinds und außerdem das zarteste Stück des Halses. Man nennt ihn auch Teppanyaki Cut, weil er sich gut für die Zubereitung auf der Teppanyaki-Platte eignet – hierfür wird das Fleisch in dünne Streifen geschnitten. Aber auch als Steaks eignet sich dieses Fleisch. Am besten gart man es dazu sous-vide vor.

1

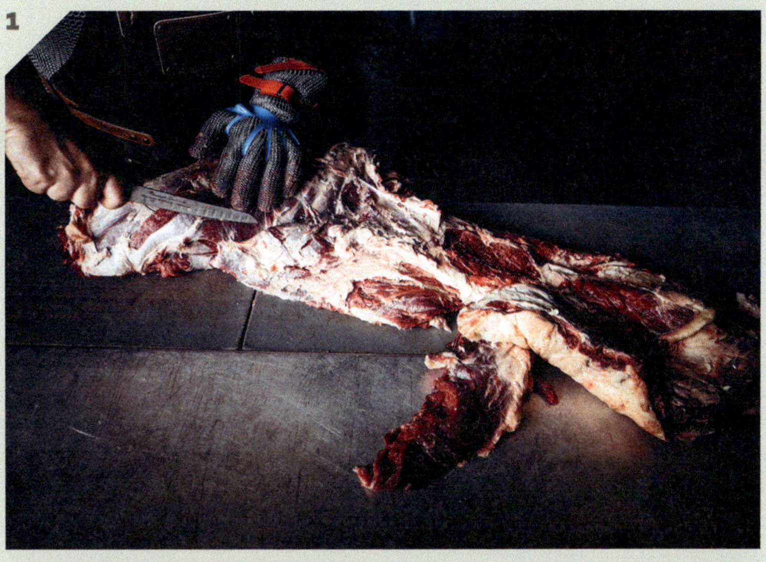

2

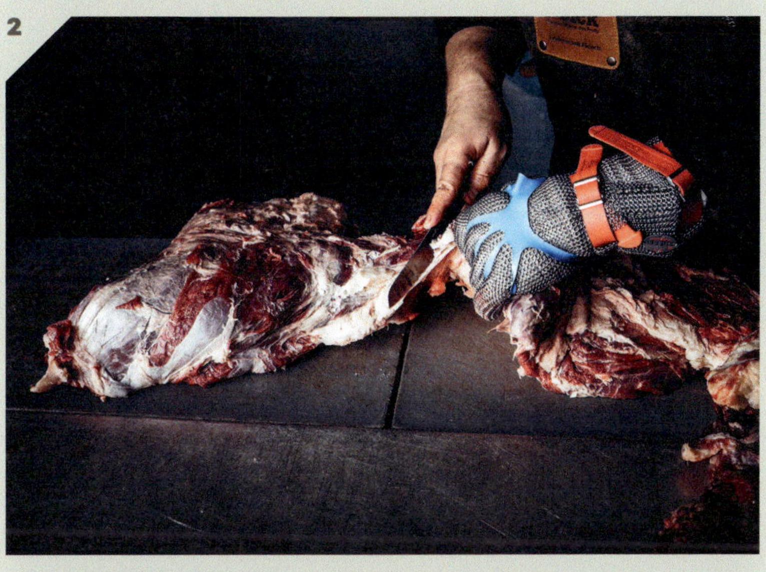

3

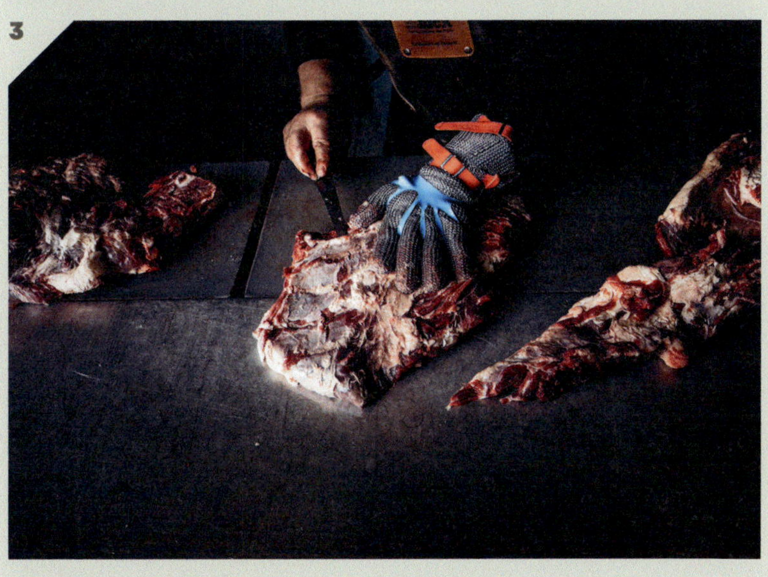

Sierra Cut

Der Sierra Cut liegt neben dem Denver Cut. Am Bindegewebe entlang schneide ich das lange, flache Teilstück heraus (**1–4**).

Der Sierra Cut ist als Muskel dem Flank Steak sehr ähnlich, weshalb man ihn auch gut als Alternative dazu verwenden und ebenso zubereiten kann (**siehe S. 68**).

1

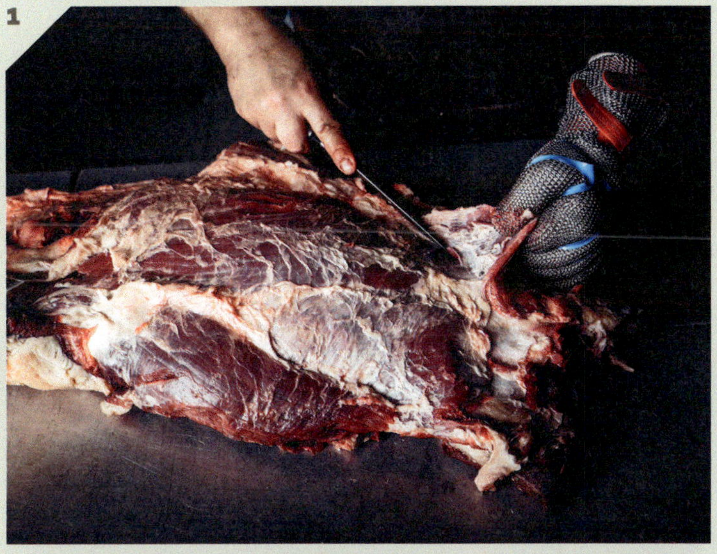

2

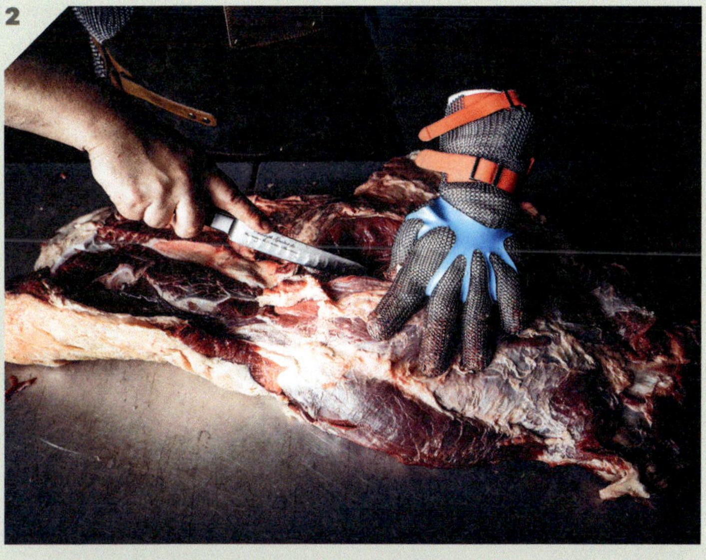

3

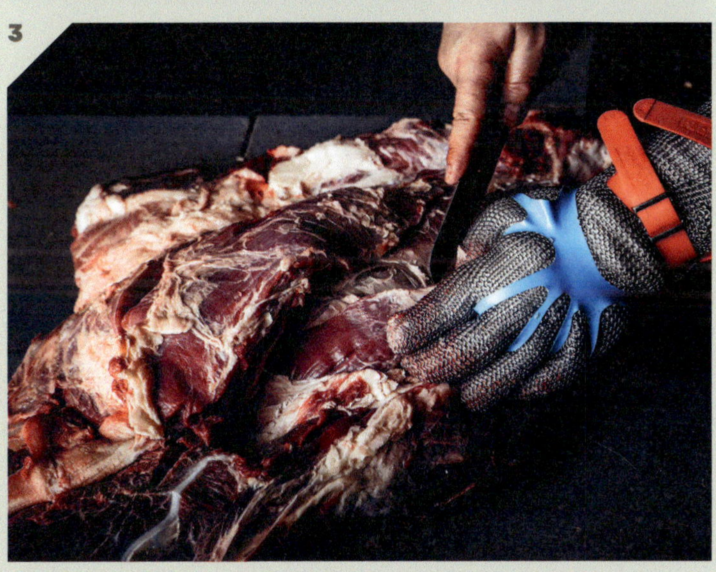

4

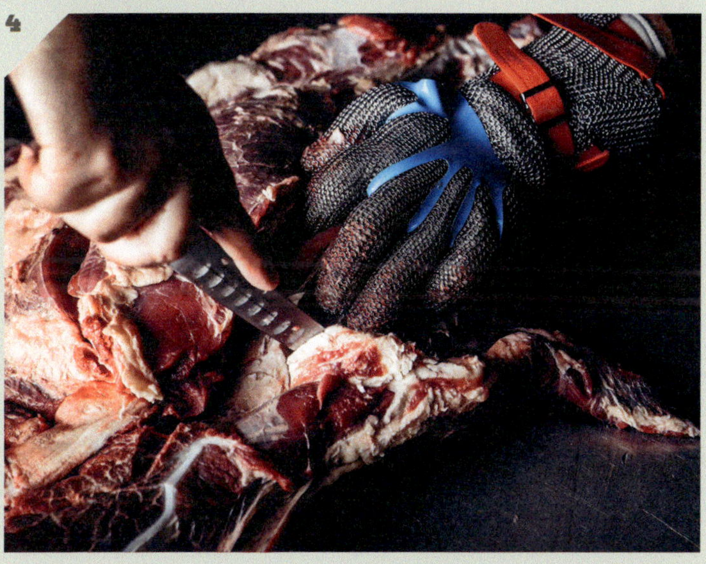

Special Cuts aus dem Zungenstück

Viel ist nicht mehr übrig vom Hals beziehungsweise vom Zungenstück – doch auch hier verstecken sich noch tolle Teilstücke. Sorgfältig trenne ich zunächst drei schöne Stücke heraus (1) und pariere sie anschließend (2).

Leider gibt es für diese Stücke, die sich allesamt gut für den Grill eignen, nach meinem momentanen Wissensstand noch keine Namen. Und ich möchte mir nicht anmaßen, da jetzt irgendetwas zu erfinden. Was ich damit aber aufzeigen möchte: Wir bekommen sehr viel mehr aus einem Rind heraus als nur die bereits bekannten Teilstücke. Man muss nur danach suchen. Wenn Sie einen solchen besonderen, unbekannten Cut bei sich in der Theke anbieten möchten: Geben Sie ihm doch einfach Ihren Namen! Vielleicht wird „Fabians Secret Cut", „Metzger Michels Special Cut" oder auch „Unser geheimer Steak Cut" ja Ihr Markenzeichen?

1

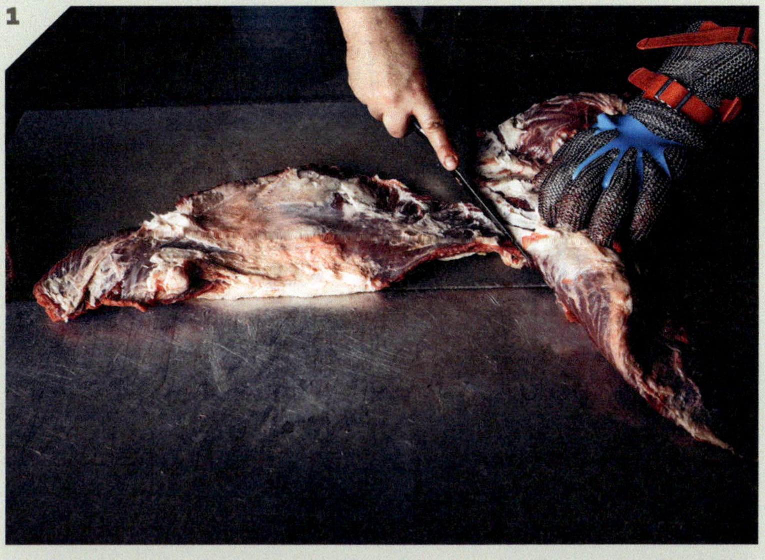

2

Neck Roast

Das Neck Roast ist das letzte Stück, das ich aus dem Nacken schneide. Es sitzt am unterem Stück des Halses (aus unserer Perspektive; wenn man auf das noch lebende Tier schaut, befindet es sich im oberen Teil). Ich setze das Messer an und schneide dann das Neck Roast vorsichtig an den Fasern entlang heraus (**1–2**).

Auch das Neck Roast ähnelt dem Flank Steak und kann entsprechend gebraten oder gegrillt werden (**siehe S. 68**), hat aber eine etwas festere Struktur. Was nun noch übrig ist, lässt sich natürlich zu großen Teilen noch verwenden: Aus den Abschnitten können Burger oder Gehacktes hergestellt werden, das Fett wird ausgelassen und als Bratenfett benutzt. Knochen, Knochenhaut und Sehnen können ausgekocht und als Demi-glace, Suppen oder Gelatine dienen.

1

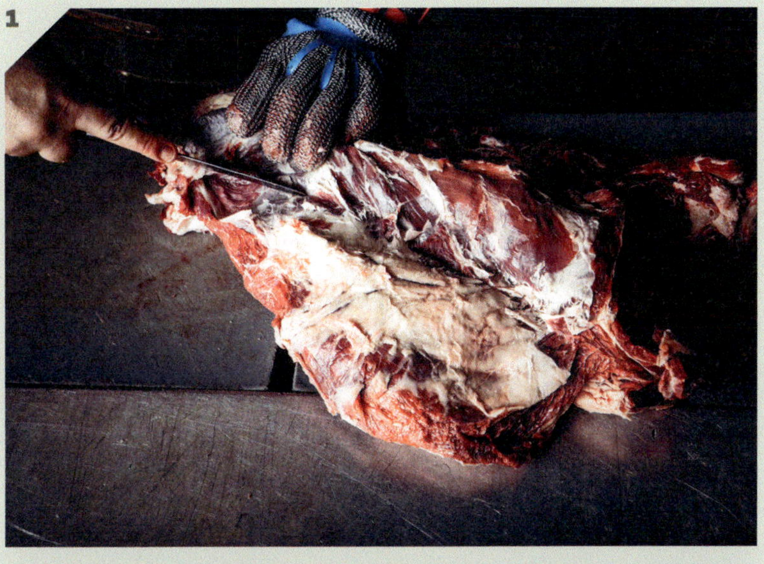

2

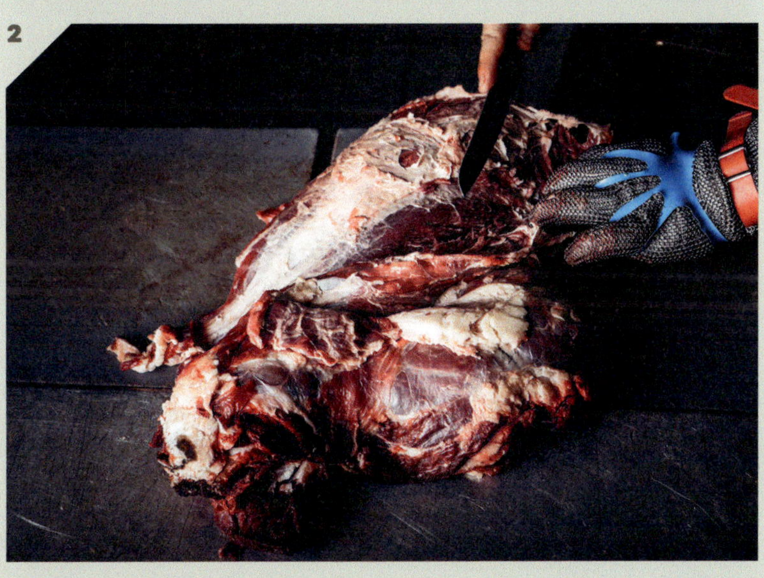

Innereien & Co.

Herz

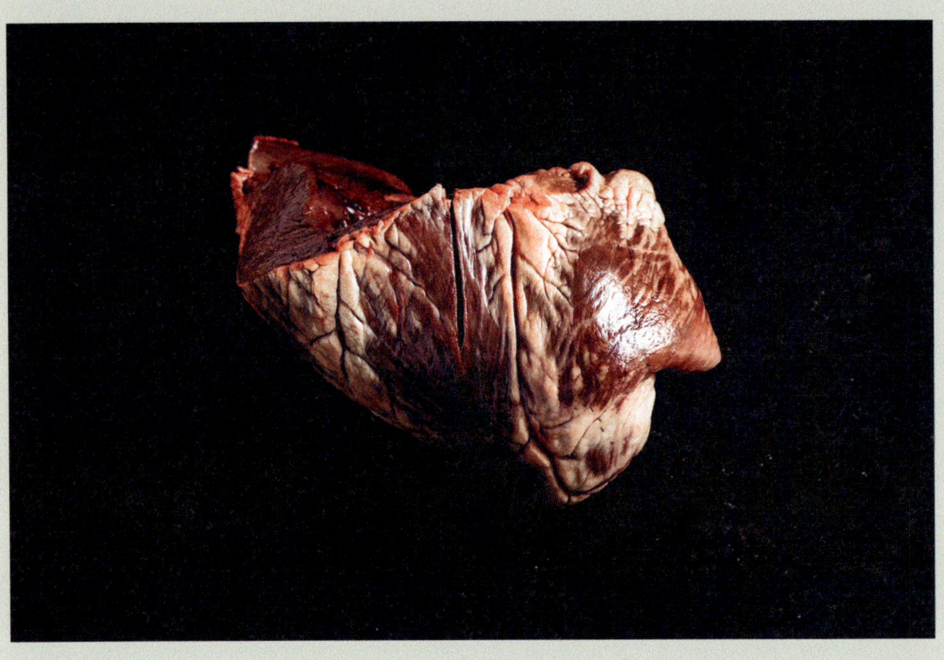

Das Herz ist für mich zur Zeit die „wertvollste“ der Innereien, da es gerade in höherklassigen Restaurants sehr angesagt ist. Vor dem Zubereiten wird dieses nur aus Muskel bestehende Stück kleingeschnitten, gewässert und von allen Blutspuren befreit. Dann kann man es schmoren oder sous-vide-garen und braten. Es bleibt zwar recht fest, aber auch schön mürbe im Biss. Geschmacklich erinnert es etwas an Wild.

Leber

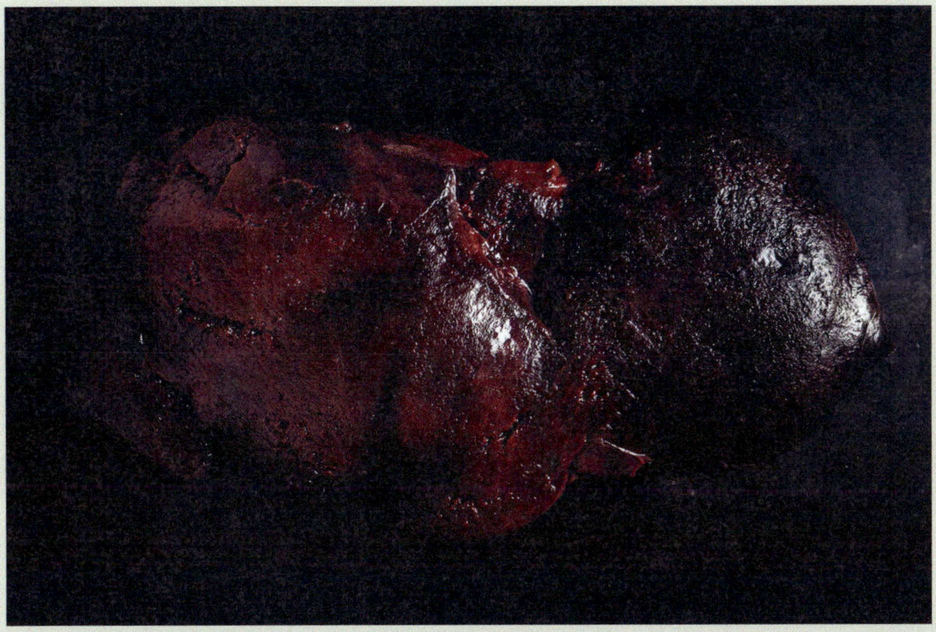

Die Leber ist preiswert, verfügt über viele Vitamine und Mineralstoffe, wird aber auch ihres Geschmacks wegen geschätzt. Gerade in Süddeutschland findet man Leberknödel oder Leberspätzle noch oft auf den Speisekarten. Ich würde eine junge Leber immer vorziehen, sie scharf anbraten, aber nicht durchgaren, und dann ruhen lassen. Rohe Leber sollte man übrigens nicht einfrieren, weil sie so ihre Struktur verliert. Zubereitet ist es aber möglich.

Nieren

Rindernieren sind leider nicht mehr überall erhältlich, was sehr schade ist, sind sie doch voll von Vitaminen. Vor der Zubereitung müssen sie sorgfältig gesäubert, pariert und gewässert werden; dann werden sie beispielsweise im Süden Deutschlands oder auch im Rheinischen zu Sauren Nieren verarbeitet. Im Sommer eignen sie sich aber auch hervorragend zum Grillen – beispielsweise als Nierenspieß mit Apfel und Speck.

Lunge

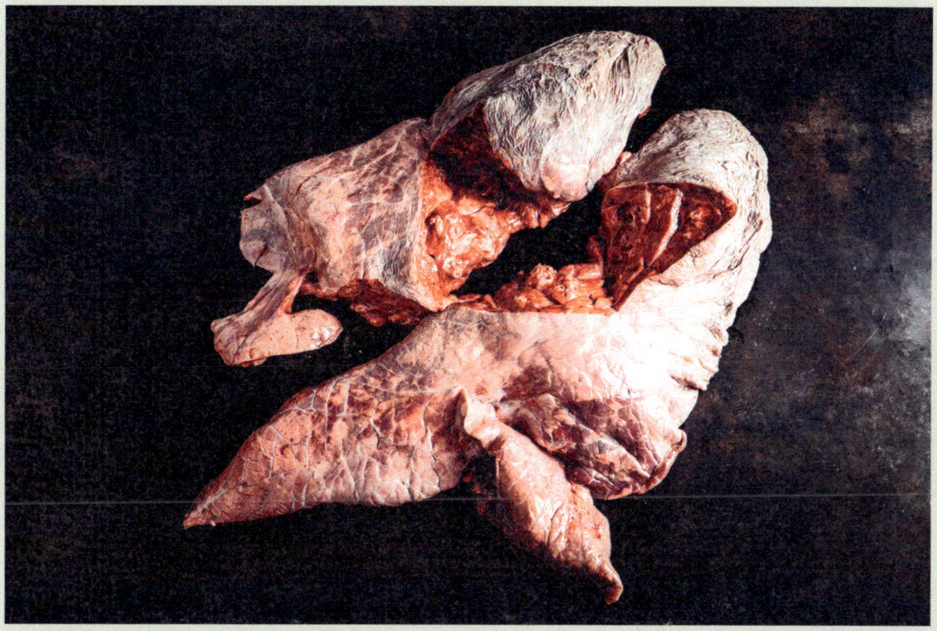

Aus der Lunge kann man tolle Gerichte kochen. In Österreich kennt man zum Beispiel das traditionelle Gericht „Beuschel", ein Ragout aus der Lunge und oft auch weiteren Innereien. (Als „Beuschel" bezeichnet man eigentlich alle oberen Organe des Tieres, also neben Lunge auch Herz, Milz und Leber. Aber nicht alle müssen Zutaten für dieses Gericht sein.)
Die Lunge muss vor der Zubereitung immer gründlich gewässert werden. Dann kocht man sie in einer Brühe, sodass sie fest wird, und schneidet sie anschließend in kleine Scheiben oder Würfel. So vorbereitet, lässt sie sich entweder zu erwähntem Beuschel verarbeiten, aber auch als Einlage für Kochwurst, Hausmacher Leber- oder Blutwurst verwenden – oder sie wird gleich zum Hauptdarsteller in der pikant gewürzten Lungenwurst, die man in Norddeutschland und Polen findet.

Backen

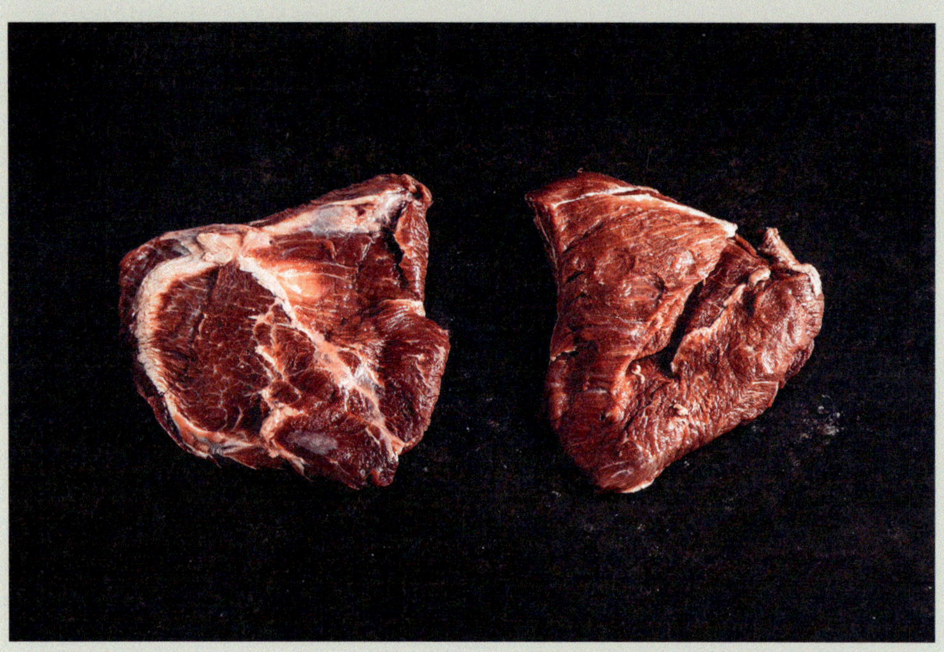

Die Backen sind schon seit einigen Jahren nicht mehr aus der Spitzengastronomie wegzudenken, und das vollkommen zu Recht. Die am Unterkiefer liegenden Backen sind mit viel Kollagen durchzogen; sie werden durch das Wiederkäuen ständig bewegt. Mit etwas Wurzelgemüse geschmort, sind Backen ein echtes Gedicht!

Zunge

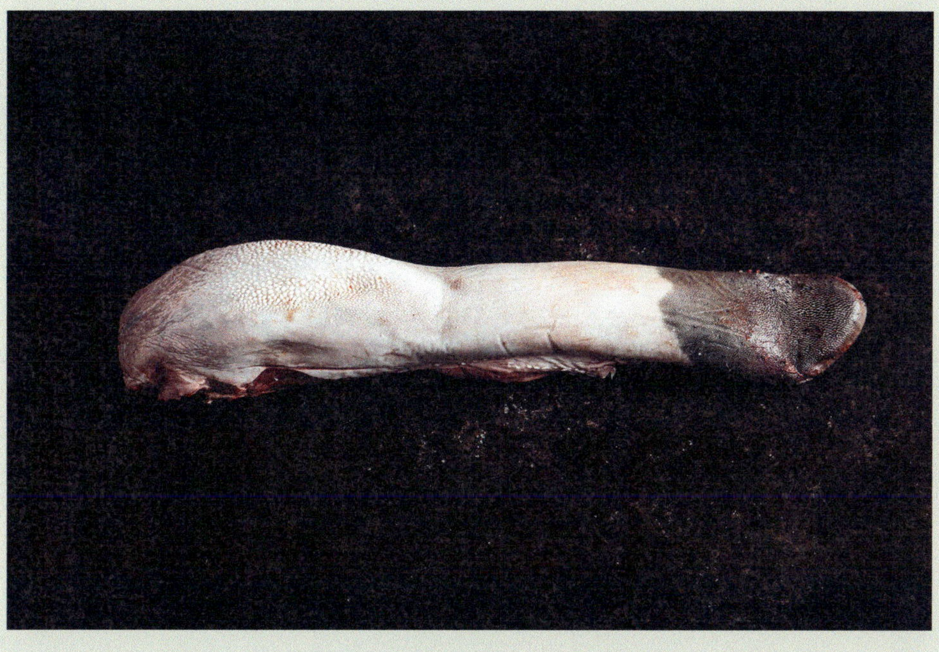

Die Zunge ist in dieser Kategorie mein Favorit. Sie besteht überwiegend aus Muskelgewebe und wird gekocht sehr zart und mild. Dazu würde ich sie mit etwas Suppengemüse in kaltem Wasser aufsetzen und drei Stunden köcheln. Danach löst man unter kaltem Wasser die Zungenhaut ab und dann die hintere Schlundpartie, sofern sie noch vorhanden ist. Dann kann man sie räuchern, als Aufschnitt verwenden oder auch warm mit einer guten Soße servieren – sehr lecker! Besonders in Großbritannien sind Gerichte aus der Zunge noch sehr beliebt.

Schlund

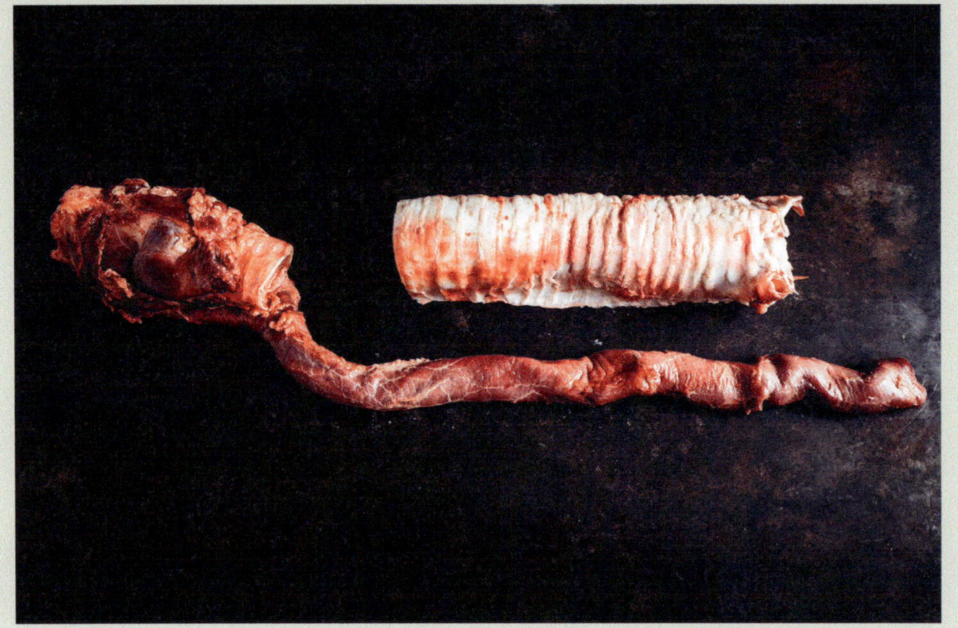

Der Schlund sieht nicht auf den ersten Blick danach aus, aber auch er lässt sich in der Küche noch vielfältig verwerten. Ich benutze ihn, um daraus Suppen, Fonds, Demi-glace oder Gelatine herzustellen. Löst man das Fleisch vorsichtig ab, kann man es sogar als Ragout verwenden. Die so verbleibende Gurgelhaut verwenden manche dann als Darmersatz bei der Wurstherstellung – alles ist möglich.

Pansen

Der gewaschene und weiße Pansen ist in vielen Ländern noch heute Bestandteil der traditionellen Küche. In Deutschland wird er überwiegend im Süden gegessen, zum Beispiel als Saure Kutteln. Auch in Griechenland kennt man die Kuttelsuppe und in Ungarn das Kuttelgulasch; in Italien kommt Pansen in die Mortadella, in Frankreich unter anderem in Andouillette-Würste. In Italien, Frankreich und vielen anderen Ländern werden übrigens auch Netzmagen, Blättermagen und Labmagen verwendet – und: Das haben alle dort probiert und wahrscheinlich kaum einer bereut.

Euter

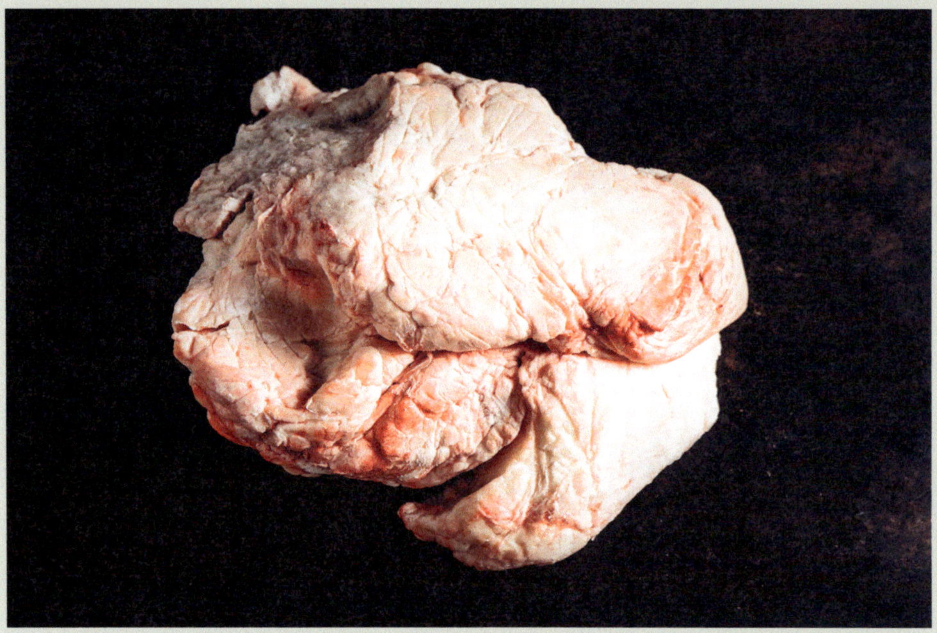

Ja, auch das Euter kann man essen: Wenn man es von Zitzen und Haut befreit sowie die verbliebene Milch entfernt, kann man es zu tollen Gerichten verarbeiten. Man muss das Euter gut waschen und dann einige Stunden lang weichköcheln. Dann kann man es beispielsweise panieren und als „Berliner Schnitzel" servieren – vor allem in dörflichen Gegenden war das Euter ein beliebter und günstiger Schnitzelersatz.

Füße

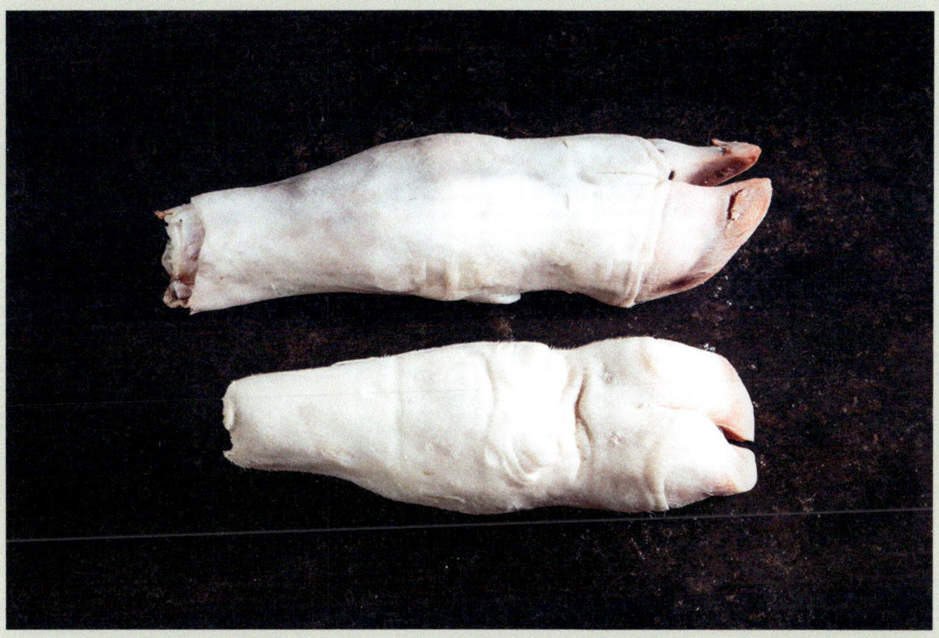

Auch die Füße des Rindes haben in vielen Ländern der Welt einen hohen Stellenwert und sind – verschieden zubereitet – feste Bestandteile der traditionellen Speisekarten geworden. Aus Armenien kommt beispielsweise das Gericht „Chash", für welches die Füße zunächst enthaart, gewässert, in kaltem Wasser angesetzt und anschließend über Nacht weichgekocht werden. Das Fleisch fällt dann regelrecht vom Knochen. Mit der Brühe, vielen Beilagen und meist vielen Freunden wird das Chash dann verzehrt. In Georgien kennt man es auch als Katerfrühstück.

Ochsenschwanz

Obwohl der Ochsenschwanz nicht von kastrierten Tieren kommen muss, sondern natürlich auch von Bullen oder Kühen stammen kann, hat sich der Name so eingebürgert. Das Fleisch des Schwanzes ist voll von Kollagen und eignet sich daher gut zum Schmoren oder Kochen. Leider gerät dieses Traditionsprodukt in Vergessenheit, was ich sehr schade finde.

Hirn

Das Rinderhirn darf gar nicht mehr in Verkehr gebracht werden – das ist seit Oktober 2000 verboten, Anlass dazu war die BSE-Krise. Nach wie vor aber gilt das Hirn unter Feinschmeckern als Delikatesse; andere hingegen erschauern nur beim Gedanken daran. In manchen Regionen der Welt aber kann man Hirn trotzdem noch probieren, meist gebacken oder gebraten.

Milz

Auch die Milz hat man früher oft gegessen. Heute findet sie nur selten den Weg auf den Tisch, vereinzelt noch in Süddeutschland. Vor der Zubereitung wird die Milz von der Haut geschabt und dann zu Gulasch verarbeitet, gefüllt oder als Wursteinlage verwendet.

Hoden

Die Hoden, in den USA auch als„Rocky Mountain Oysters" bezeichnet, standen früher ganz selbstverständlich auf den Speisekarten. Heute sind sie als Gericht noch sehr verbreitet in Spanien und Italien, aber auch in vielen asiatischen und afrikanischen Ländern. Meist werden die Hoden von jung kastrierten Tieren verwendet, um sie zu grillen oder zu braten. Ich habe 2018 in Kanada mehlierte und gebratene Hoden gegessen, welche mich geschmacklich sehr an Kalbsbries erinnerten.

Ochsenmaul

Der Ochsenmaulsalat ist das bekannteste Gericht aus diesem Stück des Rindes. Heute darf man es allerdings nur noch von Tieren verarbeiten, die jünger als zwölf Monate sind. Zumeist wird das Ochsenmaul gepökelt und gebrüht, das Bindegewebe wird zu Gelatine umgewandelt. Danach wird es in dünne Scheiben geschnitten und kommt entweder in den Ochsenmaulsalat oder als Einlage in eine Sülze.

DIE REIFUNG

Rindfleisch muss reifen, damit es einen aromatischen Geschmack bekommt und eine angenehme Konsistenz. Diese Reifung dauert in der Regel etwa drei Wochen, je nach Geschmack aber auch länger. In Frankreich beispielsweise wird Rindfleisch deutlich länger gereift, und zwar so lange, bis es den „Hautgout" erreicht – einen Geschmack, den die meisten deutschen Gaumen vielleicht schon als verdorben bezeichnen würden. Dennoch ist das Fleisch noch genießbar.

Wie beim Zerlegen kommt es aber auch bei der Reifung auf das jeweilige Tier an – je nach Alter, Geschlecht und Rasse erzielt man mit der gleichen Reifezeit und -methode verschiedene Ergebnisse hinsichtlich Geschmack, Zartheit und Saftigkeit. Das eine Tier hat bereits nach 16 Tagen einen guten Reifegrad, das andere erst nach 25 Tagen. Auch zwischen Hinter- und Vorderviertel gibt es einen Unterschied: Das Vorderviertel hat in der Nähe der Stichstelle, im Bereich um die sechste Rippe herum, eine etwas kürzere Reifezeit. (Das „Stichfleisch", also das Fleisch, das unmittelbar an der Stichstelle liegt, darf natürlich gar nicht erst verwendet werden.)

Der Reifungsprozess

Die Fleischreifung besteht aus vier Phasen: Warmfleisch, Totenstarre, Tafelreife und Verderb. Im Folgenden erkläre ich kurz, was während dieser vier Phasen geschieht und was es zu beachten gilt.

1. Phase: Warmfleisch

Die Warmfleischphase ist für unsere Cuts eigentlich weniger interessant, für die Wurstherstellung hingegen schon. Der Vollständigkeit halber möchte ich Ihnen aber trotzdem kurz etwas dazu erzählen. Von Warmfleisch spricht man bei Rindern bis etwa 60 bis 90 Minuten nach dem Ausbluten, danach ist diese kurze Phase schon wieder vorbei (sie kann aber verlängert werden, indem man das Fleisch sofort mit Salz zerkleinert). Bei Schweinen sind es sogar nur 45 Minuten. Diese kurze Dauer ist auch der Grund, warum die früher recht beliebte Art der Verarbeitung nicht mehr sonderlich verbreitet ist. Das liegt nicht zuletzt an den oft langen Transportwegen vom Schlachter zur Weiterverarbeitung.

Dabei ist Warmfleisch für die Koch- und Brühwurstherstellung geradezu ideal. Bei einem lebendigen Organismus – bei uns ebenso wie beim Rind oder Schwein – sorgt ein körpereigenes Phosphat (Adenosintriphosphat, kurz ATP) dafür, dass die Muskeln locker und geschmeidig bleiben, indem es unter anderem die Bildung von Aktomyosin verhindert. Aktomyosin ist eine komplexe Verbindung der ansonsten einzeln vorkommenden Muskeleiweiße Aktin und Myosin. Sobald das ATP abgebaut wird – was durch die beendete Sauerstoffversorgung der Muskeln ausgelöst wird –, schließen sie sich zusammen und sorgen für eine Versteifung der Muskulatur, die sich nun zusammenzieht. Auch pH-Wert und Wasserbindungseigenschaft ändern sich. Dadurch lässt sich das Fleisch nicht mehr so gut verarbeiten und es müssen Phosphate oder Zitrate hinzugegeben werden, um eine geeignete Konsistenz zu erreichen. Gerade Hersteller von Bio-Würsten setzen daher gerne auf diese Technologie der Warmfleischverarbeitung, weil sie so auf die Stabilisatoren und Emulgatoren verzichten können. Und da die Verarbeitung direkt nach dem Schlachten beginnt, sind lange Transportwege ausgeschlossen beziehungsweise sogar verboten – solche Würste sind in der Regel also immer regional. Da es bei der Warmfleischverarbeitung aber sehr viel zu beachten gibt und man eine Ausnahmegenehmigung benötigt, setzen nur noch sehr wenige Metzger auf die traditionelle Warmfleischverarbeitung – was sehr schade ist, denn manche regionale Spezialitäten lassen sich nur mit Warmfleisch herstellen.

2. Phase: Totenstarre

Während des Rigor mortis, der Totenstarre, kommt es also wie beschrieben zu einer Verkürzung der Muskulatur, weshalb das Fleisch in dieser Phase fest und zäh ist. Das ist für die Wurstherstellung von Nachteil – aber uns interessieren ja die gut gereiften Fleisch-Cuts. Und da hat der Abbau von ATP sein Gutes: Beim Abbau entstehen Zerfallsprodukte (Inosin- und Adenosinmonophosphat, kurz IMP und AMP) in den Fleischfasern. Und gemeinsam mit einigen freien Aminosäuren wie Glutamin und Alanin sorgen IMP und AMP später für den typischen herzhaften („umami"), manchmal auch leicht süßlichen Fleischgeschmack. Warmfleisch ist im Gegensatz zu gereiftem Fleisch also recht fade. Die Totenstarre dauert etwa 36 bis 40 Stunden, und dann setzt die eigentliche Fleischreifung ein.

3. Phase: Tafelreife

Lässt man das Fleisch nun reifen, kommt es zu interzellulären Veränderungen: Eiweißspaltende Enzyme, die Proteasen, lockern die Muskulatur und sorgen dafür, dass das Fleisch wieder zart wird. Glykogen wird zu Milchsäure abgebaut, der pH-Wert fällt. Durch den Abbau von Nukleotiden und Fettsäuren wird während der Reifung außerdem das Aroma intensiviert. Es klingt zwar unappetitlich, aber im Grunde ist die Reifung nichts anderes als ein Verwesungsprozess. Die Muskeln werden zersetzt und ihre Konsistenz verändert sich, aber das Fleisch verdirbt noch nicht. Es gibt zahlreiche verschiedene Arten der Fleischreifung, und welche sich für welches Fleisch am besten eignet, ist wahrlich eine Wissenschaft für sich. Fleisch vom Wagyu wird beispielsweise oft im Vakuum gereift. Warum? Bei der Trockenreifung reift auch das Fett. Da Wagyus recht viel intermuskuläres Fett – also schön marmoriertes Fleisch – haben, besteht hier die Gefahr, dass dieses Fett ranzig wird. Gewusst wie, kann Dry-aged Wagyu aber auch eine Offenbarung sein. Eine richtige Wissenschaft eben.

4. Phase: Verderb

Lässt man das Fleisch zu lange reifen oder sind die Lagerbedingungen nicht optimal, kommt es schließlich zum Verderb des Fleisches. Dieser Verderb kündigt sich bereits an, wenn das Fleisch sich hinsichtlich Konsistenz und Geschmack in Richtung Leber entwickelt. Zahlreiche biologische, chemische und physikalische Faktoren haben Auswirkungen auf den Verderb und bringen entsprechende Gesundheitsrisiken mit sich.

Schimmelbefall ist nicht immer ein Zeichen für Verderb, sondern kann sogar gewollt sein. Beim Dry-Aging beispielsweise kann man das Fleisch kontrolliert „anschimmeln“ lassen – ganz so wie bei einem veredelten Käse. Allerdings ist dieseVeredlung nicht so einfach; nur unter speziellen Bedingungen und mit ausgesuchten Pilzsporen können die Toxine im Zaum gehalten werden.

Arten der Reifung

Grundsätzlich lässt sich die Reifung einteilen in aerob und anaerob. Aerob bedeutet, dass das Fleisch bei der Reifung Kontakt mit Sauerstoff hat, was beim klassischen Trockenreifen der Fall ist. Anaerobe Verfahren schließen das Fleisch mithilfe von Wasser, Folien, Fett etc. luftdicht ab. Welche Reifungsmethode gewählt wird, hat oftmals nicht nur geschmackliche, sondern auch wirtschaftliche Gründe – logisch, denn beim Dry-Aging geht während der Reifung viel mehr Gewicht verloren als beim Reifen in einer Vakuumverpackung. Das Fleisch wird zwar deutlich aromatischer, aber auch teurer. Welche Methode die richtige ist, muss jeder selbst entscheiden. Ich bin ein sehr großer Fan der Fettreifung (siehe S. 237), experimentiere selbst aber auch gerne ein bisschen herum. Momentan versuche ich mich zum Beispiel an der Rindfleischreifung im Schokolademantel (mit Schokolade von Original Beans)– und bin schon sehr gespannt, was dabei herauskommt. Im Folgenden finden Sie aber erst einmal einen kleinen Überblick über die bekanntesten Methoden.

Dry-Aging

Diese Methode des Abhängens am Haken ist uralt und trocken gereiftes Rindfleisch gerade wieder stark gefragt. Zwar entstehen hohe Gewichtsverluste (über 30 Prozent; nach dem Abschnitt der ungenießbaren Randschichten ist sogar ein Gewichtsverlust von über 70 Prozent möglich), aber das Aroma, das dabei herauskommt, ist es wert. Früher wurden einfach die kompletten Rinderhälften zum Reifen in den Kühlraum gehängt, heute werden eher kleinere Stücke, beispielsweise ein Roastbeef am Knochen, auf diese Art gereift. Dabei können Schnittflächen mit Fett bestrichen werden, um ein übermäßiges Austrocknen zu vermeiden. Ideal sind hierfür sogenannte Reifeschränke, in denen nicht nur die Temperatur reguliert werden kann, sondern auch die Luftfeuchtigkeit. Optimieren kann man das Ganze dann mit dem Einsatz von Salzsteinen, welche das Klima im Schrank verbessern und zusätzlich aromatisierend und sogar keimhemmend wirken. Es gibt mittlerweile auch halbdurchlässige Folien, in denen man dryagen kann, was aber wieder mit zusätzlichen Kosten verbunden ist. Dafür sind die Gewichtsverluste geringer.

DRY AGER
SUPERIOR BEEF
DRY AGER
SUPERIOR BEEF

Wet-Aging

Diese Methode ist hierzulande die gängigste und wird auch Folien- oder Vakuumreifung genannt. Zwei bis drei Tage nach der Schlachtung wird das Rind in die verkaufsfertigen Teile zerlegt und vakuumiert – so kann es beispielsweise während des dann folgenden Transports reifen. Das Fleisch ist vor äußeren Einflüssen geschützt und verliert deutlich weniger an Gewicht. Zusammengenommen macht das diese Methode wirtschaftlich sehr interessant. Das Fleisch profitiert von der Reifung, indem es zarter im Biss wird; allerdings entstehen auch Abbauprodukte, die mit dem Fleisch in der Folie verbleiben und dadurch das Aroma beeinträchtigen können. Ein säuerlich-metallischer Geschmack kann, muss aber nicht die Folge sein. Meiner Meinung nach sollte man nass gereiftes Fleisch nach der Entnahme aus der Verpackung immer abbrausen und dann trockentupfen, um den Fleischsaft, der auch Bakterienträger ist, zu entfernen. Man kann das Fleisch auch noch ein paar Tage trocknen lassen, wenn man möchte.

Reifeboxen

Nachhaltiger als das Wet-Aging ist die Verwendung von Reifeboxen. Auch hier wird das verkaufsfertig zugeschnittene Fleisch nass gereift, allerdings nicht in unzähligen Folienverpackungen, sondern in wiederverwendbaren Plastikkisten. Schwere Deckel, die die Boxen aber nicht luftdicht verschließen, pressen das Fleisch zusammen und sorgen so dafür, dass das Fleisch im eigenen Saft liegt (der mit abgekochtem Wasser aufgefüllt werden kann) und nicht direkt mit Sauerstoff in Verbindung kommt. Gleichzeitig können die bei der Reifung entstehenden Gase entweichen – der säuerliche Geschmack, der einem beim Wet-Aging manchmal begegnet, kann so vermieden werden, außerdem wird das Fleisch sehr zart. Ein Nachteil ist allerdings, dass der Eigengeschmack verloren gehen kann und die Flüssigkeit schnell verderblich ist. Hier muss also noch einmal ganz besonders auf die Hygiene geachtet werden.

Eine besondere Form ist das Aqua-Aging, bei dem Mineralwasser statt abgekochtem Wasser zum Auffüllen verwendet wird. Das sorgt für einen leicht mineralischen Geschmack und soll das Fleisch besonders zart machen. Entwickelt hat diese Sonderform mein geschätzter Kollege Dirk Ludwig aus Schlüchtern, der viel mit Fleischreifung experimentiert, beispielsweise auch mit der Aschereifung (siehe S. 237).

Fat-Aging

Bei dieser Methode wird das Fleisch komplett mit Fett (beispielsweise Rindertalg, aber auch Butter) umhüllt, um es vor Umwelteinflüssen zu schützen. Entweder wird das Fleisch mehrmals in flüssiges Fett getaucht oder damit bestrichen. Während des mindestens zweiwöchigen Vorgangs kann das Fleisch schonend reifen, verliert nur sehr wenig an Gewicht und erhält einen besonders intensiven Geschmack – eine geniale Methode. Allerdings muss die Fetthülle permanent kontrolliert werden, damit keine Keime eindringen können. Ich empfehle, den Rindertalg mit etwa 20 bis 30 Prozent Bio-Palmöl zu vermischen. Das Fett wird geschmeidiger und bekommt nicht so schnell Risse. Beim späteren Zubereiten kann man das Fett sogar noch zum Braten verwenden. Die Fettreifung gibt es ebenfalls schon sehr lange, doch sonderlich verbreitet ist sie momentan (noch) nicht. Allerdings wird sie gerne ergänzend verwendet: Beim Dry-Aging beispielsweise können so Anschnittflächen vor dem Austrocknen bewahrt werden.

Auch die Reifung in flüssigem Öl ist bekannt, besonders für den Hausgebrauch. Ein Vorteil dieser Methode ist, dass man mit Gewürzen oder Kräutern versetztes Öl verwenden und damit das Fleisch zusätzlich aromatisieren kann.

Ash-Aging

Hier sorgt Asche aus unbehandeltem Holz dafür, dass das Fleisch in Ruhe reifen kann. Für Schinken kannte man diese Methode schon länger, Dirk Ludwig hat sie dann auch auf seine Rib-Eye-Steaks übertragen. In ausreichend Asche, beispielsweise aus Buchenholz, reift das Fleisch mindestens vier Wochen, maximal drei Monate. Wer selbst noch traditionell mit Buchenholzspänen räuchert, kann die dabei anfallende Asche durchaus fürs Ash-Aging verwenden – ich mag es ja, wenn man wirklich nichts verschwendet. Nur frisch sollte die Asche dafür sein und durchgesiebt. Komplett mit einem dicken Aschemantel umhüllt, ist das Fleisch vor äußeren Einflüssen geschützt; die Asche ist nicht nur luftundurchlässig, sondern wirkt außerdem aseptisch – und hat man sorgfältig gearbeitet, haben Schimmel und Bakterien keine Chance.

Die Mineralien der Asche entziehen dem Fleisch die Feuchtigkeit ganz langsam, wodurch es keine unansehnlichen Trockenränder bekommt, aber eine relativ feste Konsistenz erhält. Gleichzeitig wird das Fleisch durch die Asche aromatisiert und bekommt einen feinen Rauchgeschmack. Man kann die Asche auch noch mit Kräutern und Gewürzen versetzen, um das Aroma des Fleisches noch weiter zu beeinflussen. Bevor man die so gereiften Stücke anschließend zubereitet, sollte man die Asche aber unbedingt sorgfältig entfernen.

WAS LANGE REIFT …

Das kommt dabei heraus, wenn ein Vater, seine zwei Söhne und ihre engagierten Mitarbeiter alte Metzgertradition neu denken.

Schon beim Anblick des gefüllten DRY AGER® läuft Fleischliebhabern das Wasser im Munde zusammen. Denn der Reife- und Präsentationsschrank lässt kostbare Fleischteile nicht nur unter klimatischen und hygienischen Idealbedingungen ihr volles Aroma entfalten. Er zeigt zudem seinen wertvollen Inhalt in einem äußerst ästhetischen Rahmen und zieht die Aufmerksamkeit in jedem Umfeld sofort auf sich. Für Metzgereien, Hotels oder Gastronomiebetriebe eine Bereicherung, die den Verkauf und die Präsentation des Fleisches einzigartig macht.

Im Gegensatz zu dem sehr neuartigen und modern wirkenden DRY AGER® ist der Prozess des Trockenreifens jedoch eine sehr alte Methode. Bis zur Erfindung der Vakuumiermaschinen gab es kaum andere Möglichkeiten, Rindfleisch reifen zu lassen. Was gut für den Fleischliebhaber war, bereitete dem Handel jedoch Sorgen. Denn beim klassischen „Abhängen" trocknete das Fleisch stark aus, die Außenkruste musste großzügig entfernt werden und somit ging etwas Umsatz verloren. Bei der „nassen" Reifung im Einschweißbeutel bleibt das Gewicht dagegen erhalten, während das Fleisch meist trotzdem zart wird. Die Folge: Heute kommt so gut wie jedes Rindfleisch in den Plastiksack. An das metallisch-säuerliche Aroma, das dem Beutelfleisch anhaftet, hat sich der Konsument leider schnell gewöhnt.

Dry Aging – die hohe Kunst der Fleischveredelung.

Rindfleisch braucht Reife. Und Reifung braucht Zeit. Dry Aging – übersetzt „Trockenreifung" – ist die traditionelle Methode, um Fleisch außergewöhnlich zart und geschmacklich intensiv reifen zu lassen. Ein Jahrzehnte altes Verfahren, durch das Rindfleisch seine denkbar höchste Veredelungsstufe erlebt. Denn um das perfekte Steak zu bekommen, braucht es keine andere Zubereitungsmethode, sondern einen neuen, alten Reifeprozess. Die Trockenreifung von Fleisch, das Dry Aging, ist das älteste Verfahren der Fleischreifung überhaupt. Dabei wird das Fleisch am Knochen über einen bestimmten Zeitraum bei kontrollierter Temperatur, Luftfeuchtigkeit und Luftqualität abgehängt. Es darf in Ruhe reifen, und statt luftdicht in Plastikfolie zu liegen, darf es das tun, was Fleisch am liebsten tut: Es darf atmen.
Als Dank schenkt uns das auf diese Art veredelte, trockengereifte Fleisch ein unnachahmliches, intensives Aroma. Und eine Konsistenz, die nichts mit einem „normalen" Stück Fleisch gemeinsam hat. Kein Wunder, dass Dry Aged Beef unter Kennern deshalb als „die Königsklasse unter den Steaks" gilt.

Erst durch die wachsende Beliebtheit hochpreisiger Steakhäuser wurden zuletzt mehr und mehr Genussmenschen zurück auf den Dry-Aged-Geschmack gebracht. So auch die Brüder Christian und Aaron Landig von Landig + Lava. Als begeisterte Köche und Griller starten die Brüder 2011 mit den ersten DRY AGER® Prototypen. Gemeinsam mit zwei Metzgern und einem Lebensmittellabor gelingt es ihnen schließlich, mit dem DRY AGER® neue Maßstäbe in Design und Technik zu setzen, und das bei einem Preis, der ihn für Gewerbetreibende höchst lukrativ und für Privatnutzer absolut erschwinglich macht.

Inzwischen ist das Produktangebot weiter ausgebaut und DRY AGER® kann Lösungen für alle Größen und Branchen anbieten. Selbst begehbare Reifezellen im individuellen Design oder verglaste Dry-Aging-Vitrinen sind kein Problem. Auch für die schon gut ausgestatteten fleischverarbeitenden Betriebe hat DRY AGER® eine clevere Antwort gefunden: DRY AGER® Aggregate, die aus jeder normalen Kühlzelle eine voll ausgestattete Dry-Aging-Reifekammer machen. So einfach war Dry Aging noch nie.

Ausgereift ist dabei besonders auch die Technik, mit der die Entwickler den Fleisch-Safe ausgestattet

Ausgereift hausgereift

Der DRY AGER® Fleischreifeschrank für Privat und Gewerbe.

Unsere Mission: einen bezahlbaren Vollreife-Profischrank zu entwickeln, der genauso gut aussieht, wie er arbeitet. Das ist uns mit dem DRY AGER® gelungen. Außen zeitlos modernes Design – innen hochpräzise, durchdachte Technologie. Handwerk trifft High-Tech.
Das Fleisch reift am Knochen in unserem Reifeschrank bei ca. 85 Prozent Luftfeuchtigkeit und einer Temperatur von 2 Grad Celsius. Die präzise elektronische Steuerung des DRY AGER® gewährleistet dabei die konstante Einhaltung der Temperatur, die in exakten Schritten von 0,1 Grad Celsius geregelt werden kann. Auch die Luftfeuchtigkeit lässt sich dank HumiControl® hochpräzise von 60 bis 90 Prozent regulieren. Das sorgt zusammen mit dem integrierten DX AirReg® System selbst bei großen Schwankungen der Umgebungstemperaturen immer für ein perfektes Mikroklima im Inneren, eine optimale Luftströmung und eine fortlaufende Entkeimung.
Um den wertvollen Inhalt vor schädlichem UV-Licht zu schützen, ist die von einem eleganten Edelstahlrahmen gehaltene Isolierglastüre des DRY AGER® getönt (metallbedampft). Der Gewichtsverlust bei Rindfleisch durch die Reifung am Knochen beträgt nach 4 Wochen Reifezeit im DRY AGER® nur ca. 7 bis 8 Prozent und nach 6 Wochen ca. 12 Prozent.
Der DRY AGER® eignet sich aber nicht nur für die Herstellung von Dry Aged Beef. Er kann auch zum Nachreifen und Lagern von Wurstwaren, Schinken und anderen Fleischarten genutzt werden.

haben. Mehrere rechtlich geschützte Innovationen sind im DRY AGER® verbaut und sorgen für die optimalen technischen Rahmenbedingungen für Fleisch, Schinken und Salami: So sichert die präzise elektronische Steuerung eine konstante Temperatur (von 0 bis + 25 ° C), die in exakten Schritten von nur einem Zehntel Grad Celsius geregelt werden kann. Die Luftfeuchtigkeit lässt sich dank HumiControl® hochpräzise in 0,5-Prozent-Schritten zwischen 60 und 90 Prozent einstellen. Und das komplett ohne Wasseranschluss! Zusammen mit dem integrierten DX AirReg® System entsteht selbst bei großen Schwankungen der Umgebungstemperatur ein perfektes Mikroklima im Schrank.

Das oberste Gebot beim Hantieren mit empfindlichen Lebensmitteln wie Fleisch ist das präzise Einhalten von Hygienestandards. Selbstverständlich wurde bei der Entwicklung des Reifeschranks sehr viel Wert darauf gelegt. Das ausgeklügelte Entkeimungssystem sorgt dafür, dass Luft im DRY AGER® mit einer UVC-Entkeimungsbox und der Unterstützung eines Aktivkohlefilters permanent hygienisch rein gehalten wird. Die Isolierglastüren schützen außerdem vor UV-Strahlen. Für den Metzger, Fleischverarbeiter, Restaurantbesitzer oder Hotelier das A und O: ein sicheres Produkt für seine Kunden.
Diese Glanzleistung gibt es in zwei Größen, für bis zu 20 kg (DRY AGER® DX 500) und bis zu 100 kg (DRY AGER® DX 1000) Fassungsvermögen. Die Investition ab € 1.895,– rentiert sich bereits nach wenigen Füllungen. Denn der Wert von Dry Aged Beef, Schwein, Salami oder Schinken wird inzwischen auch von Profi-Gourmets geschätzt.

Auch immer mehr normale Kunden sind bereit, für außergewöhnliche Qualität tiefer in die Tasche zu greifen. Zudem haben immer mehr Metzgereien, Restaurants und Hotels den DRY AGER® im Einsatz und können ihn aus tiefer Überzeugung an weitere Interessenten empfehlen.

Mehr Informationen zu den Geräten erhalten Sie hier: **dry-ager.com**

DER GESCHMACK

Das Fleisch wurde fachgerecht zerlegt und dann – je nach Vorlieben – angemessen gereift. Durch verschiedenste biochemische Veränderungen hat sich ein aromatischer Fleischgeschmack entwickelt. Wir haben nun also wunderbare Fleischstücke, die wir auch genauso wertschätzend zubereiten sollten, wie wir sie vorbereitet haben. Kochbücher zu unseren besonderen Fleischstücken gibt es ja bereits einige, die wirklich ganz hervorragende Ideen bieten. Das Internet ist voll von Zubereitungstipps, und sowohl Sterneköche als auch die weltweit aktiven Barbecue-Liebhaber entwickeln ständig neue Rezepturen. Daher stelle ich Ihnen im Folgenden einfach einige Zubereitungsarten vor, die ich sehr zu schätzen gelernt habe.

Roh und Kaltgaren

Rohes Rindfleisch ist eine echte Delikatesse. Das Fleisch muss dann natürlich in einem absolut einwandfreien Zustand und sehr frisch sein, um als Tatar oder Carpaccio auf dem Teller zu landen, ansonsten drohen gefährliche Nebenwirkungen. Damit man das rohe Fleisch auch gut kauen kann, wird es fein zerkleinert oder hauchdünn geschnitten und zusätzlich auch oft durch Säure mürbe gemacht – so wird es gegart, aber ohne Hitze. Bei der sogenannten Kaltgarung findet durch die zugegebene Säure in den Proteinen eine Ladungsverschiebung statt, wodurch sich die Struktur des Fleisches verändert. Als Säure können Zitronensaft oder Essig dienen. Eine Säurezugabe ist nicht notwendig, um rohes Fleisch genießen zu können, bietet sich bei Cuts, die mehr Biss haben als ein Filet, aber durchaus an. So kann man aus einem Falschen Filet dann auch durchaus ein Carpaccio zubereiten. Letzteres wird oftmals gefroren, um es besser schneiden zu können. Diese Kältebehandlung hat dann ebenfalls Auswirkungen auf die Konsistenz des Fleisches.

In sehr vielen Ländern auf der Welt ist es üblich, rohes Rindfleisch zu essen – neben „unserem“ Klassiker, dem Tatar mit Eigelb, Sardellen, Zwiebeln und Kapern, und dem italienischen Carpaccio gibt es zahlreiche weitere Rezepturen, zum Beispiel das dänische Tatarmad oder der Toast Cannibal aus Belgien. Bei beiden Gerichten wird das Tatar auf Brot angerichtet und mit weiteren Zutaten verfeinert. In Chile kennt man das Bistec Alemán, in Frankreich natürlich das berühmte Beef Tatar. In der Türkei erfreuen sich Çiğ Köfte großer Beliebtheit, im Libanon Kibbe Nayè und in Äthiopien das Gericht Kitfo. Und auch Asien hat mit dem japanischen Beef Tataki, das allerdings ganz kurz angebraten wird, und dem koreanischen Yukhoe seine rohen Rindfleischspezialitäten.

Kochen und Schmoren

Rindfleisch zu kochen oder zu schmoren ist eine traditionelle Form der Zubereitung, die wir wohl alle noch von unseren Eltern und Großeltern kennen. Wenn es denn einmal Rindfleisch gab, dann waren das der sonntägliche Schmorbraten, die Rouladen oder das Gulasch an kalten Winterabenden. Regional unterschiedlich kam dann noch manchmal ein Tafelspitz mit Meerrettich hinzu, vielleicht ein Sauerbraten oder eine kräftige Suppe mit Siedefleisch. Aber Steaks? Wenn überhaupt, ging man dazu in ein Steakhaus. Doch bei all meiner Liebe zu hochwertigen Steak Cuts muss ich doch sagen, dass mein Herz auch an diesen Klassikern hängt. Und manche Stücke eignen sich nun mal besser zum Schmoren als zum Grillen.

Suppen- oder Siedefleisch ist langfaserig und zeichnet sich durch einen hohen Anteil an Bindegewebe und Kollagenen aus. Oft lässt man es auch noch am Knochen. Alles zusammen sorgt für ein intensives Aroma, aber auch für eine recht lange Zubereitungszeit – etwa zwei Stunden Kochzeit je Kilogramm. Auf Neudeutsch könnte man auch Slow Food dazu sagen. Will man eine kräftige Brühe herstellen, setzt man das Fleisch mit kaltem, ungesalzenem Wasser auf. Durch Osmose gelangen die Aromen dann in die umgebende Flüssigkeit und das Fleisch wird ausgelaugt.

Soll der Geschmack nicht an die Brühe abgegeben werden, sondern im Fleisch bleiben, muss das Wasser heiß und gesalzen sein. Beim Kochen beziehungsweise Sieden gerinnt zuerst das Muskeleiweiß und die Gelatine wird langsam aus dem Kollagen gelöst. Das Fleisch wird zunächst zäh, beim weiteren Köcheln aber mürbe und zart. Gart man es zu lange, zerfällt es in die einzelnen Fasern. Wenn man die Temperaturen etwas herunterfährt, spricht man auch vom Pochieren oder Garziehen, was dem Fleisch besser bekommt, da es so saftiger bleibt.

Schmorgerichte wie Gulasch, Rouladen oder Braten verlangen nach ähnlichem Fleisch: Viele Kollagene sollten darin enthalten sein, damit man eine deftige und sämige Soße bekommt. Zuerst wird das Fleisch scharf angebraten, um, wie Tim Mälzer sie ja gerne nennt, schöne Röstaromen zu erhalten. Diese Aromen sind wesentlich für alle Schmorgerichte. Danach wird das Schmorfleisch abgelöscht und über einen längeren Zeitraum bei mäßigen Temperaturen geköchelt, bis das Fleisch butterzart ist.

Sous-vide und Niedrigtemperatur

Wenn es um das Thema zartes Fleisch geht, kommt man heutzutage um das Niedrigtemperaturgaren oder das Sous-vide-Garen nicht mehr herum. Die Niedrigtemperaturmethode wurde 1799 von Sir Benjamin Thompson entdeckt, der sich unter anderem durch die Weiterentwicklung der Wärmelehre und auch als Erfinder einen Namen machte. Allerdings hatte die „Entwicklung" des Niedrigtemperaturgarens nur am Rande mit seinem Schaffen als Experimentalphysiker zu tun. Es war vielmehr ein glücklicher Zufall. In seiner Versuchsküche ließen er und seine Gehilfen über Nacht – warum auch immer – eine Hammelschulter vom Abendessen in einem erloschenen Trockenkasten für Kartoffeln liegen. Am nächsten Tag stellten sie dann fest, dass die Schulter, die am Vorabend noch eher mäßig lecker gewesen war, einen perfekten Gargrad erreicht hatte und butterzart geworden war. Das ist das Geheimnis: niedrige Temperaturen (bei Rindfleisch sollte eine Kerntemperatur von 55 bis 70 ° C erreicht werden) über einen langen Zeitraum (bei sehr großen Stücken bis zu zwei Tage). Große Beachtung fand diese Methode aber lange Zeit nicht. In den 1960ern begann man dann, Speisen in Plastikbeuteln zu vakuumieren und bei niedrigen Temperaturen im Wasserbad zu pasteurisieren, um sie anschließend zu transportieren oder einzufrieren. Hieraus wiederum entwickelte 1974 der französische Koch Georges Pralus das heute bekannte Sous-vide-Garen, und andere Sterneküchen zogen nach. Doch wieder ein Rückschlag: Sous-vide wurde als „Tütenkochen" aus der Spitzengastronomie verbannt.

Erst in jüngster Zeit haben einige bekannte Köche den Trend wieder umgekehrt und gezeigt, wie lohnenswert diese Art zu kochen sein kann. Nicht nur, dass die Aromen im Gargut bleiben, auch Vitamine, Mineralien und Spurenelemente können so erhalten werden. So gut wie jedes Stück Fleisch bekommt man mit der Sous-vide-Methode zart und saftig. Aber was fehlt, sind die Röstaromen, also kombiniert man das Sous-vide zumeist mit vorherigem oder anschließendem – sehr kurzem – Grillen oder Braten. Dazu bietet sich ein Hochtemperaturgasgrill mit Oberhitze wie der Beefer an. Er ist hierzulande der bekannteste Vertreter dieser Gerätegattung.

Ich mag diese Art der Zubereitung – erst niedriggaren, dann grillen – wirklich sehr. Wenn man das nur mal ausprobieren möchte, muss man sich aber kein Profi-Vakuumiergerät samt gesteuertem Wasserbad kaufen, auch wenn das sicherlich praktisch ist. Man kann auch anders vorgehen, indem man, wie Sir Thompson, das Fleisch einfach bei einer langen Temperatur im niedrig geheizten Ofen lässt. Dazu bietet sich beispielsweise auch ein

Bratschlauch an. Oder man nimmt einen Gefrierbeutel, legt das Fleisch hinein und taucht die offene Tüte mit der Öffnung nach oben in einen Topf Wasser. Das Wasser drückt die Luft aus dem Beutel, der sich an das zu garende Fleisch schmiegt. Wenn alles umschlossen ist, verschließt man den Beutel vorsichtig und macht dann vorsichtshalber noch einen Knoten. Dann kommt der Beutel in einen Topf mit heißem Wasser, Deckel drauf, ab in den Ofen, der auf die gleiche Temperatur wie das Wasser vorgeheizt wurde. In einer Bain-Marie funktioniert das übrigens auch. In etwa sollte die Temperatur der erwünschten Kerntemperatur des Fleisches entsprechen (zwischen 55 und 65 ° C) – das hängt natürlich auch etwas von der Dicke und der Beschaffenheit des Fleisches ab. Ein Filet muss deutlich kürzer gegart werden als ein großes Schmorstück. Dazu gibt es bereits viele ausführliche Tabellen, daher im Folgenden nur ein kleiner Überblick:

Dicke	**Zeit**
10 mm	30 min
20 mm	45 min
30 mm	95 min
40 mm	120 min
50 mm	180 min
60 mm	250 min

Soll das Fleisch noch auf den Grill, sollte man es auf etwa 55 bis 58 ° C Kerntemperatur bringen – je nachdem, ob man das Steak medium oder medium rare haben möchte.

ANZEIGE

Der Beefer. Das 800-Grad-Original.

Der Traum vom perfekten Steak ist wahr geworden – mit dem Beefer Original, dem weltweit ersten 800-Grad-Oberhitzegrill für Zuhause! „Beefen“ hat den Grillmarkt revolutioniert und einen neuen Trend geschaffen. 800 Grad Celsius sorgen für ein völlig neues Geschmackserlebnis. Egal, ob mit Beefer One Pro oder Beefer XL Chef für die Gastronomie, das Original unter den Oberhitzegrills setzt ganz neue Maßstäbe.

Beef it or leave it!

beefer.de

Braten und Grillen

Das Braten und Grillen von Fleisch ist ein weiterer Klassiker unter den Zubereitungsmethoden und die älteste Form der Fleischzubereitung überhaupt. Dabei wird das Fleisch bei trockener Hitze in der Pfanne, im Ofen oder eben auf dem Grill gegart. Bei dieser Form der Zubereitung soll das Fleisch saftig bleiben, aber eine schöne Kruste erhalten. Diese Kruste entsteht bei der sogenannten Maillard-Reaktion, die eigentlich mehrere verschiedene, aber parallel ablaufende chemische Reaktionen bezeichnet. Proteine, Aminosäuren, Peptide, aber auch Kohlenhydrate und einige weitere Verbindungen werden durch die äußere Hitzeeinwirkung zu neuen Verbindungen umgewandelt und sorgen so für die typische Bräunung des Fleisches. Komplett erforscht ist noch nicht, was bei dieser Reaktion alles geschieht. Fest steht, dass Röstaromen lecker sind. Beim Braten in der Pfanne erhitzt man dafür geeignetes Fett – ich plädiere hier wieder für den Rindertalg, um den Eigengeschmack des Fleisches zu betonen – bis knapp unter den Rauchpunkt und brät das Fleisch zunächst sehr heiß an. Die so entstehende Kruste sorgt dafür, dass die Feuchtigkeit im Fleisch bleibt. Brät man bei zu niedrigen Temperaturen, kocht man das Fleisch eher im eigenen Saft – und es wird wahrscheinlich zäh. Nach dem Anbraten sollte das Fleisch dann in der Pfanne oder im Ofen bei niedriger Hitze nachziehen.

Direktes und indirektes Grillen

Grundsätzlich kann man zwischen direktem und indirektem Grillen unterscheiden. Das direkte Grillen, bei dem das Fleisch auf einem Rost direkt über der Glut liegt, ist am verbreitetsten. Bei Temperaturen von bis zu 260 ° C entsteht außen eine braune Kruste, innen soll das Fleisch saftig bleiben. Dazu wird es am besten nur einmal gewendet. Eine besondere Form ist das sogenannte Sizzling, für das man einen Hochtemperaturgrill wie den Beefer oder einen Gasgrill mit integriertem Keramikbrenner benötigt. Bei über 700 ° C wird das Fleisch sehr kurz angegrillt, um dann bei geringerer – auch indirekter – Hitze garzuziehen.

Beim indirekten Grillen liegt das Gargut nicht direkt über der Hitzequelle, sondern seitlich versetzt dazu. Der Grill wirkt wie ein Reflektor und wird daher geschlossen, damit sich die Hitze gleichmäßig verteilen kann – wie in einem Ofen. Oft benutzt man dazu einen Kugelgrill. Aber auch fast jeder Gasgrill eignet sich dafür. Da das Fleisch von der heißen Luft umgeben ist, muss es auch nicht gewendet werden. Indirektes Grillen bietet sich insbesondere für große Fleischstücke an. Zwar dauert das indirekte Grillen länger als das direkte, dafür gart das Fleisch gleichmäßiger durch. Die typische Grillkruste entsteht nicht; dafür kann man gut mit gewürzten Marinaden oder Holzchips arbeiten, um das Fleisch zusätzlich zu aromatisieren.

Reverse-Grillen

Wie Sie sicherlich bereits gemerkt haben, bin ich ein großer Fan des Rückwärtsgrillens, das man auch Reverse-Grillen nennt. Besonders für dickere Steak Cuts bietet sich diese Methode an – erst vorgaren (siehe S. 244), dann grillen.

Welche Art des Grillens man nach dem Vorgaren anwendet, ist Geschmackssache. Die einen lieben das Grillen mit Holzkohle auf dem Schwenkgrill, andere bevorzugen den großen Gasgrill. Für wieder andere muss es ein Pellet- oder ein Hochtemperaturgrill sein. Es gibt zahlreiche verschiedene Methoden und Bauarten – wofür man sich dann schlussendlich entscheidet, ist eine höchst individuelle Wahl, und je nachdem, wen man fragt, sogar eine Religion. Ich persönlich mag das Fleisch erst sous-vide-gegart und dann mit Hochtemperatur fertig gegrillt. Dafür lege ich das Steak nach dem Vorgaren für etwa 30 Sekunden je Seite in den Beefer. Das geht natürlich auch in einer Pfanne oder einem herkömmlichen Grill, aber nicht mit dem gleichen Resultat, was die Kruste und den Geschmack betrifft. Während es beim Vorgaren im Vakuum noch ziemlich egal ist, wenn das Fleisch mal ein paar Minuten zu lange im Wasserbad liegt,

ANZEIGE

Der MONOLITH ist Freiheit.

Der MONOLITH vereint die Vorteile eines klassischen Grills mit denen eines Steinbackofens. Sie können bei hohen Temperaturen Ihr Steak perfekt grillen, bei niedrigen Temperaturen stundenlang smoken oder dörren und sogar Pizza oder Brot backen. Der nutzbare Temperaturbereich liegt zwischen 70 ° C und 400 ° C. Dank seiner Effizienz benötigt der Grill sehr wenig Energie: Im Niedrigtemperaturbereich können Sie mit einer Füllung Holzkohle bis zu 24 Stunden garen. Mit Smokechips oder -pellets kann man das Grillgut zudem mit Raucharomen veredeln.

monolith-grill.de

muss man beim anschließenden Grillen höllisch aufpassen. Hier entscheiden Sekunden darüber, ob Sie ein schönes Steak vor sich liegen haben oder eine verkohlte Schuhsohle. Und das wäre wirklich schade – meistens grillt man mit so einem Luxusgrill schließlich auch Luxusfleisch. Man muss das Fleisch übrigens nicht unbedingt vorgaren – das ist nur meine ganz persönliche Empfehlung, es gibt sicherlich viele Fleischliebhaber, die das anders handhaben.

Tausend Möglichkeiten

Barbecue-Fans wissen das natürlich schon längst: Mit einem Grill kann man fast alles machen. Mit dem richtigen Zubehör verwandelt er sich in eine kleine Räucherkammer oder in einen Pizzaofen. Mit einem Dutch Oven können köstliche Schmorgerichte vom Grill kommen, ein Wok-Einsatz macht den Grill zur urigen Garküche. Die Barbecue-Szene hat sich hier eine Menge Neues einfallen lassen, aber auch zahlreiche traditionelle Zubereitungsarten wiederentdeckt und in die Gegenwart geführt. Das Smoken ist so ein Kandidat: In den USA des 18. Jahrhunderts war es – wie eigentlich überall zur damaligen Zeit – nicht einfach für einkommensschwache Menschen, an Fleisch zu kommen. Wenn es denn mal welches gab, war das meist sehr durchwachsen, voll von Sehnen, Bindegewebe und Fett und noch dazu nicht gut zugeschnitten. Um dieses Fleisch zart zu bekommen, wurde es zunächst gewürzt und dann in einer mit Glut beheizten Erdgrube gegart. Dabei lag das Fleisch nicht direkt auf dem Feuer, sondern war über mehrere Stunden indirekter Hitze ausgesetzt. Durch die lange Garzeit, den Rauch und die Gewürze wurde es dann nicht nur genießbar, sondern zur Delikatesse. Auf die Erdgrube folgten umgedrehte Blechwannen, auf die Wannen die heute bekannten Smoker. Diese traten ihren Siegeszug in den USA bereits in den 1950ern an, bei uns erst 50 Jahre später. Langes Garen bei mäßigen Temperaturen (90 bis 130 ° C; mittlerweile auch gerne mit niedrigeren Temperaturen), dazu eine feine Rauchnote haben diese Methode ausgesprochen beliebt gemacht. Die bekanntesten Smoker sind die Barrel-Smoker, die wie kleine Lokomotiven aussehen. In ihnen kann nicht nur gesmoket, sondern auch gebacken oder im Abluftkamin geräuchert werden. Manche Modelle haben zusätzliche Vorrichtungen zum Grillen auf direkter Hitze oder für einen Dutch Oven. Doch es gibt noch zahlreiche andere Modelle mit leicht anderen Funktionsweisen. Und man kann auch andere Grills zum Smoker umfunktionieren. Manche Keramikgrills haben beispielsweise eine kleine Öffnung an der Seite, sodass man Räucherpellets in die Glut geben kann, ohne den Grill öffnen zu müssen – Hitze und Rauch bleiben im Inneren des Grills.

True Wilderness

DEUTSCHES DRY AGED BEEF DER SPITZENKLASSE

True Wilderness steht für beste Ware handverlesener deutscher Tiere, gereift für den besten Geschmack. Bei der Herstellung unserer Dry Aged Beef Spezialitäten verwenden wir nur das Fleisch der besten deutschen Rinder.

Um einen gelebten Respekt mit der Natur nach unseren Vorgaben umsetzen zu können, arbeiten wir mit wenigen handverlesenen Betrieben und Erzeugern in Deutschland zusammen. Naturbelassene Qualität ist uns wichtig für unsere hochwertige Fleischqualität.

Die hohe Qualität bei der Aufzucht ist unser Garant, um nach der mehrwöchigen Reifung am Knochen unseren Kunden ein Produkt zu präsentieren, wie es so nahezu einmalig ist.

Das Fleisch reift unter speziellen Bedingungen: 14 Tage, 21 Tage oder 35 Tage dry aged, am Knochen selbstverständlich, unter ständiger Kontrolle und Steuerung der klimatischen Bedingungen des „True Wilderness Manufactum Systems“. Dem Fleisch wird so rund 30 Prozent Wasser entzogen.

Für die Reifungsräume haben wir eigene Salzwände errichtet. Das Fleisch trocknet und reift so vollkommen natürlich. Während der Reifezeit sorgen wir mit einem aufwendigen Steuerungsverfahren für ein perfekt kontrolliertes Klima, das mit dem Nordseeklima vergleichbar ist. Die Luft wird ständig umgewälzt, gefiltert und sterilisiert.

Das Ergebnis sind Premium Produkte, klassifiziert in 5 Labels:

Für das Label **MooQ** verwenden wir ausschließlich das Fleisch unserer handverlesenen Rinder von Bauern aus dem Nordwesten Deutschlands. Von diesen Betrieben erhalten wir deutsche Rinder der obersten Güterklasse. Alle unsere Tiere müssen mehrfach gekalbt haben, um in diese Premiumkategorie von Rindfleisch gehören zu dürfen. Durch die 35 Tage andauernde Reifung am Knochen erreichen wir einen zarten und charakteristisch nussigen Geschmack, der bei Fleisch so absolut einmalig ist.

Steinwittener Färse ist das Fleisch unserer weiblichen Tiere, die noch nicht gekalbt haben. Dieses lassen wir 21 Tage am Knochen reifen. Die Rinder zeichnen sich durch einen schönen abgerundeten Fleischgeschmack aus, gepaart mit guter und kräftiger Muskulatur sowie dem gewissen weiblichen Fleischgeschmack.

Jubu ist das Label für unser männliches Fleisch. Hier verwenden wir ausschließlich Bullen, die im Schnitt zwischen dem zweiten und dritten Lebensjahr geschlachtet werden. Durch die 21 Tage dauernde Reifung können wir ein männliches Fleisch präsentieren, was vor Muskelfülle strotzt, kombiniert mit hauchzarter Textur und einem charakteristischen Geschmack.

Für die Herstellung von **Mika**, ein Dry Aged Kalbfleisch, arbeiten wir ausschließlich mit einem langjährigen Partner, der seinen Sitz in Schleswig-Holstein hat, zusammen. Das Fleisch dieser noch sehr jungen Tiere lassen wir über drei Wochen am Knochen reifen. Hierdurch erhält es seine dunkle und ganz charakteristische Farbe, kombiniert mit einem sehr schönen runden Fleischgeschmack, wie man ihn wohl nur bei Dry Aged Kalbfleisch finden kann.

Bei der Herstellung unseres am Knochen gereiften Schweinefleisches **Porki** arbeiten wir mit zwei Erzeugergemeinschaften zusammen, die auf eine lange Tradition in der Gewinnung von qualitativ hochwertigem Schweinefleisch zurückblicken können. Nach der ca. 21 Tage dauernden Reifung am Knochen erhalten wir unser bestes Porki – ein sehr dunkelrotes und sehr trockenes Dry Aged Schweinefleisch von höchster Qualität.

Maren Schultejans, Leitung Marketing True Wilderness

Inhaber Rico Schlegel kontrolliert die Qualität des Dry Aged Beefs.

True Wilderness – Natur pur

Rico Schlegel ist der Gründer von True Wilderness. Im norddeutschen Friesoythe wird seit 2012 aus edlem Fleisch Dry Aged Beef in bester Qualität produziert. Unsere Kernkompetenz liegt in der Veredelung von deutschem Rindfleisch. Dabei sind beste Qualität und Nachhaltigkeit unser Anspruch.
Leidenschaft, Handwerksarbeit und Fachwissen machen unsere Produkte zu etwas ganz Besonderem. Das True Wilderness Team arbeitet täglich mit Begeisterung und vollem Einsatz an der Umsetzung höchster Qualitätsansprüche.

TRUE WILDERNESS
The best beef in country.

True Wilderness GmbH Emsstraße 5, 26169 Friesoythe +49 4491 78469-0 true-wilderness.de

DER METZGER

EIN APPELL

Die „Special Cuts“ liegen im Trend, das hat mittlerweile auch die Industrie verstanden. Dementsprechend bieten auch einige Supermärkte und Discounter die ungewohnteren Produkte an. Sie reagieren damit auf die Nachfrage, und das wird auch immer so sein – die Industrie ist gut aufgestellt. Sie kann geschmacklich ganz hervorragende Produkte liefern. Eines liefert sie aber nicht, auch wenn sie es immer wieder versucht, und das sind Emotionen. Das können nur Sie. Wir leben in einer Zeit, in der viele Verbraucher völlig verunsichert sind, wenn es um das Thema Fleisch geht. Metzger haben hier die Möglichkeit, ihren Kunden Halt und Sicherheit zu geben – durch kompetente Beratung, umfassende Informationen. Und vor allem: durch Begeisterung. Wenn Sie für Ihr Handwerk brennen, kann dieser Funke auch auf Ihre Kundschaft überschlagen.

Vertrauen schaffen

Stellen Sie sich vor, Sie gehen in Ihr Lieblingsrestaurant. An was denken Sie? Nur an das gute Essen? Oder auch an die angenehme Atmosphäre, den tollen Service und die schönen Erlebnisse, die Sie dort schon hatten? Was macht das Lokal zu Ihrem Lieblingsrestaurant? Sie vertrauen darauf, dass Sie dort gut aufgehoben sind. Genauso, wie Sie Ihrem Hausarzt vertrauen oder Ihrem Friseur. Ich gehe zum Beispiel seit vielen Jahren in die gleiche Arztpraxis. Dort habe ich gute Erfahrungen gemacht, fühle mich wohl, willkommen und gut beraten.

Vertrauen beginnt mit Transparenz. Ihre Kunden möchten die Gewissheit haben, gutes Fleisch zu kaufen. Ein ganz einfaches Mittel, um das zu erreichen: Stellen Sie das Tier und Ihren Landwirt in den Mittelpunkt. Dazu können Sie ein Bild aufhängen, auf dem man beispielweise Sie und den Landwirt auf der Weide sieht, im Hintergrund die Rinder. Ein Schild daneben besagt: „Bauer Müller, Steinfurt, mit seiner Pinzgauer-Zucht.“ Liefern Sie Emotionen – und natürlich Informationen. Dazu gehört auch, dass Sie nicht einfach nur ein „Onglet“ in die Theke legen und hoffen, dass der Kunde schon weiß, was das ist und was er damit machen kann. Von welcher Rasse stammt dieses Stück, von welchem Hof? Wie sind dort die Haltungsbedingungen? Was ist ein Onglet überhaupt, und wie kann man es am besten zubereiten? Das sind natürlich Fragen, die im Discounter oder im Supermarkt nicht unbedingt beantwortet werden – hier können Sie und Ihre Mitarbeiter mit Ihrer Erfahrung und Ihrem Wissen punkten. Jede Kundenfrage bedeutet für Sie eine Chance, mehr über Ihre Kunden und ihre Bedürfnisse zu erfahren; lernen Sie voneinander.

Als ich noch mein eigenes Geschäft hatte, war es mir sehr wichtig, selbst hinter der Ladentheke zu stehen. Ich habe dann versucht, meinen Kunden so viel wie möglich mit auf den Weg zu geben, sie so umfassend zu beraten, wie es nur ging – gut, für manche war das vielleicht auch ein bisschen zu viel, das gebe ich zu. Aber ich glaube, bei allen Kunden kam rüber, wie sehr ich mein Handwerk liebe, wie viel Energie ich in das Thema Fleisch stecke und dass ich immer dazulernen möchte. Meine Kunden haben mir persönlich vertraut. Und wenn Sie die Möglichkeit haben, dann machen Sie das auch: Zeigen Sie Ihr Gesicht – Sie sind das Aushängeschild Ihres Betriebs. Verstecken Sie sich nicht im Büro oder in der Produktion, sondern stellen Sie sich hinter die Theke. So können Sie für Ihre Kunden da sein, ihre Fragen beantworten und ihnen das gute Gefühl vermitteln: Hier bin ich gut aufgehoben, hier hat man Ahnung.

Der Metzger als Kulturgut

Der Besuch Ihrer Metzgerei muss etwas Besonderes werden. Das lässt sich wieder gut mit dem Weinhändler vergleichen: Natürlich gibt es bei Aldi & Co. gute Weine, sehr gute sogar, und das für wenig Geld. Doch wenn man sich etwas gönnen möchte, geht man in die Weinhandlung oder sogar direkt zum Winzer. Man möchte eine gute Beratung, auch mal etwas probieren, und das alles in einer schönen Atmosphäre. Man weiß, dass man etwas mehr bezahlt und etwas mehr Zeit investieren muss. Aber man hat ein gutes Gefühl beim Einkaufen, weil man sich etwas Besonderes geleistet hat.

Genauso, wie Wein ja eigentlich ein Luxusprodukt ist, wird auch Fleisch in Zukunft wieder einen anderen Stellenwert bekommen, davon bin ich fest überzeugt. „Für jeden Tag“ kauft man im Supermarkt ein, doch wenn es etwas Besonderes sein soll, geht man zum Fachhändler – ob es nun um Wein oder eben um Fleisch geht. Viele Metzger haben das schon verinnerlicht und konzentrieren sich darauf. Sie bieten nicht nur hochwertige Produkte, sondern bemühen sich auch anderweitig um Kunden, sie werden zu richtigen Attraktionen. Das muss man sich mal vorstellen: Kunden fahren einfach mal hundert Kilometer zu „ihrem“ Metzger nach Brüssel, Worms, Schlüchtern, Karlsruhe oder Paris und planen um diesen Besuch herum ihr ganzes Wochenende. Diese Metzger haben verstanden, wie die Zukunft aussehen wird. Wir dürfen uns keine Illusionen machen: Die kleinen Fleischereien werden immer weniger, das ist leider so. Doch die, die bleiben, werden zum Kulturgut.

Sie sind am Zug!

Es ist natürlich nicht so leicht, Kunden zu überzeugen. Dazu muss man sie abholen. Alle Bemühungen bringen nichts, wenn die potenziellen Kunden das gar nicht mitbekommen. Ich bin zum Beispiel immer wieder erstaunt, wenn ich Metzgereien sehe, die nur bis 18 Uhr und samstags sogar nur bis 13 Uhr geöffnet haben. In eher ländlichen Regionen mag das ja noch funktionieren, aber gerade in Großstädten geht das an den Bedürfnissen der Kunden vorbei. Gerade die kaufkräftige Kundschaft geht wahrscheinlich Berufen nach, bei denen nicht schon um 17 Uhr Feierabend ist und man noch genug Zeit zum Einkaufen beim Metzger um die Ecke hat. Man würde ja gern – aber wie, wenn schon geschlossen ist? Oftmals haben die kurzen Öffnungszeiten natürlich schlicht personelle Gründe, irgendwann will man ja auch mal Feierabend machen. Aber: Einfach weiter wie bisher laufen lassen, das wird nicht funktionieren. Warum die Metzgerei nicht einmal im Monat lange geöffnet lassen – mit einem Themenabend bis 22 Uhr? Auch das machen Weinhändler vor: Da gibt es einen Bordeaux-Abend, einen italienischen Abend, einen Sommerabend, die Möglichkeiten sind endlos. Dazu erhalten die Gäste haufenweise Infos, Unterhaltung, Snacks und vieles mehr und erzählen danach ihren Freunden und Bekannten von dem tollen Erlebnis, posten Bilder auf Facebook und Instagram und verlinken dort am besten auch gleich die Homepage des Händlers und des Winzers.

Genau diese Möglichkeiten haben Sie ebenfalls! Laden Sie Ihre Stammkunden, Ihre „Lieblingskunden" und die örtliche Presse zu einem Grillabend ein, an dem es dann nicht nur leckeres Fleisch und ganz viel Informationen dazu gibt, sondern auch die passenden Gewürze, Soßen, Getränke, Messer oder sogar den Grill. Laden Sie auch den Züchter ein, ein paar Worte zu erzählen, oder machen Sie direkt einen Ausflug zum Landwirt. Man kann auch einen Wurst-Workshop anbieten oder einen kleinen Kochkurs zu „Omas Sonntagsbraten". Was passt zu Ihnen, zu Ihrer Metzgerei?

Fleisch verkauft sich nicht von allein, dazu braucht es mehr: ein Mehr an Informationen, ein Mehr an Ambiente, ein Mehr an Wissen. Bieten Sie Ihr hochwertiges Fleisch noch hochwertiger an, indem Sie ein Rundum-Paket schnüren: Qualität, Emotionen, Informationen.

Zukunftsfähig bleiben

Facebook & Co.

Sind Sie in den sozialen Medien aktiv? Falls nicht, sollten Sie einmal darüber nachdenken. Denn dort können Sie mit relativ wenig Aufwand eine große Zielgruppe erreichen und sich so präsentieren, wie Sie gerne gesehen werden möchten. Bilder von Ihrem Laden, Ihren Mitarbeitern und sich selbst, von Ihren Produkten, Ihrem Landwirt und den Tieren vermitteln Emotionen und zeigen Transparenz. Erzählen Sie ein wenig von sich und Ihrem Betrieb, zeigen Sie, was Ihr Handwerk ausmacht – Ihre Kunden interessieren sich dafür! Außerdem können Sie so direkt mit Ihren (potenziellen) Kunden in Kontakt treten, Fragen beantworten und auf Events aufmerksam machen.

Weiterbildung

Bleiben Sie immer am Ball. Lesen Sie Fachzeitschriften oder noch besser: Besuchen Sie Seminare. Das Beste an Vorträgen und Seminaren ist ja meist, dass man nicht nur viele Informationen bekommt, sondern dass man Kollegen trifft, mit denen man sich austauschen kann. Ich bin ein großer Freund eines solchen freundschaftlichen Austauschs. Wir können alle voneinander lernen, und in unserer Branche, die immer kleiner wird, sollten wir zusammenhalten und unser Wissen und unsere Erfahrungen miteinander teilen.

DANKE!

**„Nicht die Glücklichen sind dankbar.
Es sind die Dankbaren,
die glücklich sind.“**

Sir Francis Bacon

Wir sind nun am Ende meines Buches angekommen. Ich hoffe, es hat Ihnen gefallen und wird Ihnen auf Ihrem beruflichen Weg ein guter Begleiter sein. Ich fand die Reise in diesem Buch extrem interessant, denn auch ich habe wieder sehr viel dazulernen dürfen. Deswegen danke ich Ihnen für die Aufmerksamkeit, die Sie diesem Buch gewidmet haben. Wenn es etwas gibt, dass Ihnen bei der Lektüre aufgefallen ist – positiv wie negativ –, freue ich mich, wenn Sie mir das mitteilen, denn der gegenseitige Austausch ist für unser schönes Fleischerhandwerk ausgesprochen wichtig.

Nun möchte ich mich gerne bei allen Wegbegleitern bedanken und hoffe, dass ich niemanden vergesse und vor den Kopf stoße. Falls doch, tut mir das sehr leid und ich möchte mich dafür entschuldigen. Als Erstes bedanke ich mich bei meinem Sohn Jonas Marmulla, der mich nicht anders kennt als berufsverrückt und immer für mich da ist. Bedanken möchte ich mich auch bei meinem Geschäftsführer Rainer Altendeitering der Firma Niggemann Food Frischemarkt in Bochum, der mich vom ersten Tag an tatkräftig unterstützt und zum Diplom-Fleischsommelier geradezu „gedrängt“ hat – vielen Dank dafür, es hat mir nicht geschadet. Unsere Leidenschaft zu Lebensmitteln vereint uns im Geiste.

Mein Dank geht natürlich an meine Freunde, deren Markenbotschafter ich gerne bin, an meine Familie, die Firma DICK, mit denen ich schon sehr lange zusammen arbeite und deren Messer meine täglichen Begleiter sind. Danke an Matthias Otto und die Mannschaft von Monolith, deren Keramikgrill ich gerne einsetze, weil einfach alles daran so gut durchdacht ist. Ich danke auch der Firma Beefer: Alle drei Besitzer sind meine Freunde geworden. Frank Hecker und ich schmunzeln heute noch, wie oft wir diskutiert haben, wie sinnvoll 800 Grad Celsius beim Grillen von Fleisch eigentlich sind – nun, ich habe mich jedenfalls eines Besseren belehren lassen. Danke Familie Landig, mit denen ich oft das Thema Dry Aging debattiert habe, ob es nun um Hygiene, Temperaturen oder Luftfeuchtigkeit ging, als der Dry Ager noch in den Kinderschuhen war. Heute sind eure Produkte nicht mehr aus guten Fleischereien wegzudenken. Danke Philip Ehlert, an einen Mann des Zupackens. Seine Firma unterstützt das Fleischerhandwerk schon seit Generationen, und als er hörte, dass ich ein Buch schreibe, wollte er sofort dabei sein. Wenn wir uns treffen, was leider viel zu selten ist, ist immer Freundschaft spürbar, und gerade beim Feiern spüren wir es noch mehr. Danke Volker Haspelt von ChefCollection, du hast früh den Trend erkannt, den modernen Metzger mit qualitativ hochwertiger und individueller Kleidung auszustatten – wie mich schon seit einigen Jahren. Auch Rico Schlegel gebührt mein Dank, weil er sehr früh erkannte, wie „verrückt" ich bin und dass wir hier auf einer Wellenlänge sind. Die Art, wie er seine Produkte Dry Aged, ist schon einmalig. Großer Dank geht an Karl Faber, Züchter und Schlachter und Rindfleischverkäufer in einer Person aus der Eifel, seine Erfahrung und sein Wissenstand sind phänomenal.

Ich bin berührt von den Vorworten meiner Freunde Lucki Maurer, Tim Mälzer, Heiko Brath, Hendrik Haase, Dirk Ludwig und Jürgen David und sehr dankbar – ich hatte einige Male Tränen in den Augen bei euren Zeilen! Vielen Dank auch an Tobias Oehlke für seine schönen Fotos. Sie zeigen eindrucksvoll, mit welcher Leidenschaft ich meinen Beruf ausübe. Toll gemacht, Tobi! Mein ganz besonderer Dank gilt der Fleischerschule Augsburg: Sie haben mir für dieses Buch nicht nur die Räumlichkeiten zur Verfügung gestellt, sondern auch mit das Bœuf de Hohenlohe, das ich auf den vorhergehenden Seiten zerlegt habe.

Zu guter Letzt: Was wäre ein Buch ohne die Mannschaft dahinter. Ich bedanke mich beim Deutschen Fachverlag für die gute Teamarbeit und insbesondere bei Caroline Schauwienold, die mich erst motiviert hat, dieses Buch zu schreiben – und bei Birga Andel, ohne deren großen persönlichen Einsatz dieses Buch kaum möglich gewesen wäre. Ich danke dir für deine wertvollen Impulse! Und ebenso danke ich Rainer Stenzel für die vielen Stunden und kreativen Ideen, die er in dieses Buch investiert hat.

Das Leben ist schön!

ANHANG

Buchempfehlungen

Antoniewicz, Heiko/Maurer, Ludwig/Podvinec, Michael:
Veredelung – von Fleisch, Fisch und Gemüse.
Matthaes 2017.

Danforth, Adam:
Butchering Beef. The Comprehensive Photographic Guide to Humane Slaughtering and Butchering.
Storey 2014.

Das große Buch vom Fleisch.
Produkte, Handwerk, Rezepte.
Teubner 2017.

Frenzel, Ralf (Hg.):
BEEF! CUTS: Meisterstücke für Männer.
Tre Torri 2018.

Gestalten/Haase, Hendrik (Hg.):
Crafted Meat. Die neue Fleischkultur: Rezepte, Handwerk und Genuss.
Gestalten 2015.

Keller, Franz:
Vom Einfachen das Beste:
Essen ist Politik oder Warum ich Bauer werden musste, um den perfekten Genuss zu finden.
Westend 2018.

Maurer, Ludwig:
Fleisch. Rezepte und Praxiswissen zu besonderen Fleischstücken.
Matthaes 2015.

Ott, Martin:
Kühe verstehen. Eine neue Partnerschaft beginnt.
FONA 2011.

Zukunftsinstitut (Hg.)/Rützler, Hanni:
Foodreport 2019.
Zukunftsinstitut 2018.

Metzger, Züchter, Freunde

Butcher's Manifesto, Kopenhagen.
butchersmanifesto.com

Der Vogelsberger, Romrod-Zell.
der-vogelsberger.de

Kalieber, Lastrup.
kalieber.de

Kumpel & Keule, Berlin.
kumpelundkeule.de

MeatingPoint by Ludwig Maurer, Rattenberg.
ludwigmaurer.com

Metzgerei Brath, Karlsruhe.
metzgerei-brath.de

Metzgerei David, Worms.
metzgerei-david.de

Metzgerei Der Ludwig, Schlüchtern.
der-ludwig.de

NUREG!O, Steinfurt.
nuregio.de

Tim Mälzer, Hamburg.
tim-maelzer.info

Partner und Sponsoren

Bäuerliche Erzeugergemeinschaft Schwäbisch-Hall, Wolpertshausen.
besh.de

Beefer Grillgeräte GmbH, Bad Honnef.
beefer.de

Bildungszentrum des Fleischerhandwerks, Augsburg.
fleischerschule.de

Chef Collection – Gastro Work- and Funwear, Reichenbach an der Fils.
chefcollection.de

Faber GmbH, Bollendorf.
fabergmbh.com

Friedr. Dick GmbH & Co. KG, Deizisau.
dick.de

EST. 2014
DRY AGER
BUILT FOR BEEF

DRY AGER®, Qualitätsfleisch und Extras erhalten Sie bei
Landig + Lava GmbH & Co. KG – DRY AGER Manufaktur, Bad Saulgau/Lampertsweiler.
dry-ager.com

Monolith Grill GmbH, Osnabrück.
monolith-grill.de

Niggemann Food Frischemarkt, Bochum.
niggemann-food-frischemarkt.de

Philipp Ehlert GmbH & Co. KG, Verl.
ehlert-gmbh.de

True Wilderness GmbH, Friesoythe.
true-wilderness.de

Verzeichnis der Teilstücke

Bildnachweis

Alle Fotografien:
© Tobias Oehlke

mit Ausnahme von:

Seite 35:
Elmar Wecks

Seite 37:
Michael w
commons.wikimedia.org/wiki/File:Gelbvieh.jpg
Gelbviehrind, Hintergrund bearbeitet
creativecommons.org/licenses/by-sa/3.0/legalcode

Seiten 38 – 45:
Bundesverband Rind und Schwein e.V.

Seite 60:
Bäuerliche Erzeugergemeinschaft Schwäbisch-Hall AG

Seite 76:
joanna wnuk/Adobe Stock

Seite 230:
exclusive-design/Adobe Stock

Seite 235:
Landig + Lava GmbH & Co. KG

Seite 247:
Beefer Grillgeräte GmbH

Impressum

dfv Mediengruppe
Fachbuch

Bibliografische Information der Deutschen Nationalbibliothek
Die Deutsche Nationalbibliothek verzeichnet diese Publikation in der Deutschen Nationalbibliografie; detaillierte bibliografische Informationen sind über dnb.d-nb.de abrufbar.

ISBN 978-3-86641-326-9

2. Auflage 2021

© 2019 by Deutscher Fachverlag, Frankfurt am Main.

Alle Rechte vorbehalten.
Nachdruck, auch auszugsweise, nur mit Genehmigung des Verlags.

Redaktion und Projektmanagement:
Birga Andel

Umschlag und Gestaltung:
Rainer Stenzel, Frankfurt am Main

Coverfoto:
Tobias Oehlke Photography, Hagen

Produktion:
Thomas Mattner, X-Production, Aschaffenburg

Druck und Bindung:
bookSolutions Vertriebs GmbH

Wir danken
dem Bildungszentrum des Fleischerhandwerks Augsburg für die freundliche Unterstützung.